U0267132

湖北湿地生态保护研究丛书

汉江流域水文情势变化
与生态过程响应研究

王学雷　宋辛辛　李中强　等◎著

长江出版传媒
Changjiang Publishing & Media
湖北科学技术出版社
HUBEI SCIENCE & TECHNOLOGY PRESS

图书在版编目（ＣＩＰ）数据

汉江流域水文情势变化与生态过程响应研究／王学雷，宋辛辛，李中强著.—武汉：湖北科学技术出版社,2020.12

（湖北湿地生态保护研究丛书／刘兴土主编）

ISBN 978-7-5706-0946-8

Ⅰ.①汉…　Ⅱ.①王…　②宋…　③李…　Ⅲ.①汉水—流域—水文情势—研究　Ⅳ.①P344.263

中国版本图书馆 CIP 数据核字（2020）第 233646 号

策　　划：	高诚毅　宋志阳　邓子林			
责任编辑：秦　艺　祝李涛			封面设计：喻　杨	
出版发行：湖北科学技术出版社			电话：027-87679468	
地　　址：武汉市雄楚大街 268 号			邮编：430070	
（湖北出版文化城 B 座 13-14 层）				
网　　址：http://www.hbstp.com.cn				
印　　刷：武汉市卓源印务有限公司			邮编：430026	
787×1092　　1/16			14.5 印张　　330 千字	
2020 年 12 月第 1 版			2020 年 12 月第 1 次印刷	
			定价：140.00 元	

前　　言

　　水资源问题是全球资源环境的首要问题,随着社会经济的快速发展,人类对水资源的开发利用程度不断增大。流域水文情势的变化会极大地影响流域水资源的可获得性。生态环境的恶化、河流的生态流量问题逐渐受到重视,成为 20 世纪以来全球关注的重大热点问题之一。

　　水文情势是塑造河流生态系统结构和功能特征的关键性因子,影响着河流生态系统的主要方面,包括河流的物质循环、能量过程、物理栖息地状况和生物的相互作用等,进而产生一系列复杂的反应。因此,认识和理解河流水文情势变化,对大坝水库修建引起的径流过程改变进行定量评价,并通过探讨人为调控与自然因素及区域土地利用变化等对流域径流的影响,减少因水库调度造成的河流生态系统退化,维持河流的生态健康,具有重要意义。

　　汉江是长江最大的支流。汉江流域是我国南北气候过渡带和中西部的生态走廊,同时是南水北调中线工程的水源地,战略地位显著。汉江流域也是我国重要的经济区域,在人为与自然因素的双重影响下,汉江河段水文情势发生了剧烈的变化。如何在气候条件和人类活动的不断影响下,在满足生态环境需水、维持生态环境可持续发展的前提下促进社会经济的良性发展,是当前汉江流域面对的重要议题。

　　丹江口水库位于汉江中上游,丹江口水利枢纽工程是综合开发和治理汉江流域的大型水利枢纽工程,自水库建成以来,拦洪削峰效果显著,丹江口水库大坝加高以后,汉江中下游抵御洪水的能力进一步提升。近年来,汉江流域共规划和建设有 15 级梯级水库。在气候变化的背景下,水利工程对河流生态环境的影响是缓慢的、复杂的和长期的,且往往是多级水利工程的叠加效应。南水北调中线工程以及配套工程如"引江济汉"、兴建兴隆水利枢纽、部分闸站改扩建及局部航道整治等的实施,对汉江流域的经济发展有一定的推动作用,但调水改变了汉江中下游的水资源分配,经济发展与生态环境的矛盾将更加突出。由于跨流域调水工程的复杂性及不确定性,以及汉江中下游流域不断增长的生产生活和生态用水需求,都需要对水利工程影响下的汉江流域水文情势的变化进行定量研究。

　　目前,梯级水库对汉江流域水文情势耦合影响的定量研究较少,且面对未来气候变化和土地覆被方式的改变,定量评估流域水资源时空分布状况、水文过程及其生态响应,对制定科学合理的流域生态环境用水策略具有重要的理论和实际意义。

　　为认识和探讨汉江流域水文情势变化与生态过程响应,本书在对汉江流域丹江口水库及中下游区域进行综合科学调查的基础上,分析了汉江中下游流域水文情势特征以及梯级水库对汉江中下游流域水文情势的耦合影响;通过 SWAT 模型表达和构建,对汉江流域径流过程进行逐级率定和验证,揭示梯级开发背景下汉江流域的水文响应规律,探讨不同土地利用情景和气候变化情景下流域的响应机制;针对汉江流域丹江口库区,探讨区域植被覆盖变化与生态响应、土壤侵蚀及其风险评估、库区生态环境质量综合评价;系统探讨汉江中下游植物多样性及演替规律,就汉江流域典型河段,分析汉江典型湿地景观变化与水文响应特征;对汉江流域生态流量盈亏程度进行量化并提出生态适应性的管理对策。

《汉江流域水文情势变化与生态过程响应研究》是湖北省学术出版基金项目资助出版的系列成果丛书之一,本书是由中国科学院精密测量科学与技术创新研究院、环境与灾害监测评估湖北省重点实验室和湖北大学资源环境学院作为科研支撑单位。

本书各章节的作者分别是:第一章王学雷、宋辛辛、李中强等;第二章宋辛辛、王学雷等;第三章宋辛辛、王学雷、庄艳华等;第四章宋辛辛、王学雷、庄艳华等;第五章胡砚霞、黄进良、杜耘、于兴修、王长青等;第六章王立辉、黄进良、杜耘、胡砚霞、韩鹏鹏等;第七章王立辉、黄进良、杜耘等;第八章李中强、郭葳、龚旭昇、邓绪伟、汪正祥等;第九章吕晓蓉、王学雷、厉恩华、杨超、刘昔等;第十章宋辛辛、王学雷、庄艳华等;第十一章宋辛辛、王学雷、庄艳华等;全书由王学雷统稿和审校。

本书为汉江流域水文情势变化与生态适应性管理研究提供了有益的借鉴,为汉江流域的有效管理提供了科学依据。由于研究时间和认识水平有限,内容涉及面较广,书中基于相关研究团队的一些科研积累和相关资料收集,不妥之处,敬请读者批评指正;并在此对所引用资料的作者表示感谢。

著 者

2020 年 8 月

目　　录

第一章

绪　论

1.1　汉江流域研究背景及意义

水资源问题是全球资源环境的首要问题,水已成为制约 21 世纪社会经济可持续发展及生态环境保护的关键因素。随着社会经济的快速发展及人口的增长,人类对水资源的需求量不断增加。水资源缺乏及其不合理利用使得水资源供需矛盾日益突出,造成工业、农业、生活用水和环境用水之间的失衡。一系列的生态环境问题随之产生,如河道断流、水体污染、湖泊萎缩、水土流失、生物多样性下降、自然植被衰退等(Poff et al.,2013;Li et al.,2008;董哲仁,2003;Poff et al.,1997;Richter et al.,1996;Poff et al.,1990;Ward et al.,1979;Ward et al.,1983)。

河流建坝是人类开发利用水资源的重要方式之一,在防洪、灌溉、供水、发电和航运等方面起着重要作用,在改善水资源利用、处理和减轻各国所面临的水资源问题和挑战方面效果显著。尤其在中国,水资源分布不均,季节波动较大,河流筑坝可以更有效地管理有限的水资源,在很大程度上缓解水资源供需的矛盾。随着社会经济的快速发展,人类对水资源的需求将稳步增长,在未来几十年每年将增长 3%。为了确保对水资源的合理利用,人类对水资源的开发利用程度不断增大,大坝的数量也在不断增加。然而,水利工程建设对河流生态系统存在着长期的、潜在的负面影响。在河流上修建大坝,是人为地改变了河流的自然水文循环格局和水文情势,如使河流基本形态和水体物理化学性质发生变化、河流连通性遭到破坏、河道内原有的流量年际年内分配改变,进而导致河流生物群落组成、结构及生产力的变化,甚至造成河流生态系统的退化、丧失(Sohrabi et al.,2017;Magilligan et al.,2016;Smith et al.,2016;Isaak et al.,2012;New et al.,2008;Ward et al.,1995)。

汉江是长江最大的支流,南水北调中线工程是实施我国水资源优化配置、解决北方缺水问题的重大战略工程。2005 年,丹江口大坝从 162m 加高至 176.6m,库容从 $1.745 \times 10^{10} m^3$ 增加到 $2.905 \times 10^{10} m^3$。2014 年 12 月,中线工程正式通水,一期工程平均每年调水 $9.5 \times 10^9 m^3$,远期将达到年均 $1.3 \times 10^{10} m^3$。汉江流域作为调水工程的水源地,其水资源及生态环境问题对于我国社会经济发展具有举足轻重的战略地位。

丹江口水库位于汉江中上游,由 1973 年建成的丹江口大坝下闸蓄水后形成,横跨湖北、河南两省。丹江口水利枢纽工程是综合开发和治理汉江流域的大型水利枢纽工程,自水库建成以来,拦洪削峰效果显著,丹江口大坝加高以后,汉江中下游抵御洪水的能力达到了 100 年一遇,解除和缓解了湖北省 20 多个县市的洪水威胁。近年来,汉江流域共规划了 15 级梯级水库。在气候变化的背景下,水利工程对河流生态环境的影响是缓慢的、复杂的和长期的,且往往是多级水利工程的叠加效应。南水北调中线工程以及配套工程如"引江济汉"、兴建兴隆水利枢纽、部分闸站改扩建及局部航道整治等的实施,对汉江流域的经济发展有一定的推动作用,但调水改变了汉江中下游的水资源分配,经济发展与生态环境的矛盾将更加突出(蔡述明 等,2005)。由于跨流域调水工程的复杂性及不确定性,以及汉江中下游流域不断增长的生产生活和生态用水需求,都需要对水利工程影响下的汉江流域水文情势的变化进行定量研究。

水文情势是塑造河流生态系统结构和功能特征的关键性因子,影响着河流生态系统的主要方面,包括河流的物质循环、能量过程,物理栖息地状况和生物相互作用等,进而产生一系列复杂的连锁反应(Sohrabi et al.,2017;Magilligan et al.,2016;Smith et al.,2016;Isaak et al.,2012;New et al.,2008;Ward et al.,1995)。因此,认识和理解梯级水利工程耦合影响下河流水文情势变化,对大坝水库修建引起的径流过程改变进行定量评价,并通过探讨人为调控与自然因素及区域土地利用变化等对流域径流的影响,减少因水库调度造成的河流生态系统退化,维持河流的生态健康,具有重要意义。

流域水文情势的变化会极大地影响流域水资源的可获得性。随着生态环境被日益破坏,河流的生态流量问题逐渐受到重视,并成为 20 世纪以来全球关注的重大热点问题之一(徐宗学 等,2016)。这里的流域生态流量是指能够"维持河道及河口的自然生态系统和维持人类生存发展所依赖的生态系统所需要的水量、时间和水质"(Poff et al.,2013)。我国长期以来是以发展经济为重点进行水资源的开发利用,加之生态意识淡薄,在水资源的利用中经常会出现城市用水挤占工农业用水、工农业用水又不断挤占生态用水的不良局面,引起诸多生态环境问题。尤其是对于汉江流域这个重要的经济区,快速的经济发展加之密集的梯级水库建设和调水工程运行,使流域水资源利用与生态环境之间的矛盾日益突出。如何在气候条件和人类活动的不断影响下,在满足生态环境需水、维持生态环境可持续发展的前提下促进社会经济的良性发展,是当前汉江流域面对的重要议题。

1.2　梯级开发对河流水文情势的影响研究概述

大坝的建设历史与人类文明一样古老,最早的水坝可追溯到公元前 6000 年的美索不达米亚地区,而到了公元前 2000 年,有着灌溉和供水用途的大坝在世界上很多地方都很普遍。1878 年,法国建造了世界上第一座水力发电站。之后,随着人口的增长和对水资源开发程度的增加,世界上对大坝的建设需求越来越大。为推动坝工技术进展,国际政府间的学术组织于 1928 年在法国巴黎成立了国际大坝委员会(International Commission on Large Dams,ICOLD),其宗旨是通过相互交流信息,包括对技术、财务、经济、环境和社会现象等问题的研究,促进大坝及其有关工程的规划、设计、施工、运行和维护的技术进步。在很长一段时间内,大坝建设被当作发展的一种手段,但同时也造成了不同程度的环境和社会问题。

早在 1940 年,美国的资源管理部门就开始注意到水库建设导致的流域淡水渔场减少问题。美国渔业和野生动物保护协会通过研究鱼类的生长、繁殖、产量等与河道水文情势变化之间的关系,指出了河川径流是重要的生态因子(Ward et al.,1979)。1960 年以后,环境保护论兴起，人们开始重新审查大坝建设的效益和成本问题，大坝建设过程中的生态环境问题也开始引起越来越多国家和学者的关注（Wang et al.，2014）。1970 年以来，许多国家如加拿大、法国、澳大利亚等开展了河流生态系统中流量与水生生物类型之间的关系研究，生态对象也不仅仅限于鱼类。1978 年，美国大坝委员会在 *Environmental Effects of Large Dams* 一书中，总结了 1940—1970 年大坝对环境的影响，包括大坝的社会经济效益及其对水体理化性质、河道、水生生物个体及种群的影响等方面。

Petts（1984）系统地将大坝对下游河流生态系统的影响程度划分为三个等级：第一级是流域内非生物要素（如水文、水质、泥沙等）的变化；第二级是流域生态系统中地形地貌（如河流、河道变形，三角洲萎缩）和初级生物（如浮游动植物、大型植物）要素的变化；第三级是较高级生物（如无脊椎动物、鱼类）和高级生物（哺乳动物、鸟类等）要素的变化，是第一级、第二级综合作用的结果，并且这种相互作用的复杂性逐级增加。Vannote 等（1980）提出了河流连续体（river continium concept，RCC）的概念，借以描述河道物理及生物要素沿河流连续变化的动态特征。Ward 和 Stanford（1983）考虑了梯级水库对河流的生态影响，提出了串联非连续体概念（serial discontinuity concept，SDC），是对 RCC 理论的进一步完善，他们定义了两组参数来评估大坝对河流生态系统结构和功能的影响，一组参数是"非连续性距离"，另一组参数是"强度"，用以反映大坝运行期内人工径流调节造成影响的强烈程度。Poff 和 Ward（1990）认为河流、河滨及湿地生态系统的组成、结构和功能在很大程度上依赖于水文特性，并围绕建坝对河流物理条件及生态的影响开展了大量研究，并于 1997 年提出了自然水流范式（nature flow paradigm，NFP），认为未被干扰的自然水流对河流生态系统完整性和土著物种多样性具有关键意义，将自然水流用水量、频率、时机、持续时间和过程变化率 5 种水文因子表示，这些因子的组合可以用来描述整个水文过程（Poff et al.，2002；Poff et al.，1997）。

河流梯级开发引起的生态水文效应复杂，因此利用指标对水文过程进行定量分析十分必要。对河流水文情势的研究，经历了只注重平均流量，到开始关注极值流量，再到建立系统的水文指标体系的发展历程（Bragg et al.，2005）。

20 世纪初期，水文学家一般采用标准统计分析方法解决灌溉、防洪、供水等工程中的水文问题，仅通过有限的几个参数进行研究，例如平均流量、洪峰、频率、历时曲线等（Gordon et al.，1992）。1990 年开始，研究重点变为关注水文情势对生态系统的影响，从多个角度对径流变化进行分析，来支持流域生态系统的恢复和管理（Janauer et al.，2000）。国外学者提出了多种量化河流水文情势的生态水文指标体系，其中最具代表性的是美国学者 Richter 等（1996）提出的水文变化指标（indicators of hydrologic alteration，IHA）、澳大利亚学者 Growns 和 Marsh（2000）建立的 7 大类 91 个水文指标、耐特梅兹国际咨询公司（Sinclair Knight Merz，SKM）开发的含 10 个参数的流量压力等级（flow stress ranking，FSR）指标体系（Nathan et al.，2005）及美国大自然保护协会（The Nature Conservancy，TNC）开发的环境流量组分（environmental flow components，EFC）指标体系（The Nature Conservancy，2009）。

Olden 和 Poff（2003）为了从众多指标中寻找出一种简单且各指标间相互独立的水文指标体系，总结了来自 13 篇文献中的 171 个水文指标，通过对这些指标的冗余分析和选择，发现 IHA 指标基本能够反映该 171 个水文指标所表征的大部分信息。由于水文变化指标的生态相关性及简易性,其常与变化范围(range of variability approach,RVA)法(Richter et al.,1997)相结合,并被广泛用于水文改变度评价及流域水资源管理。

Alrajoula 等(2016)利用 IHA 指标和 RVA 法调查了苏丹罗赛雷斯大坝的影响,结果表明枯季的水文指标受到了显著影响,具有较高的负改变度,范围在 $-47\%\sim-100\%$;而在丰水季节大坝的调蓄作用较为明显。Magilligan 和 Nislow(2005)使用 IHA 指标分析了覆盖美国不同水文和气候区的 21 个水文站 30 年来的水文情势变化,结果表明大坝对由水文变化指标代表的所有水文特征都有重要影响,许多指标的变化方向和显著性在 21 个水文站中高度一致,其中最显著的变化是不同持续时间下的最大、最小流量,筑坝导致年最小 $1\sim90d$ 流量显著增加,年最大 $1\sim7d$ 流量显著减小;此外,4 月和 5 月流量呈减少趋势,而 8 月和 9 月流量有增加趋势,同时,几乎所有站点的流量逆转次数都显著增加,高流量脉冲次数增加,但历时缩短,上升率和下降率则显著减小;表明大坝建设在 20 世纪已经造成了全国范围内河流水文情势的变化。

中国大坝建设历史悠久,新中国成立以后,我国不仅在长江、黄河等大江大河流域的梯级开发建设速度加快,小流域的水资源开发利用也在不断飞速发展。中国大坝委员会(Chinese National Committee On Large Dams,CHINCOLD)成立于 1973 年秋,是中国水利学会和中国水力发电工程学会成立的学术性非营利性组织,旨在通过组织中国专家在国际大坝委员会中进行学术交流与合作,促进坝工及有关土木工程技术等方面的发展。1974 年,中国成为国际大坝委员会成员国。

作为世界上大坝数量最多的国家,我国积极开展了大量与水利工程相关的河流水文学、水力学、生态学、泥沙学等方面的研究工作。董哲仁(2003)认为生态系统的基本特征是生物群落与生物环境的统一性,河流形态多样性是流域生物群落多样性的基础,水利工程建设会在不同程度上造成河流形态的均一性及非连续性,从而降低生物群落多样性水平,并于 2008 年提出了"河流生态系统结构功能整体模型"(holistic model of river ecosystem structure and function),旨在建立三大类生境因子(河流流态、水文情势和地貌景观)与河流生态系统结构功能的相关关系,以期涵盖河流生态系统的主要特征,该模型由以下三种子模型构成:河流流态-生态结构功能四维连续体模型、水文情势-河流生态过程耦合模型、地貌景观空间异质性-生物群落多样性耦合模型(董哲仁,2008)。

陈求稳和欧阳志云(2005)通过探讨生态水力学的研究目的和范围,论述了建立耦合生态水力学模型的思路和方法(包括模型模式融合、方法集成和时空尺度耦合),并将建立的一套生态水力学模型应用于莱茵河下游的生态栖息地评价和荷兰 Veluwe 湖沉水植物竞争性生长模拟等实例中,表明耦合生态水力学模型具有良好的应用前景。

于国荣等(2006)运用河流连续体理论,将受水利工程影响的河流水力过渡区分为回水区、库区、坝区、消能区和惯性区,上下游区为衔接区,并研究了各个水力过渡区内的水文水力特征、空间结构、物质和能量结构的变化及其生态响应,认为河流水文水力特征的变化直接导致了生态环境要素的变化,最终对河流生态系统产生一定的胁迫。

2010 年,董哲仁等(2010)在完善与整合现有河流生态系统结构功能概念及模型的基础上,提出了一个统一的反映河流生态系统整体性的概念模型——"河流生态系统结构功能整体性概念模型"(holistic concept model for the structure and function of river ecosystems,HCM),该模型将水文情势、水力条件和地貌景观格局作为对河流生态系统结构与功能具有关键影响的三大生境要素,其核心是建立它们与生态过程、河流生物生活史特征和生物群落多样性之间的相互作用和相互制约关系,同时考虑人类活动引起的生境要素变化对河流生态系统的影响;该模型由以下四种模型组成:河流四维连续体模型、水文情势-河流生态过程耦合模型、水力条件-生物生活史特征适宜模型和地貌景观空间异质性-生物群落多样性关联模型。

关于河流水文情势的定量分析,国内学者大部分都使用 Richter 等(1996)提出的 IHA 指标和 RVA 法评价人类活动对河流径流过程的影响。陈启慧等(2006)采用 IHA 指标评价了葛洲坝水利枢纽工程对长江径流过程的影响。蔡文君等(2012)用 RVA 法进行了关于三峡水库运行对长江中下游水文情势影响的研究。班璇等(2014)定量评估了三峡水库蓄水后长江中游流域水沙变化度最大的江段和水文指标类别及其对应的生态影响。

部分学者对 IHA 指标和 RVA 法进行了改进研究,如杨娜等(2010)对 Richter 等划分的水文改变度三等级法进行了归一化处理,使参数的分布均衡化,并在整体改变度的计算中考虑了各参数的比重;黎云云等(2015)充分考虑了各水文指标与生态系统之间的响应程度,将层次分析法和熵权法两种主、客观赋权法引入各指标生态权重的确定中,改进了传统 RVA 法计算整体改变度时的权重因素;陈伟东等(2016)则提出了通过控制降水量因素改进 IHA 指标的思想,通过滑动平均法匹配年降水量周期,找出水利工程建设前后年降水量最为相似的两个时期作为日平均径流量的输入,提高评价的精准度。

综上,IHA 指标和 RVA 法是定量评价河流水文情势变化的一种有效手段,在国内外学者中应用广泛。

1.3 中国大坝建设背景及其流域水文影响概述

1.3.1 中国大坝建设现状

中国是世界上大坝建设数量最多的国家。在我国,主要河流如长江、黄河等梯级水库的数量仍然在以惊人的速度增长。根据国际大坝委员会的数据,目前全世界注册的大坝数量是 58 519 座(大坝的定义是坝高$\geqslant$15m 或者 5m$\leqslant$坝高$\leqslant$15m 并且库容$\geqslant 3 \times 10^6 m^3$),中国大坝数量为 23 842 座,占全世界的 40.7%。

中国筑坝历史悠久,最早可追溯至公元前598—前591年安徽省寿县的安丰塘,古名芍陂,经过多次修复和更新改建,至今运行 2600 多年。1950 年,世界上坝高超过 15m 的大坝数量有 5196 座,我国只有 22 座。新中国成立之后,大坝的数量快速增加。从 1951 年到 1977 年,大坝数量以平均每年 420 座的速度增加,至 1982 年坝高超过 15m 的大坝数量已经达到18 595 座,占当时全世界大坝数量的 53.4%。但到了 1986 年,大坝数量仅为18 820座。1986 年到 1998 年,中国大坝的增加速度为平均每年 241 座。1998 年之后,大坝建设速度减慢,平均每年增加 100 座。与此同时,高坝的数量也在不断增加。1973 年,我国仅有 14 座坝高超过 100m 的大坝,到了 2008 年,该数量达到 142 座(沈崇刚,1999)。在世界上排名前 20 的高坝中,中国拥有 6 座。目前国内最高的大坝为锦屏一级水电站,坝高 305m,也是世界第一高拱坝,建成于 2013 年。其次是两河口水电站,坝高 295m。然后是小湾水电站,坝高

294.5m,白鹤滩水电站,坝高 289m,溪洛渡水电站,坝高 285.5m,糯扎渡水电站,坝高 261.5m等。

大坝和水库在社会经济的发展中发挥了重要作用,尤其是在改革开放以来。根据 2016 年的《中国水利统计年鉴》,截至 2015 年,中国建成的水库数量是 97 988 座,总库容为 $8.581 \times 10^{12} \, m^3$,其中包括 707 座大型水库、3844 座中型水库和 93 437 座小型水库;大型水库总库容大于 $1 \times 10^8 \, m^3$,中型水库总库容介于 $1 \times 10^7 \, m^3$ 和 $1 \times 10^8 \, m^3$ 之间,小型水库总库容介于 $1 \times 10^5 \, m^3$ 和 $1 \times 10^7 \, m^3$ 之间(中华人民共和国水利部,2016)。1977—2015 年,大型水库数量稳步增加,库容在 1995 年之前增加较为缓慢,1995 年之后呈现波动增加,速度明显加快。中型水库数量除了在 1986 年有一个明显的下降之外,一直在持续增加,尤其是 2000 年以后,水库数量和库容的增长速度加快。而小型水库数量的波动较大,1977—1986 年,小型水库数量呈现先增加后减少的趋势,但该阶段库容受其影响较小,一直在稳步增长;其后小型水库数量波动增加,其相应的库容波动幅度则较小,整体上不断增加,尤其是在 2012 年,增加幅度最大。整体来看,1977—2015 年中国水库的数量和库容一直在波动增加,2000 年之后,水库数量和库容的增加速度加快,水库总数量与小型水库数量的变化趋势一致,但水库总库容的变化主要取决于大型水库库容(图 1-1)。

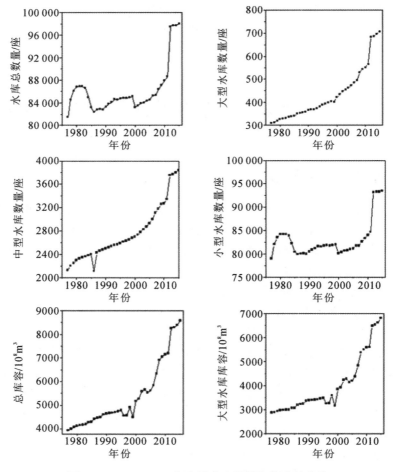

图 1-1　1977—2015 年中国水库数量和库容的变化

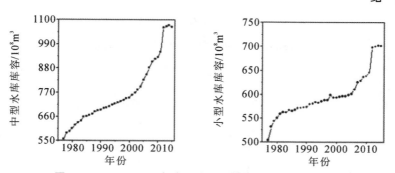

图 1-1　1977—2015 年中国水库数量和库容的变化(续)

从空间分布上来看,由于水资源的不均匀分布,水库数量的南北差异很大。湖南省水库数量最多,占全国的 14.4%,然后是江西省(11.0%)、广东省(8.6%)、四川省(8.3%)、湖北省(6.7%)、山东省(6.5%)、云南省(6.4%)、安徽省(6.0%)、广西壮族自治区(4.6%)、浙江省(4.4%)等,上海市内没有已建水库。在我国北部的部分地区,如北京、天津、陕西、内蒙古、辽宁、西藏、甘肃、青海、宁夏和新疆等,水库数量不足 1%。然而,总库容的分布规律与水库数量并不一致。湖北省水库总库容最大,为 $1.262 \times 10^{11} \, \text{m}^3$,其次是云南省($7.41 \times 10^{10} \, \text{m}^3$)、广西壮族自治区($6.59 \times 10^{10} \, \text{m}^3$)、湖南省($4.97 \times 10^{10} \, \text{m}^3$)、广东省($4.48 \times 10^{10} \, \text{m}^3$)、浙江省($4.44 \times 10^{10} \, \text{m}^3$)、河南省($4.2 \times 10^{10} \, \text{m}^3$)等(图 1-2)。

从九大流域的角度来看,长江流域水库数量最多(52 079 座),总库容最大($3.244 \times 10^{11} \, \text{m}^3$),其次是珠江流域,水库数量为 16 201 座,总库容有 $1.226 \times 10^{11} \, \text{m}^3$;松辽流域水库数量为 3839 座,总库容有 $1.035 \times 10^{11} \, \text{m}^3$;黄河流域水库数量为 3176 座,总库容有 $8.3 \times 10^{10} \, \text{m}^3$;东南诸河流域水库数量 7663 座,总库容有 $6.27 \times 10^{10} \, \text{m}^3$;西南诸河流域水库数量为 2490 座,总库容有 $5.56 \times 10^{10} \, \text{m}^3$;淮河流域水库数量为 9627 座,总库容有 $5.08 \times$

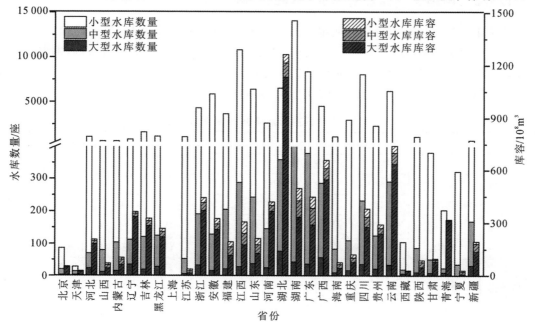

图 1-2　2015 年中国各省份水库数量和库容分布

$10^{10}\,m^3$；海河流域水库数量为 1936 座，总库容有 $3.34\times10^{10}\,m^3$；水库数量最少的是西北诸河流域，仅有 950 座，总库容有 $2.19\times10^{10}\,m^3$（图 1-3）。

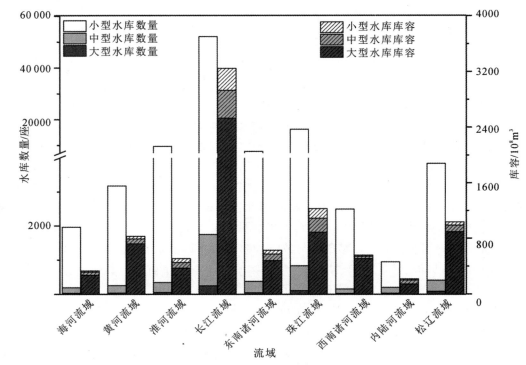

图 1-3　2015 年中国各流域水库数量和库容分布

1.3.2　中国大坝建设对水文情势的影响

这里重点分析了国内研究大坝对河流水文情势影响的 30 篇文献，研究时段从 1930 年到 2014 年，研究区域包括长江、珠江、黄河、淮河、海河、松辽和东南诸河流域等，主要集中在长江和黄河两大流域。为了使研究结果更具代表性，且考虑到数据的完整性和有效性，最终选择了全国范围内不同气候类型区的 35 个水文站进行分析（表 1-1）。

表 1-1　中国主要流域 35 个水文站属性

流域	水文站点	河流	水库	库容/$10^8\,m^3$	主要目的
松辽流域	宝清站	挠力河	龙头桥水库	6.10	I；C；H；F；R（刘贵花，2013）
	菜咀子站	挠力河	龙头桥水库	6.10	
	阿彦浅站	嫩江	尼尔基水库	86.10	I；W；H；DS（盛杰 等，2012）
海河流域	滦县站	滦河	潘家口水库	29.30	W；C；F（付晓花 等，2015）
黄河流域	贵德站	黄河上游	龙羊峡水库	247.00	C；H；F；R；W；I（张洪波 等，2008）
	兰州站	黄河上游	刘家峡水库	57.00	H；C；I；N；F（孙照东 等，2006）
	河曲站	黄河中游	万家寨水库	9.00	W；H；C（陈玺 等，2016）
	三门峡站	黄河	三门峡水库	360.00	C；DS；I；H；N（Yang et al.，2008）
	小浪底站	黄河	小浪底水库	126.50	C；DS；I；H；R（Yang et al.，2008）

续表

流域	水文站点	河流	水库	库容/10⁸m³	主要目的
黄河流域	花园口站	黄河下游	三门峡和小浪底	—	—(Li et al.,2016)
	利津站	黄河	多水库	—	—(Sun et al.,2013)
	林家村站	渭河	宝鸡峡水库	0.50	W;DS;H;C(马晓超 等,2013)
	魏家堡站	渭河	魏家堡水库	—	H(郝鹏,2014)
	咸阳站	渭河	冯家山水库	3.90	I;C;H;F(郝鹏,2014)
	临潼站	渭河	冯家山水库	3.90	I;C;H;F(郝鹏,2014)
	马渡王站	灞河	李家河水库	0.60	W;C;H(朱记伟 等,2013)
	华县站	渭河	冯家山水库	3.90	I;C;H;F(郝鹏,2014)
长江流域	小得石站	雅砻江下游	二滩水库	58.00	H;I;N(岳俊涛 等,2016)
	寸滩站	白龙江	碧口水库	5.20	H;C;N;F;I(冯瑞萍,2009)
		白龙江下游	宝珠寺水库	25.50	H;C;I(冯瑞萍,2009)
	宜昌站	长江上游	三峡水库	393.00	C;H;N;F;R;W;I(姜刘志,2014)
	监利站	长江中游	三峡水库	393.00	
	城陵矶站	长江中游	三峡水库	393.00	
	螺山站	长江中游	三峡水库	393.00	
	汉口站	长江中游	三峡水库	393.00	
	湖口站	长江中游	三峡水库	393.00	
	大通站	长江下游	三峡水库	393.00	
	黄家港站	汉江	丹江口水库	290.50	C;H;F;R;W;I(彭涛 等,2016)
	襄阳站	汉江	丹江口水库	290.50	
	梅港站	信江	界牌水库	0.97	N;H(刘贵花 等,2016)
淮河流域	吴家渡站	淮河	蚌埠闸	—	C;W;I;N;H(Hu et al.,2008)
东南诸河流域	峃口站	飞云江	珊溪水库	18.00	W;H;I;C(杨娜 等,2010)
珠江流域	天峨站	红水河上游	龙滩水库	273.00	H;C;W;DS(陈立华 等,2017)
	八茂站	蒙江	雷公滩水库	0.15	H(毛豆 等,2015)
	龙川站	东江	枫树坝水库	19.30	C;W;I;H;N(李兴拼 等,2009)
	河源站	东江	新丰江水库	139.00	I;F;H;N(Chen et al.,2016;杜河清 等,2011)
		东江上游	枫树坝水库	19.30	C;W;I;H;N(张恒 等,2007)

注:C 表示防洪;DS 表示减少沉积物沉积;F 表示养殖;H 表示发电;I 表示灌溉;N 表示航运;R 表示娱乐;W 表示供水。

　　所有水文站数据均来自文献中的实际观测数据。由于大部分水文站没有出现流量为零的情况,为了保证指标的统一性,文中分析时不包括"零流量出现的天数"这项指标,共有 32 个 IHA 指标参与了分析。这里搜集了每个水文站的 32 个 IHA 指标在人为筑坝影响前后的平均值,并计算了每个指标的改变率。对每个指标来说,35 个水文站中所有变化率的正值的平均值表示平均的增加率,所有变化率的负值的平均值表示平均的减少率。同时计

算了各指标的水文改变度及各水文站的整体水文改变度,并分别计算了其平均值,主要分析
结果如下。

1.3.2.1　月平均流量值变化

各水文站月流量值呈现出不同的变化大小和方向。1—3月和12月,约54%的水文站
的流量值呈增加趋势,其平均增加率分别达到72%、128%、225%和228%,其中变化最大的
是位于嫩江上的阿彦浅站,尼尔基水库蓄水导致该站枯季流量从11m³/s增加到176m³/s;
有约33%的水文站枯季流量减少,主要集中在黄河中下游流域、淮河流域及海河流域。
4—11月,约63%的水文站的流量呈减少趋势,尤其在10月,流量减少的水文站数量达到
86%。相比之下,7月及9—11月的平均减少率较高,分别达到38%、38%、39%和36%。整
体来看,筑坝增加了1—3月和12月的平均流量,减少了4—11月的平均流量,且平均增加
的幅度大于减少的幅度(表1-2)。

表1-2　人为筑坝影响前后月平均流量值的百分比差异　　　　　　　　单位:%

站名	1月	2月	3月	4月	5月	6月	7月	8月	9月	10月	11月	12月
宝清站	-100	-100	-100	-53.4	-48.1	-19.2	-65.3	-74.9	-80.1	-70.8	-56.7	-78.3
菜咀子站	-69.8	-100	-100	-47	-38	-46.3	-61.5	-57.3	-67.5	-86	-81.3	-86.3
阿彦浅站	1568.3	3468.6	3625.8	19.4	-27.2	-22.4	-29.6	-17.1	-32.4	-0.5	149.1	514.5
滦县站	-65.2	-71.1	-79.4	-77.5	123.6	82.4	-66.4	-85.2	-83.9	-82.1	-84.7	-78.6
贵德站	170	183	123	22	3	-23	-50	-35	-51	-52	0	99
兰州站	62.6	53.7	30	35.5	36.2	-21	-40.4	-33.9	-42.2	-40.1	-1.6	31.9
河曲站	32.2	45.5	23.7	12.4	-51	-31.2	-36.6	-22.1	-30.9	-42	-32.4	29
三门峡站	-69.3	-61.6	-26.9	-32.3	-10.6	-8.1	-16.4	-39.4	-8.6	-25	-59.7	-66.7
小浪底站	-33.9	-5.8	12.3	9.4	-20.4	17.9	-14	-14.4	-40.4	-70.8	-37.6	-13.7
花园口站	0.7	9.2	-0.2	-12.1	-22.8	-16.8	-30.7	-15.2	-28.6	-55.3	-42.7	9.2
利津站	-24.3	-50.2	-36.2	-16.1	-50.2	-47.2	-78.3	-77.3	-83	-62.8	-62.7	-50.4
林家村站	-11.3	-21.2	-33.1	-39.8	-25.8	-35.3	-45.8	-58.3	-50.1	-31.7	-46.7	-22.6
魏家堡站	-52.3	-63.3	-62.6	-69.1	-50.3	-69.7	-79.6	-61	-77.7	-72.6	-69.8	-64.1
咸阳站	-59.5	-57.8	-63.7	-50.4	-40.2	-22.1	-58.2	-57.4	-74.4	-64.6	-55.3	-66.5
临潼站	-7.9	-21	-20	-42.6	-43.3	36.7	-36.7	-5.2	-62.9	-43.7	-37.6	-15.6
马渡王站	25.1	-0.8	-32.3	-18.6	-15.1	-24.9	-19.9	-8.4	4.2	-48.3	-37.8	2.4
华县站	-7.1	-32.2	-23.8	-48.1	-44.8	49.7	-27.5	0	-67	-50.4	-38.2	-37.1
小得石站	72	68	76	37	8	-26	4	-2	-3	-11	-3	11
寸滩站	9	10.1	15.6	9.6	-1.3	6.9	1.3	-5.5	-11.3	-9.3	-5.3	1.7
宜昌站	7.8	17.3	23.6	4.4	5.2	-10.5	-17.4	-7.3	-16.1	-30.7	-11.1	-5.7
监利站	12.5	18.1	29.8	4.9	7.8	-7.5	-20.4	-10.1	-7.3	-23.8	-6.4	2.9

续表

站名	1月	2月	3月	4月	5月	6月	7月	8月	9月	10月	11月	12月
城陵矶站	4.9	−17.6	0.6	−9.1	12.4	−9.7	−33	−17.3	−13.8	−34.2	−45.3	−9.8
螺山站	17.8	8.1	2.8	−6.1	5.6	−4.4	−23.5	0.9	−6.8	−18.3	−19	−0.9
汉口站	18.9	15.1	10.1	−4.9	8	0.5	−18.7	−1.9	−1.5	−17.9	−17.1	4.4
湖口站	−5.8	−11	−10.5	−28.6	−11.7	25.5	−25.4	2.8	−14	−20.9	−47.1	2.2
大通站	3.5	2.4	8.7	−17.8	−5.4	−7.8	−26.4	−8.7	−3.6	−13.4	−26.3	−5.3
黄家港站	132.6	162.6	31.1	−37.4	−47.5	6.4	−34.5	1.7	−40.2	−37.9	−4.9	58.3
襄阳站	128	83.9	23.2	−13.8	−11.7	42.1	−25.5	−7	5.3	−39.6	−28.7	29.3
梅港站	29.2	22.1	16.8	9.5	−16.3	8.6	56.6	42.6	51.8	18.3	20.6	35.4
吴家渡站	−22.4	−49.1	−48.9	−33.7	13	12.9	3.1	−6.2	23.1	106.4	138.3	50.9
岦口站	69.9	7.2	−12.2	−41.8	−41.3	−7.6	27	−12	−29.9	−0.5	72.1	174.1
天峨站	146.6	92.9	121	124	−1.3	−57.8	−55.9	−41.4	−37.4	−18	36.7	83.9
八茂站	11.1	25.7	36.1	−1.3	−6.7	23.4	43.2	−4	7.3	17.7	−16.7	−8.2
龙川站	134.6	56.9	−23.9	51.3	61.2	60.7	57.8	112.9	117.7	98.2	67.9	119.3
河源站	161.5	142.5	119	29.3	−11.9	−35.2	19.8	48.8	65.8	99.4	89.9	117.5
平均增加率	−40.7	−49.6	−39.3	−30.1	−20.8	−25.2	−38.4	−28.1	−38.1	−39.1	−36.1	−38.1
平均减少率	127.9	224.6	227.9	28.4	25.8	27.6	26.6	35	39.3	68	82.1	72.5
均值	65.4	109.4	104.4	−9.5	−10.3	−5.1	−23.6	−16.5	−22.6	−23.8	−11.5	21.9

1.3.2.2 年极端水文条件大小及历时

年极端最小流量中，超过一半的水文站呈现出增加趋势，且年极端最小流量的平均增加率大于减少率，这主要是因为个别站点的变化对整体的均值影响较大，例如，尼尔基水库的运行使嫩江上的阿彦浅站年极端最小流量增加了25～30倍。对年极端最小1～30d流量来说，随着流量持续天数的增加，其增加率依次降低，如年最小1d流量的增加率最大为218%，年最小30d流量的增加率最小为147%。而年极端最小流量在黄河中下游流域、淮河流域及海河流域的水文站呈减少趋势。相比之下，89%的水文站年极端最大流量呈现出一致减少趋势，其平均减少率的变化范围从年最大30d流量的33%到年最大1d和3d流量的37%，平均值为36%。约69%的水文站增加了基流指数，其中天峨站增加率最大为1142%，小得石站增加率最小为9%，平均增加率为100%(表1-3)。

表1-3 人为筑坝影响前后年极端最大最小流量和基流指数的百分比差异 单位：%

站名	min1	min3	min7	min30	min90	max1	max3	max7	max30	max90	基流指数
宝清站	−100	−100	−100	−100	−100	−54.7	−57	−58.8	−59.8	−60.6	—
菜咀子站	−100	−100	−100	−100	−74.6	−66	−66	−64.9	−61.8	−60	−100
阿彦浅站	3026.3	3003.5	2915.2	2581.8	2468.8	−25	−23	−22	−25.9	−28.8	—

站名	min1	min3	min7	min30	min90	max1	max3	max7	max30	max90	基流指数
滦县站	−64.1	−68.8	−70.3	−71	−74.8	−92	−92.1	−89.4	−84.3	−77.6	37.7
贵德站	−10	−55	9	−55	34	−54	80	−48	110	−43	46
兰州站	13.3	14.8	19.2	36	46.6	−26.1	−26.7	−31.3	−32.9	−32	45.3
河曲站	−40.2	−41.2	−39.2	−31.9	−13.6	−13.6	−9.9	−14.2	−19.9	−28.8	−50
三门峡站	−33.8	−36.3	−39.4	−43.5	−37.1	−45.5	−43.6	−43	−55.3	−47.7	0
小浪底站	−39.9	−35.6	−34.3	−25.3	−7.6	−34	−34.2	−24.1	−27.6	−33.4	−10.7
花园口站	87	66.9	76.7	10.6	−2.8	−9.6	−16.8	−23.7	−26.6	−29.8	180.4
利津站	−98.6	−94.3	−87.8	−76.4	−58.8	−38	−36.3	−37.3	−38.4	−45.5	−86.2
林家村站	−59.4	−51.1	−45	−36.7	−38.8	−32.7	−42.9	−44	−33.9	−40.2	−9.5
魏家堡站	−17.6	−20.7	−30.3	−60.2	−59.9	−52.2	−56.1	−57.9	−60.9	−62.8	140
咸阳站	−61.1	−61.2	−60.6	−63.2	−50.8	−52.8	−58.7	−56.9	−59.6	−61.9	18.2
临潼站	80.5	77.8	44.8	0.5	−12.3	−51.6	−46.4	−44.8	−43.3	−46.4	112.5
马渡王站	160.6	157.9	114.3	28.8	1.6	−33	−34.8	−39	−19.7	−23.2	54.5
华县站	−55.5	−57.9	−55.5	−19.4	−33.1	−53.3	−48.9	−44.2	−41.3	−43.4	−33.3
小得石站	−13	−3	11	40	56	5	8	7	7	−1	9
寸滩站	9.1	9	11.1	10.6	12.3	−7.9	−5.3	−3.5	−2.8	−5.1	13
宜昌站	25.4	20.9	21.7	17.6	19.8	−12.2	−12.6	−15.2	−9.5	−10.2	45.5
监利站	23.7	22.4	22.4	21.7	18.8	−7.5	−8.4	−8	−5.7	−8.4	39.5
城陵矶站	−16.7	6.7	11.2	7.2	−18.6	−23	−22.7	−25.6	−19.8	−14.8	32.1
螺山站	15.2	11.5	12.1	21	11.4	−14.2	−12.9	−12.8	−11.8	−9.4	24.5
汉口站	36.2	26.1	27.3	23.5	10.4	−9.3	−9	−10.4	−9.1	−7.7	26.7
湖口站	29	51.4	62.7	11.8	−13.9	−16.5	−18.6	−24.2	−22.7	−20.5	75.9
大通站	13.4	13.6	10.5	5.3	1.6	−18.8	−18.7	−19	−16.7	−11	15.4
黄家港站	21.2	28.9	38.2	33.7	25.5	−50.2	−54.2	−51.7	−52	−49.6	78.6
襄阳站	48.6	65.9	70.2	65.5	27.4	−58.6	−66.9	−65.2	−52.2	−34.8	67.8
梅港站	34.6	35.9	32.9	55.6	39.4	−5	−2.5	−2.3	−17.4	8	16.7
吴家渡站	−98.2	−78.2	−70.3	−75.8	−16.7	11.7	10.3	9.2	4.9	11.9	0
峃口站	2.5	27.3	36.8	82.9	79.4	−54.3	−43.2	−34	−27.2	−13.5	76.7
天峨站	−24.9	−14	−4.2	32.7	43.1	−64.4	−62.4	−57.7	−50	−42	1142.6
八茂站	−21.7	−8.3	0	3.7	11.1	11.4	14.9	15.7	15.7	14.9	−54
龙川站	−11.5	11.2	45.4	85.7	86.4	−54.1	−49.2	−37.1	−36.7	−22.3	31.3
河源站	82.8	100.4	110.6	134	91.6	−60	−56.3	−57.3	−44.3	−23.6	77.3
平均增加率	−48.1	−51.6	−56.7	−58.3	−38.3	−37.2	−36.6	−36.5	−34.5	−32.5	−49.1
平均减少率	218.2	197.5	183.5	150.5	162.4	9.4	28.3	10.6	34.4	11.6	100.3
均值	81.2	83.6	84.8	72.9	70.6	−33.2	−29.2	−32.4	−26.6	−28.7	62.5

注:min1～min 90 和 max1～max 90 分别是年最小和最大 1d、3d、7d、30d 和 90d 流量。

1.3.2.3 年极端水文条件的出现时间

在 35 个水文站中,54%的站点年最大和最小 1d 流量的出现时间提前,其余站点的出现时间推迟。对年最小 1d 流量来说,其最大的变化在小得石站,儒略日从第 14 天推迟到第 327 天;其次是河源站和林家村站,年最小 1d 流量的出现时间分别推迟了 252d 和 143d;而在城陵矶站,出现日期则提前了 55d。整体来看,年最小 1d 流量的出现时间在 54%的水文站中该日期平均推迟了 88d,而在 46%的水文站中该日期平均提前了 24d。相比之下,年最大 1d 流量的出现时间在人为筑坝影响前后的偏差较小。其中最大的变化出现在菜咀子站和小得石站,菜咀子站年最大 1d 流量的出现时间从第 261 天提前到了第 139 天,而小得石站则从第 32 天推迟到了第 90 天。年最大 1d 流量的出现时间在 54%的水文站中该日期平均推迟了 16d,而在 46%的水文站中该日期平均提前了 24d。总的来说,筑坝对年最小 1d 流量出现时间的影响更大(表 1-4)。

表 1-4　人为筑坝影响前后年极端流量的出现时间,高、低流量脉冲的频率及历时
和水文条件变化率及频率 3 组指标的百分比差异　　　　　　　　单位:%

站名	minD	maxD	LPC	LPD	HPC	HPD	PR	FR	NR
宝清站	−97.8	−9.6	0	33.3	−40	−20	−8.8	−38.6	−13.8
菜咀子站	−52.9	−46.7	0	−11.7	−100	41.5	−57.7	−40	−17.2
阿彦浅站	125.4	−7.7	33.3	−6.7	−41.4	−31	19.3	−5.3	—
滦县站	−27.6	−14.4	−20	28.6	−42.9	−64.7	−49.1	−56.3	−22.7
贵德站	60	−18	−32	−10	−85	25	585	186	31
兰州站	108.1	6.4	100	−95.7	14.3	−77.3	80.2	100	141.6
河曲站	−14.3	−13.5	−14.4	−14	−16.7	15.9	28.2	13.3	−20.6
三门峡站	−31.7	−16	60	1.8	20	5	−45	−52.4	41.7
小浪底站	2235.7	4.3	42.9	−36	37.5	−22.2	−7.7	−1.2	−7.7
花园口站	210.9	−5.2	25	−42.9	−25	33.3	−22.9	−37.5	5.9
利津站	223.9	10	266.7	−50	−9.1	−33.3	15	5.6	75.5
林家村站	441.5	9.4	50	9.1	−26.3	0	−55.1	−39.8	8.9
魏家堡站	2.1	0.9	0	50	−33.3	−37.5	−70	−70.6	−16.4
咸阳站	12.3	−9.8	33.3	59.1	−38.9	−25	−66.5	−64.6	15.3
临潼站	8	−10.9	7.1	15	−11.1	−25	−60	−44.3	17.8
马渡王站	−9.9	15.9	−42.9	−50.9	−26	−33.3	−15	−11.4	−18.5
华县站	7.6	−10.4	33.3	25	−33.3	−5.9	−55.3	−29.2	22.2
小得石站	172	183	222	66	−8	−6	7	−7	9
寸滩站	−24.2	−4.9	—	—	−14.3	11.1	−26	−9.7	23
宜昌站	−46.8	6.7	62.5	−55.6	0	−37.5	−28.1	−6.9	27.6
监利站	−14.1	8.6	−37.5	−34.8	−8.3	−10.7	−50.6	−20.8	0.9
城陵矶站	−15	0.3	116.7	−58	−14.3	−17.9	−27.5	−30	2.5
螺山站	−98.4	5.5	50	−63.1	−33.3	82.4	−20	−25	0.7
汉口站	−87.5	6.3	50	−26.2	−16.7	92.9	−24	−25	−17.9
湖口站	−11	−2.3	62.5	−22.9	0	2.3	−15.8	−28.1	73.3
大通站	23.5	7.8	133.3	−54.1	0	−20	0	0	10.9
黄家港站	−34.9	−3.9	−85.7	−69.2	−11.1	−17.2	−53.2	−6	142.5

续表

站名	minD	maxD	LPC	LPD	HPC	HPD	PR	FR	NR
襄阳站	−35.4	−11.3	0	−67.9	−44.4	−45.8	−22.1	11.3	122.1
梅港站	−50	9.1	−25	−22	33.3	23.1	−7.4	42.9	7.7
吴家渡站	1.4	−63.6	105	−38.1	32.3	−18.4	16.8	−4.9	—
岜口站	−74.4	−3.2	43.8	−49.6	−55	17.2	−56.1	−140.9	−89.7
天峨站	56	5.3	150	−57.1	71.4	−46.7	−9.5	34.9	−42.4
八茂站	−2.2	17.5	18.2	−11.1	−36	100	−8.2	20.7	71.4
龙川站	−26	−3.2	40	−77.1	23.1	0	6.6	153	93.4
河源站	286.4	−3.6	−50	−76.5	8.3	−33.3	−11.6	112.5	106.9
平均增加率	−39.7	−13.6	−38.4	−44	−32.1	−29.9	−33.6	−33.1	−26.7
平均减少率	248.4	18.5	74.2	32	30	37.5	94.8	68	45.7
均值	92	1.1	41.1	−23.9	−15.2	−5.1	−3.3	−3.3	23.8

注：minD是年最小1d流量出现时间；maxD年最大1d流量出现时间；LPD是低流量脉冲持续时间；LPC是低流量脉冲出现次数；HPD是高流量脉冲持续时间；HPC是高流量脉冲出现次数；PR是上升率；FR是下降率；NR是逆转次数。

1.3.2.4　高、低流量脉冲的频率及历时

在35个水文站中，低流量脉冲出现次数在63%的水文站呈增加趋势，平均增加次数为3.9次，增加率为74%。

其中，小得石站的变化最大，低流量脉冲出现次数从14.5次增加到46.9次；在河曲站，低流量脉冲出现次数则从93.6次减少到80.1次；而在寸滩站、宝清站、菜咀子站、襄阳站和魏家堡站，低流量脉冲出现次数在影响前后无改变。相比之下，低流量脉冲持续时间、高流量脉冲出现次数和持续时间在超过60%的水文站中呈减少趋势。低流量脉冲持续时间的减少量的变化范围从八茂站的1d到兰州站的44.5d，平均减少8.8d；而在其余的站点中，低流量脉冲持续时间增加，其中三门峡站持续时间增加的最小，为0.1d，宝清站的增加最大，为26d；低流量脉冲持续时间平均增加5.2d。高流量脉冲出现次数在69%的水文站中呈减少趋势，平均减少了3.2次。

尽管高流量脉冲持续时间减少和增加的水文站分别占60%和34%，然而其平均增加值却大于平均减少值，原因是在个别站高流量脉冲持续时间增加值较大，如在菜咀子站、螺山站和汉口站，高流量脉冲持续时间分别增加了13.5d、14d和13d；因此，高流量脉冲持续时间平均减少和增加值分别为3.2d和5.1d。总体而言，低流量脉冲出现次数的平均变化率最大，达到41%，而低流量脉冲持续时间、高流量脉冲出现次数和持续时间的减少率分别为24%、15%和5%（表1-4）。

1.3.2.5　水文条件变化率及频率

上升率和下降率分别在74%和69%的水文站中呈减少趋势。对上升率来说，魏家堡站变化最大，减少了70%，梅港站减少率最小为7.4%，平均减少率达到34%；而在贵德站，上升率呈增加趋势，增加率高达585%，因此平均的增加率高达95%。而对下降率来说，在69%的水文站中，其减少率的变化范围从小得石站的1%到岜口站的141%，平均值为33%；在剩下的31%的水文站中，下降率呈增加趋势，平均增加率达到68%，其中贵德站、龙川站和河源站的增加率较大，分别为186%、153%和113%。相比之下，逆转次数在68%的水文

站中呈增加趋势,其中兰州站变化最大,从 80.5 次增加到 194.5 次,其次是黄家港站,从 73 次增加到 177 次;而螺山站增加值最小仅为 0.5 次;平均增加值为 38.7 次。而在 26% 的水文站中,逆转次数减少,其中岜口站从 118.9 次减少到 12.3 次。整体上,上升率和下降率平均值分别减少了 37% 和 17%,逆转次数平均增加了 17 次(表 1-4)。

1.3.2.6　水文改变度

从 32 个 IHA 指标的改变度来看,每个水文指标在 35 个水文站中的改变度均包括高度、中度、低度改变,但各自的数量不同。整体来看,IHA 指标中水文改变度的绝对值变化范围是 36%～63%,均属于中度改变;从高低排序来看,水文改变度最大的指标是逆转次数,平均改变度为 63%;其次是年最小 3d 流量、上升率、年最小 7d 流量、下降率、10 月流量以及年最小 90d 流量、年最小 1d 流量和年最小 30d 流量。相反,水文改变度最小的指标依次为年最大 1d 流量出现时间、高流量脉冲出现次数、4 月流量、6 月流量和高流量脉冲持续时间。(图 1-4)

此外,每个水文站的整体水文改变度结果表明,发生高度改变的水文站为贵德站、河源站、滦县站、天峨站、小得石站、宝清站和菜咀子站,整体改变度分别为 81.8%、77.2%、76.1%、70.5%、69.4%、68.5% 和 68.3%。大部分水文站都属于中度改变,整体改变度值介于 33.7%(临潼站)和 66.4%(阿彦浅站)之间,只有寸滩站属于低度改变,值为 29.5%。总的来说,35 个水文站的平均整体水文改变度是 52.2%,说明水库蓄水导致中国河流的水文情势整体上出现了中度改变(图 1-5)。

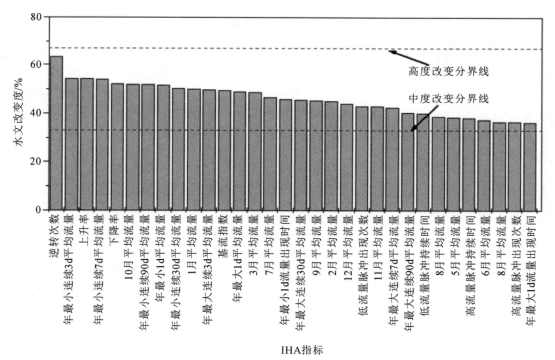

图 1-4　32 个 IHA 指标的水文改变度

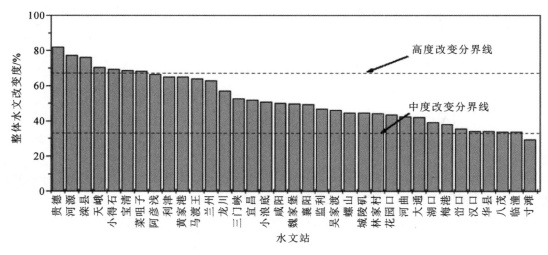

图 1-5　35 个水文站的整体水文改变度

1.4　流域水文模型方法研究概述

1.4.1　分布式水文模型及其在径流模拟中的应用

水文模型是对自然界中复杂水文循环现象的近似描述,是分析水文规律、解决水文学实际问题的有力工具,是一切水文过程模拟的基础。水文模型最早可追溯到 1850 年 Mulvany 提出的推理公式(徐宗学 等,2010)。此后,伴随着社会生产实践需要和相关支撑技术如计算机、遥感、数字高程模型(digital elevation model,DEM)的不断发展,水循环模型的研究发展迅速,大致经历了萌芽期、经典水文模型、概念性水文模型及分布式水文模型四个发展阶段(表 1-5)。(史晓亮,2013)

表 1-5　水文模型发展历程

发展历程	代表性模型	特点
萌芽期阶段 (1850—1930)	法国学者 Darcy 提出的 Darcy's Law 运动规律; 1871 年 Saint-Vennant 推导的地表一维方程组; 1911 年 Green 和 Ampt 提出的入渗方程; 1933 年 Horton 提出的入渗方程等	基于简单的观测试验,针对某一水文过程采用一些数学方程来描述水文现象的基本规律
经典水文模型阶段 (1930—1950)	1932 年美国学者谢尔曼提出的单位过程线; 1934 年 MaCarthy 提出的马斯京根洪水演算法; 1939 年美国学者 Horton 提出的地表水下渗理论; 1948 年彭曼提出的蒸散量计算公式等	大多只针对产汇流等某一水文环节,存在一定的局限性

发展历程	代表性模型	特点
概念性水文模型阶段（1950—1970）	1950 年日本菅原正已提出的水箱模型； 1954 年美国农业部水土保持局开发的 SCS 模型； 1958 年美国陆军工程团提出的 SSARR 模型； 1959 年美国学者 Linsley 研发的斯坦福模型； 1970 年瑞典水利气象研究中心开发的 HBV 模型等； 1973 年中国赵人俊等提出的新安江模型	在一定程度上考虑径流形成的物理过程，常用一些物理和经验参数概括径流形成的物理现场，经验性强，结构简单，实用性强
分布式水文模型阶段（1980 年至今）	1979 年 Beven 和 Kirkby 提出的 TOPMODEL 模型； 1980 年英国 Morris 提出的 IHDM 模型； 1986 年英国、法国和丹麦科学家联合研制的 SHE 模型； 1994 年美国 Arnold 博士开发的土壤-水文综合工具（SWAT 模型）； 1994 年 Wigmosta 等提出的分布式水文-植被-土壤模型（DHSVM 模型）； 1994 年美国 Wood 等提出的可变下渗容量模型（VIC 模型）等	全面考虑降雨和下垫面空间不均匀性，能够更准确地从机理上描述水文过程

1969 年，Freeze 和 Harlan（1969）在国际上首次提出了分布式流域水文模型概念及其框架，开创了水文模型新的发展方向。1979 年，Beven 和 Kirkby（1979）提出了半分布式水文模型 TOPMODEL（topography-based hydrological model），该模型基于 DEM 数据推求地貌指数 $\ln(\alpha/\tan\beta)$，以此来反映下垫面的空间变化对水循环过程的影响，具有结构简单、参数少、数据易获取、日径流模拟精度高等优点。

1990 年前后，在全球气候变化和水资源短缺等问题的推动下，分布式流域水文模型不断涌现，如 SHE 模型、DHSVM 模型、SWAT 模型、VIC 模型等。由英国、法国和丹麦科学家联合研制的 SHE 模型是全球第一个真正意义上的分布式流域水文模型，其物理基础和计算灵活，适用于多种资料条件，在欧洲和很多地区应用广泛，之后 Beven、Bathurst、Chaptes 等对 SHE 模型进行了改良，研发出了很多版本，其中 MIKE SHE 是典型代表（Abbott et al.，1986）。1994 年，Arnold 等（1998）为美国农业部开发了 SWAT 模型，该模型有很强的物理机制，利用遥感和地理信息系统提供的空间信息，能够反映气温、降水等气象条件及下垫面变化对流域水文资源的影响，可以模拟大尺度流域复杂的水文物理过程。由美国华盛顿州立大学 Wood 等提出的 VIC 模型适用于大空间尺度的陆面水文模拟，其将流域划分为若干网格，每个网格都遵循能量平衡和水量平衡原理，可同时对水循环过程中的能量平衡和水量平衡进行模拟，弥补了传统水文模型对能量过程描述的不足（Liang et al.，1994）。Wigmosta 等（1994）提出的 DHSVM 模型能够在 DEM 数据的空间尺度上对流域蒸散发、积雪、土壤水及径流的空间分布进行动态描述，该模型广泛用于水文分析和模拟、气候变化和水文变化之间的相互作用分析、林地管理措施对水文的影响分析等。分布式水文模型考虑了自然过程及其影响因素的空间异质性，将流域分割为足够多的不嵌套单元，使降雨和下垫面条件客观存在的空间分异性与流域产汇流高度非线性的特征相符，所揭示的水循环过程更接近客观世界，模拟的水循环过程相对真实。在众多的分布式水文模型中，Dunn 等强调 SWAT 模型具有很强的适用性（Dunn et al.，1998），Borah 和 Bera（2004）则称 SWAT 模是具备连续模拟能力、最具发展前景的水文模型。

　　国内关于分布式水文模型的研究起步较晚。1995 年,南京大学的沈晓东在研究降雨与下垫面时空分布的不均匀性对径流过程影响的基础上,提出了一种动态分布式降雨-径流模型,实现了基于栅格 DEM 的坡面产汇流与河道汇流的数值模拟,并在湖北省罗田县石桥铺径流区进行了验证(沈晓东,1995)。黄平和赵吉国(1997)分析了国外一些具有物理基础的分布式水文模型的不足,提出了流域三维动态水文数值模型的构想。武汉大学郭生练等(2000)构建了一种基于 DEM 的水文模型,详细阐述了模型的结构及水文物理过程,并将其应用于小流域降雨-径流时空变化的过程模拟上,取得了较好的效果。俞鑫颖和刘新仁(2002)建立了一种基于 DEM 和 GIS 的网格式空间分布水文模型,可在分别考虑不同网格的热量和水文状态的基础上计算产汇流。夏军等(2003)运用系统理论与物理机制相结合的方法,建立了大尺度的分布式时变增益水文模型(DTVGM),能够在一定程度上解决无资料(缺资料)地区的水文问题。杨大文等(2004)建立了适用于黄河流域的大尺度分布式水文模型,并将其应用于 1980—1989 年的黄河流域的逐月径流模拟。莫兴国等(2004)建立了基于土壤-植被-大气传输机理的分布式生态水文模型,模拟流域水量平衡的时空分布。贾仰文等(2005)研发出了模拟对象为“天然-人工”二元水循环系统的大尺度流域水循环和能量交换过程模型(WEP-L),并将其应用于黄河流域。2006 年,陈仁升等(2006)构建了一个以 1km×1km 网格为基础、日为时间步长的内陆河高寒山区流域分布式水热耦合模型(DWHC)。刘昌明等(2010)利用北京师范大学水科学研究院自主研发的多元水文循环综合模拟系统(HIMS),定制出 3 个不同时间步长上的水文模型,并将其应用到不同的流域中,均取得了不错的模拟效果。

　　目前,国内已经开发出了许多分布式水文模型,但由于这些模型往往只针对某一特定流域进行建模设计,且没有开发适用于不同下垫面条件的参数库,导致模型本身普适性不强。

1.4.2　SWAT 模型在径流模拟中的应用

　　SWAT 模型是一种基于流域尺度的分布式水文模型,它是在水文循环模拟的基础上,将参与和影响水文循环的各要素变化过程进行模拟和分析。模型物理基础强,以日为时间步长,将流域分成多个子流域和若干水文响应单元(hydrologic response unit,HRU),各HRU 单独计算物质循环及其关系,最后进行汇总演算求得流域的水量平衡要素。模型分为陆面水文过程(陆面产流及坡面汇流)和水面汇流过程(河道汇流)两部分,前者控制着每个子流域内主河道的水、沙、营养物质、化学物质等的输入量;后者通过河道径流演算、水库水量平衡与演算两个模块,决定水、沙等物质从河网向流域出口的输移运动。模型不仅可模拟流域内的水循环过程,也可研究流域中环境要素(气候、土壤覆被等)变化对水文循环的影响(田彦杰 等,2012;张银辉,2005)。

　　径流模拟是水文模拟研究中最基本、最重要的功能,也是研究其他水文问题的基础。国外将 SWAT 模型用于径流模拟方面的研究较早,最早是在美国的多个全国或区域性项目中的应用,Arnold 等选择美国伊利诺伊州 3 个流域、宾夕法尼亚州的 Ariel Creek 流域、得克萨斯州的 Leon 流域及其他不同州县、不同流域为研究对象,验证了 SWAT 模型在不同空间尺度(国家、大流域及小流域尺度)的径流模拟方面具有较好的适用性;在时间尺度上,该模型较适合长时期的径流模拟,短期尤其是日尺度的模拟效果较差(Arnold et al.,1996,1998,

1999；Srinivasan et al.，1998；Bingner，1996）。随着模型在美国的广泛应用及日益完善，SWAT 模型已在欧洲、亚洲和非洲等多个国家得到推广与应用，证明 SWAT 模型能够模拟不同气象、水文及下垫面条件的径流（Schuol et al.，2008；Bouraoui et al.，2005；Fontaine et al.，2002），在缺乏观测数据的地区，模型也表现出了很好的适用性（Manguerra et al.，1998）。

在国内，SWAT 模型的研究和应用开始于 2000 年前后，但发展迅速，在对西北寒旱区（如黄河流域上游、黑河流域等）、北方干旱区（如黄河流域中下游、海河流域等）及南方暖湿区（如长江流域、太湖流域等）的研究中，均取得了不错的成果（郭军庭 等；2014；夏智宏 等，2009，2010；姚允龙 等，2008；王中根 等，2003；黄清华 等，2004）。王中根等（2003）模拟了黑河干流山区莺落峡流域的月和日尺度径流量，验证了 SWAT 模型在西北寒旱区大流域的适用性，且降雨空间分布对模拟结果影响较大；郭军庭等（2014）证明 SWAT 模型对潮河流域的产水量模拟具有很好的适用性，并将其用于土地利用和气候情景变化对径流的影响分析，结果表明径流对降雨的敏感性高于降雨；夏智宏等（2009，2010）发现 SWAT 模型适用于丰水地区大尺度流域的径流模拟，并分析了汉江流域水量平衡及水资源对气候变化的响应，为水源区的水资源保护和管理提供依据。

整体来看，SWAT 模型在国内外不同时间尺度、不同空间尺度、不同气候条件下的径流模拟均具有较好的适用性，从模拟精度看，该模型对中小流域的长时期模拟及大流域的模拟精度较高。

我国大坝水库数量众多，水库调蓄作用影响了河道汇流过程，显著改变了流域下游的水文特征（Haddeland et al.，2014），为提高径流模拟效果，在模拟过程中考虑水库的影响十分必要。目前，考虑水库调蓄的径流模拟常通过水文模型实现，即在模型中加入水库变量或模块。Payan 等（2008）将水库变量加入集总式水文模型 GR4J 中；张永勇等（2010）在北京市温榆河流域成功构建了 SWAT 与闸坝调度模型的耦合模型（SWAT-QC mode），从流域角度探讨了闸坝群的水量水质联合调度模式；Yates 等（2005）在 WEAP 模型加入基于分层调蓄计算出流的水库模块；Zhao 等（2016）在分布式水文模型 DHSVM 中增加基于调度规则的水库模块。已有研究表明，在径流模拟中考虑水库调蓄能够提高径流模拟精度（李蔚 等，2018；孙新国 等，2016；Biemans et al.，2011；Wang et al.，2010；Zhang et al.，2013），Zhang 等（2013）针对淮河流域水利工程密度高的特点，将大坝和水闸的运行规则纳入 SWAT 模型中，更好地模拟了淮河流域的长期水量、水质变化过程；孙新国等（2016）发现水利工程对丰满 II 区子流域径流变化起主导作用，在 SWAT 模型中考虑水利工程影响可以提高径流模拟精度。因此，对于受密集的梯级开发影响的汉江流域，准确揭示梯级开发背景下的径流时空变化很有必要。

1.4.3　土地利用/覆被变化对径流的影响研究

土地利用/覆被类型是影响流域短期水量平衡的主要因子。在国外，研究者通过 SWAT 建模的方法研究土地利用/管理措施的影响，如 Hernandez 等（2000）认为 SWAT 模型可以很好地反映土地覆被变化下的多年降雨-径流关系；Fohrer 等（2002）在对德国阿勒河流域的研究中发现，地表径流对土地利用变化最为敏感；Weber 等（2001）的研究结果表明，地表径流量与河道流量随草地面积的增加和林地面积的减少而增加；Conan 等（2003）将 SWAT 模型应用于地中海流域，成功地模拟了由人类活动导致的湿地干涸引起的水文效应，但由于地下水与地表水模型之间的独立运行,无法准确模拟该变化对地下水的影响。

国内的研究大多是预设几种土地利用情景,定量分析流域土地利用/覆被类型对径流的影响,如陈军锋和李秀彬(2004)对长江上游梭磨河流域不同土地覆被下的多年降雨-径流关系的 SWAT 模拟结果显示,随着土地覆被由无植被到全是有林地,径流减少,且枯季减少幅度明显小于雨季,在相同的洪水重现期,全是有林地的情景比无植被的洪峰流量减少了31.2%;郝芳华等(2004)假设了 3 种土地利用情景模拟洛河流域的径流变化,SWAT 模拟结果发现相对于草地和农田,林地具有增水的作用;邱国玉等(2008)研究发现,1980—1990 年泾河流域的土地覆被变化使多年平均年径流量增加了 $26.5\mathrm{m}^3/\mathrm{s}$。

1.4.4 气候变化对径流的影响研究

在应用 SWAT 模型进行气候变化的水文效应研究中,主要根据大气环流模式(general circulation model,GCM)模拟的全球气候变化,通过增减气温或降水等设置气候情景。国外学者主要通过改变 CO_2 浓度和气候要素(温度、降水、湿度、太阳辐射等)等值来研究气候变化对径流的影响。Ficklin 等(2009)模拟了加利福尼亚州 San Joaquin 流域水文过程对 CO_2 浓度、降雨、气温变化 16 种情景的响应,发现流域对气候变化极为敏感,若 CO_2 浓度升至 $9.70×10^{-8}$、温度升高 6.4℃,蒸散发将会表现出明显的季节差异,产流量将升高 36.5%;Stonefelt 等(2000)在密苏里河河源高海拔山区的研究发现,对径流时间分配和年产水量影响最大的要素分别为气温和降水,且每个要素对产水量的影响程度均不同;Fontaine 等(2001)对美国南达科他州黑山地区的研究发现,降水增加年产水量增加,气温升高年产水量减少,且降水增加或减少 10%、气温增加 4 ℃时径流变化最敏感;Chaplot(2007)对得克萨斯州 Bosque 流域和艾奥瓦州 Walnut Creek 流域的研究结果表明,相对于 CO_2 浓度和温度变化,降水变化对流域的径流影响更大,且对湿润地区的影响比半干旱地区大。

国内学者主要是通过气候方案假定法研究径流的响应,如朱利和张万昌(2005)在汉江上游区设置了 25 种气候变化模式(温度增加 1~4℃,降水增或减 10%~20%),研究径流及实际蒸发对气候变化的响应,结果表明,流域内降水的变化对水资源的影响要大于气温;于磊等(2008)在漳卫南流域的研究表明,气候变化对流域产水量和地表径流量影响显著,降水量增加,产水量和径流量随之增加,而气温增加,产水量和径流量降低;在对黄河河源区的研究发现,降水变化对流域径流量的影响强于气温,径流量随降水增加而增大(车骞 等,2007),在降水增加 20%、气温减少 2℃,流域径流量增加最大(李道峰等,2004);刘吉峰等(2007)认为未来 30 年青海湖布哈河流域径流增加的可能性较大,青海湖水位的下降现象将会减缓甚至出现上升趋势;冯夏清等(2010)在对乌裕尔河流域气候变化的水文响应研究中发现,径流对气候变化较为敏感,在未来气候变化情景下流域径流量将会不断减少。

1.5 水生植物及河流湿地研究概述

水生植物是河流生态系统的重要组成部分,是水体生态系统的初级生产者,在调节水生生态系统物质循环、净化水体、为水生动物提供食物和栖息地等诸多方面具有重要作用。近年来,自然因素和人类干扰导致水生植物固有的生存环境丧失,如河流挖沙破坏了河床原有的形态,大坝建设导致水位和水环境的急剧变化及水污染和水体富营养化等,这些人类干扰因素的存在改变了河流等水体的自然演变过程,造成水生植物种类、数量和群落结构的显著变化,导致水生生态系统结构简化。目前,关于水生植物多样性及分布格局的研究多集中在湖泊等静水水体中,对河流等水生植物多样性研究较少。

对水生植物的研究最早从瑞典植物学家卡尔·冯·林奈(Carl von Linnaeus)对一些水生植物物种命名开始,早期水生植物多样性研究仅限于植被区系调查或作为植物学研究的一小部分,尚未形成系统。1991 年 Gliick 对德国水生植物、湿地植物形态和植物生态进行了研究,开启了近代水生植物系统研究先河。其后,对水生植物多样性的分类研究逐渐增多,分类逐渐完善,系统性增强。近年来随着学科交叉融合、室内控制实验方法的完善和新的野外调查技术手段,如 3S(GIS、RS、GPS)、水下探测等新技术的运用,水生植物多样性的研究已经由传统水生植物分类、区系研究的简单描述向多学科综合研究转变,主要集中在水生植物多样性保育恢复、种群动态、水生植物生理学、外来入侵种及水生植物与全球气候变化之间的响应等方面。

我国对水生植物多样性的研究起步较晚。20 世纪 30 年代钟心煊研究了东湖水生植被,开始了我国水生植物区系的研究。1952 年裴鉴、单人骅编写的《华东水生维管束植物》,是我国首部水生植物多样性及区系研究专著。改革开放后,国内关于水生植物多样性的研究日渐增多并有一批高质量的水生植物专著出版,如《中国水生维管束植物图谱》《中国高等水生植物图鉴》《中国水生杂草》《中国水生植物》。21 世纪以来,越来越多的实验方法和调查手段运用于水生植物多样性研究,研究方向从水生植物分类、区系等大尺度研究向中小尺度水生植物时空变化方向转变,室内控制实验也逐渐增多。这一时期的研究方向多集中在水生植物多样性及其时空变化,影响水生植物多样性的因子如光的可获得性、湖泊水质状况、湖泊营养状况、沉积物特征、自然干扰以及人为干扰等方面。

我国对水生植物的多样性及水生植物群落演替的研究主要集中在湖泊、水库等静水生态系统方面。对静水生态系统的研究又划分为了两个主要方面:一方面对于水生植物种类丰富、生态环境保护较好的湖泊研究较多;另一方面对于生态破坏严重对人类生存造成危害的湖泊研究也比较多。对河流等流动水生态系统研究较少,其主要研究集中在藻类和浮游动物等方面,少见关于河流水生植物多样性及群落结构、河岸植被数量分类及植被分类影响因素、水位变化对湿地植被的影响等方面的研究报道。

1.6　流域生态需水研究概述

1.6.1　生态需水的内涵

国外对生态需水的研究较早,研究内容主要是河流方面。早期主要是为了保证河流的航运功能,开展了关于河道枯水流量的研究(Dakova et al.,2000;Armbruster,1976)。1940 年开始,水库建设导致的渔场减少问题引起了美国资源管理部门的关注,美国渔业与野生动物保护协会通过研究河道内流量与鱼类生长繁殖及产量的关系,规定了维持河流生态系统的最小生态流量。

1950—1960 年，关于河流生态流量的定量研究和对过程的研究开始出现，早期的研究建立了流量和流速与鱼、大型水生植物、大型无脊椎动物之间的联系，水资源行动计划也开始要求河流的管理机构建立河流最小可接受流量（minimum acceptable flows，MAF）。20 世纪 70 年代，美国将生态环境需水量正式列入地方法案，并规定了河道内用水、河流基流量、各类河口三角洲和湿地等的限定值。之后，澳大利亚、法国、加拿大和南非等国家也开始逐渐接受这一概念，针对河流生态系统提出了关于河流流量与鱼类生长繁殖之间关系的计算和评价方法（Petts，2015）。20 世纪 80 年代初，美国对流域开发管理目标进行了全面调整，并对河流生态环境需水开展了大量研究，形成了生态需水量分配的雏形，提出了大量较完善的河道内流量计算方法，但并没有明确提出生态环境需水量计算方法（Hughes，1999；Bovee，1998；Henry et al.，1995a；Henry et al.，1995b；Male et al.，1984）。20 世纪 90 年代初，法国开始研究生态需水量，并将其列入法国水法、乡村法和渔业法，如 1992 年法国颁布的水法中规定河流最小生态环境需水的优先地位仅次于饮用水。

20 世纪 90 年代以后，随着学者对河流生态系统研究的不断深入，河流生态需水量逐渐成为全球关注的热点问题。从生态需水的概念上，Covich（1993）提出生态需水是维持和恢复生态系统健康发展所需的水量。Gleick（1998）确定了基本生态需水（basic ecological requirement）的概念，即必须供给自然生境一定质和量的水以最大程度地保护物种多样性及生态系统完整性，而在其随后的研究中这一概念被扩展为与水资源短缺、危机和配置相关联（Gleick，2000）。Whipple Jr 等（1999）指出，流域生态系统必须协调好生态环境需水与生产生活用水之间的矛盾。Falkenmark（1995）提出了绿水（green water）的概念，认为生态系统对水资源的需求也需要引起重视。

2003 年，英国政府间国际发展部在流域水资源需求与利用报告中指出，要将生态环境需水量和生活及工农业需水量同等对待。随着国际学者对生态需水研究的不断深入，研究对象不再局限于过去对河道物理形态及目标物种（如鱼、无脊椎动物）等的研究，还扩展到了维持河道流量（如最小流量、最适宜流量）的研究，河流生态系统的完整性受到越来越多的重视。此外，研究方向也从河道内扩展到了河道外（Pusch et al.，2000；Whipple Jr et al.，1999）。

近十年来，生态需水研究的国际间合作加强，如成立了 FRIEND（Flow Regimes from International Experimental and Network Data）行动计划。目前，FRIEND 组织已扩展到了欧洲、中非、西非、北非、中亚、南亚、地中海等国家和地区，研究者从不同的角度扩大了河流生态需水量研究的深度和广度，大大推动了流域生态需水研究的发展。

国内对生态环境需水的研究起步较晚，开始于 20 世纪 90 年代末，最初也是基于河流生态系统探讨河流的最小流量问题，水利部长江水资源保护科学研究所最早进行了《环境用水初步探讨》的研究工作（崔瑛 等，2010）。

20 世纪 80 年代，国务院环境保护委员会针对水污染问题，在《关于防治水污染技术政策的规定》中指出，水资源规划要保证改善水质所需的环境用水，此时的研究主要集中在宏观战略方面，而对如何实施和管理仍在探索。1989 年，汤奇成为了保护塔里木盆地绿洲的生态环境，首次提出了生态用水的概念（汤奇成，1990）。1990 年，《中国水利百科全书》将环境用水定义为"改善水质、协调生态和美化环境等的用水"（崔宗培，2001）。1993 年，水利部针对黄河断流、海河过度开发及水污染问题，正式将生态环境用水作为环境脆弱地区水资源规划中必须考虑的一种新型用水。

之后,随着国际地圈生物圈计划(International Geosphere-Biosphere Programme, IGBP)以及国家"九五"科技攻关项目的实施,开始了对西北干旱、半干旱地区的生态用水研究,提出了针对干旱地区生态需水的计算方法,并于 2003 年出版了系列专著(王浩 等, 2003),揭开了我国生态用水研究的序幕。针对黄淮海平原地区河道断流、水体污染、地下水超采、淤积、海水入侵等问题,进一步展开了河流湖泊生态需水的研究(崔保山 等,2003),生态需水研究逐渐深入。

《21 世纪中国可持续发展水资源战略研究》将广义的生态环境用水定义为"维持全球生物地理生态系统水分平衡所需用的水,包括水热平衡、水沙平衡、水盐平衡等,都是生态环境用水";而狭义的生态环境用水是指"为维护生态环境不再恶化并逐渐改善所需要消耗的水资源总量"。1999 年,刘昌明也提出了 21 世纪中国水资源供需的"生态水利"问题等。夏军等(2002)认为,生态需水量是"为维系生态系统群落基本生存和一定生态环境质量的最小水资源量"。许新宜和杨志峰(2003)认为生态需水是一个阈值范围,是生态系统达到某种生态水平,或维持某种生态平衡,或发挥期望的生态功能所需要的水量。近年来,在南水北调水资源配置、新的全国水资源规划以及水利与国民经济协调发展等项目中,生态需水都是必须考虑的内容。

1.6.2 流域生态需水量计算方法

流域生态系统是由流域内多个不同类型的小系统组成的复合生态系统,这些生态系统通过水循环相联系,形成一个整体。流域内降水形成径流之前的生态系统是陆地生态系统,包括林地、草地、农田和城镇等,而降水形成径流后则为河流、水库、湖泊、沼泽等水域生态系统。一般情况下,流域生态需水分为两部分,即河道内生态需水和河道外生态需水。

1.6.2.1 河道内生态需水量计算

国外研究河道内生态需水的方法较多,主要分为 4 类,即水文学法、水力学法、栖息地法和综合法,详见表 1-6。到目前为止,河道内生态需水量仍然没有一个明确公认的定义及通用的计算标准和方法。

表 1-6 国外河道内生态需水量计算方法

方法	示例	主要原理	特点
水文学法	Tennant 法	建立流量与栖息地之间的经验公式,只需要使用历史流量就可以确定生态需水量,一般是取年天然径流量的百分比作为河流生态需水的推荐值(Tennant,1976)	优点是不需要现场观测,有水文站的河流年平均流量通过历史资料估算,没有水文站的河流可通过水文技术来获得平均流量,缺点是没有考虑河道流量的动态变化
	Texas 法	通过计算各月的流量频率曲线,取 50%保证率下月流量的特定百分率作为最小流量(Mathews Jr et al.,1991)	具有地域性,适用于流量变化主要受融雪影响的河流
	NGPRP 法	将水文年分为枯水年、平水年和丰水年,取平水年组的 90%保证率流量作为河流的最小流量(Dunbar et al.,1998)	优点是考虑了各水文年的差别,综合了气候状况和可接受频率等因素,但缺乏生物学依据

方法	示例	主要原理	特点
水文学法	基本流量法	根据河流的流量变化状况确定所需流量,首先选取平均年的 1,2,3,…,100d 的最小流量系列,计算 1 和 2、2 和 3、3 和 4、…、99 和 100 点之间的流量变化,将相对流量变化最大处点的流量作为河流所需基本流量(Palau et al.,1996)	计算简单,能反映出年平均流量相同的季节性和非季节性河流在生态环境需水量上的差别,但缺乏生物学资料证明
水力学法	湿周法	首先确立湿周与河流流量的函数关系,绘制出湿周-流量曲线。然后根据曲线的最大曲率处或斜率为 1 处的那个点对应的流量确定最小生态流量(Ubertini et al.,1996)	得到的河流流量值会受到河道形状的影响,适用于宽浅河道
	R2CROSS 法	该法通过 3 个水力学指标反映生物栖息地质量,即平均水深、平均流速和湿周占横断面周长的百分数,以曼宁公式为基础,根据在一个河流断面上现场收集到的数据对未观测到的水力学参数进行模拟来计算所需水量(Mosely,1982)	应用难度较大,必须通过对河流断面进行实地调查来确定水深、河宽、流速等参数,一般适用于浅滩式的河流栖息地类型
	CASMIR 法	通过建立水力学模型、流量与被选定的生物类型之间的关系,通过估算主要水生生物的数量和规模反推期望的流量(Giesecke et al.,1997)	因生态系统的复杂性,制约因素较多
栖息地法	河道内流量增加法(IFIM)	根据河流实际参数,基于水力学模型建立河流参数与生物生态参数之间的数值模拟模型,确定生态流量(Estes et al.,1986)	优点是针对性强,常用来进行水资源开发建设对下游水生生物栖息地的影响评价,但由于该法需要详尽的资料支撑,使其应用受到了一定的限制
	RCHARC 法	通过建立栖息地指示生物与河流水力参数的相关性,采用多变量回归分析法确定河流的生态可接受流量(Nestler et al.,1995)	需广泛收集数据,相对费时且成本高
	有效宽度(UW)法	通过建立河道流量和某个物种的有效水面宽度之间的关系,以有效宽度占总宽度的某个百分数所对应的流量作为最小可接受流量(徐志侠 等,2004)	具有较大的灵活性,有可能考虑全年中许多物质及其不同生命阶段所利用栖息地的变化,但需要对水生态系统有足够的了解和清晰的管理目标
	加权有效宽度(WUW)法	将一个断面分为几个部分,每一部分都乘以该部分的平均深度、平均流速和相应的权重参数,从而得到加权后的有效水面宽度	只计算满足某个物种所需要的水深、流速等参数的水面宽度,不满足要求的部分不计算在内
	Basque 法	先根据曼宁公式建立流量与湿周的变化关系,再利用河流中无脊椎动物的多样性与湿周的变化关系来确定最小和最优河道流量(Docampo et al.,1995)	假定河流是一个连续系统,认为河流上、中游的物种多样性随着河道流量的增大而增加
综合法	建筑堆块法(BBM)	将流量组成人为地分成 4 个砌块,即枯水年基流量、平水年基流量、枯水年高流量和平水年高流量	优点是对大、小流量均考虑了月流量的变化,缺点是针对性强且计算过程较烦琐
	整体评价法	通过综合评价整个河流生态系统来确定流量的推荐值(崔起 等,2008)	需要实测天然日流量系列、相关学科的专家小组、现场调查以及公众参与等

在国内,系统研究河流生态需水的工作尚在起步阶段,对其计算方法的研究也不够深入和完善。由于现阶段国内河流的生态资料相对缺乏,栖息地法无法使用;整体评价法在我国应用也较为困难;水力学法需要现场数据,要耗费较长的时间和较大的物力财力,应用也有一定的局限性;水文学法是最简单、需要数据最少的方法,我国大部分地区具有较长时间序列的历史流量数据,因此较适合使用该类方法。针对不同类型的生态需水,国内学者从不同的角度提出了其计算方法,如表1-7所示。

表1-7　国内河道内生态需水量计算方法

方法	主要原理	应用	特点
最小月平均流量法	以河流最小月平均实测径流量的多年平均值作为河道的基本生态需水量(王西琴 等,2002)	河流基本需水量	简单易用,但很难准确建立流量与水生态系统的关系
枯年天然径流估算法	以最枯年的天然径流量来估算河流生态需水量(徐志侠 等,2004)		
逐月最小生态径流计算法	在尽可能长的天然月径流系列中取最小值作为该月的最小生态径流量,各个月径流系列的最小值组成年最小生态径流工程(于龙娟 等,2004)	河道最小生态需水量	考虑了河道水流的年内变化特征,把河流生态需水量看成一个动态的过程,比较符合实际情况
逐月频率计算法	首先对尽可能长的天然月径流系列进行频率计算,然后根据实际情况对各个季节取不同保证率的月径流量作为河流的生态环境需水量	河道生态环境需水量	
7Q10法	近10年最枯月平均流量或90%保证率最枯月平均流量(倪晋仁 等,2002)	河流自净需水量	方法简单,成本低,但缺乏与生态系统的关联
水质目标法	以水质目标来约束计算河段的最小流量,得出满足河段水质控制目标的相应水量(崔起 等,2008)		
生物最小空间计算法	将鱼类作为指示生物来确定水生态系统的最小生存空间,将水面宽率、平均水深和最大水深作为鱼类生存空间最具代表性的因素	河道最小生态需水量	缺点在于采用的鱼类最小需求空间参数粗糙,精度有限
水文与河道形态分析法	认为水面宽度与水生生物的繁衍和生长密切相关,将流量和水面宽度关系的突变点处对应的流量作为水体最小生态需水量(徐志侠 等,2006)	河道最小生态需水量	该方法用水文站资料进行计算,具有资料可靠、充分的优点,但考虑的因素过于简单
水量补充法	根据河长、水面面积及蒸发和渗漏强度等计算年蒸发量和年渗漏量,两者之和作为年补水量(倪深海 等,2002)	河道渗漏需水量	只针对满足河流水量蒸发和渗漏要求,没有考虑到生态系统的其他需水要求,有一定的局限性
	当水面蒸发量大于降水量时,该项通过两者的差值与河流水面面积的乘积计算得到;当降水量大于蒸发量时,该项为0(严登华 等,2001)	河流水面蒸发需水量	

续表

方法	主要原理	应用	特点
换水周期法	$W_1=W_枯/T,T=W_x/Q_c$ 式中,W_1为湖泊最小生态环境需水量,m³;T为换水周期,s;$W_枯$为枯水期的出湖水量,m³;W_x为多年平均蓄水量,m³;Q_c为多年平均出湖流量,m³/s(张丽 等,2008)	湖泊需水量	简单实用,但是在干旱半干旱地区应用有限,因为当湖泊来水及贮水量都较小时,湖泊换水会导致湖泊水量得不到补充而引起湖泊生态环境的恶化
水量平衡法	$\Delta W_i=(P+R_i)-(E+R_f)+\Delta W_g$ 式中,ΔW_i为湖泊洼地蓄水量的变化量,m³;P为降水量,m³;R_i为地表径流的入湖水量,m³;E为蒸发量,m³;R_f为地表径流的出湖水量,m³;ΔW_g为地下水变化量,m³		该方法较为简单,适用于人为干扰较小的闭流湖、水量充沛的吞吐湖和城市人工湖
最小水位法	$W_1=H \cdot A$ 式中,W_1是湖泊最小生态需水量,m³;H为满足湖泊主要生态环境功能以及维持湖泊生态系统各组分最小水位的最大值,m;A为水面面积,m²(徐志侠 等,2004)		由于缺乏湖泊敏感物种与水位关系的研究,使得湖泊最低生态水位的计算较为困难
功能法	根据生态学基本理论和湖泊生态系统的特点,以兼容性、优先性、最大值和等级制为原则,从维持湖泊生态系统正常的生态环境功能出发,全面地计算各生态需水组分的需水量		需要收集多方面的资料及广泛的专家意见和技术,过程长,成本高

1.6.2.2　河道外生态需水量计算

河道外生态需水量的计算主要包括植被生态需水量、动物生态需水量、湿地生态需水量和城市生态需水量,具体方法如下:

(1)植被生态需水量不仅包括维持陆地林木、草场植被的水资源量,还应包括维持农田生态系统良性发展的水资源量(夏军 等,2002),概括起来主要方法如表1-8所示。

表 1-8　植被生态需水量计算方法

常用方法	基本原理	特点	适用范围
面积定额法	用某一植被单位面积用水定额乘以该植被类型的面积(何永涛 等,2005)	优点是计算方法简单、易操作,缺点是很难计算研究区所有植被种类的生态耗水,一般以一种典型植物代替	基础条件较好的地区,如人工绿洲、防风固沙林等
潜水蒸发法	利用某一植被类型在某一潜水位的潜水蒸发乘以该潜水位下的植被面积与植被系数得到	优点是所需参数相对较少,缺点是计算结果随参数的变化差别很大,适用范围较窄	适用于依赖地下水生存的植被类型区
植被蒸散发法	以改进的彭曼-蒙特斯(Penman-Monteith)方程为主,假设在被高度一致的低矮植被(或草原)完全覆盖并充分供水的情况下,从下垫面运移至空气中的水分总量	该方法只与气象因素有关,避免了直接测定植被表面温度,在对覆盖度较高且水分条件充足的草地进行蒸散发潜力估算时,具有精度高、稳定性好等优点	基础资料较全的地区

常用方法	基本原理	特点	适用范围
基于 RS 和 GIS 的计算方法	首先根据遥感影像和地理信息系统软件将研究区在空间上进行生态分区,通过生态分区与水资源分区之间的空间对应关系,确定流域各级生态分区的需水类型、面积和生态耗水定额,然后以流域为单元进行降水量和水资源的平衡分析来计算生态需水量	优点是能反映生态系统变化和不同水文年生态需水规律,缺点是所需参数众多且获取困难,工作量大、技术复杂	研究区范围较大的区域

（2）动物生态需水量指的是陆地动物群落的生态需水量,主要是野生动物的饮水量,不考虑蒸发量,参考计算公式为：

$$W_f = \sum_{j=1}^{n} Z_j \cdot M_j \tag{1-1}$$

式中,W_f为陆地动物的生态需水量;n为动物种类的数量;Z_j为第j种动物的需水定额,可根据实验或调查经验得到;M_j为第j种动物的数量。（张鑫,2004）

（3）湿地生态需水量。湿地是位于陆生生态系统和水生生态系统之间的过渡性地带,广义的湿地生态需水量指的是能够保证湿地自身的存在和发展,维持湿地内部生态过程并发挥其环境功能所必须存储和消耗的水量(栾兆擎 等,2004);狭义的湿地生态需水量则是指湿地每年用于生态环境消耗所需要补充的水量。

湿地一般包括河流湿地、湖泊湿地、河口海湾湿地、海岸湿地、沼泽和草甸湿地等五类,其中河流和湖泊湿地生态需水量可以根据所要保护的敏感指示物种对水环境指标的需求确定,但要考虑水位的涨落限制;封闭或半封闭的洼地、沼泽等湿地,可以通过对其水文循环的观察和量测,依据水量平衡原理进行计算;而海岸湿地作为一个大的生态类型,一般仅具有保护的意义,不需要计算需水量。目前,学者们对湿地生态需水量的计算方法也开展了大量研究。如崔保山和杨志峰(2003)探讨了湿地生态环境需水量的相关指标标准和等级划分方法,并用湿地蒸散量统计模型、不同类型沼泽土壤含水量计算公式和地表水上低洼地蓄水量(满足野生动物栖息、繁殖的水量)计算了黄淮海地区湿地植被、土壤和野生生物栖息地需水量。张长春等(2005)利用遥感技术对黄河三角洲自然保护区内的湿地生态需水量中的蒸散量进行了计算,并结合其他方法得到了该地区的最小、最大生态需水量。

（4）城市生态需水量是指为了维持城市生态环境质量不再下降或改善城市环境而人为补充的水量,主要包括城市绿化与园林建设用水、污水稀释用水、公园湖泊用水、观赏河道用水、控制地面沉降用水等(贾宝全 等,2000)。按照需水主体,城市生态需水可分为绿地、城市河流和湖泊湿地等生态用水,其中城镇绿地需水量可用面积定额法直接计算,即用城镇绿地面积乘以其灌溉定额,而城市河湖生态需水包括河湖的蒸发、渗漏及景观用水等,计算方法参考河道内生态需水。

生态需水量应该是动态变化的,不仅受到季节变化的影响,同时应考虑植物的生长节律、下垫面特性、气候等因素,存在着空间的差异性和不确定性。目前,对生态需水量的研究较多,经历了侧重以流域尺度计算需水总量(王霄,2014;常福宣 等,2007;胡安焱 等,2006),到考虑空间(柏慕琛,2017;王芳 等,2002)和季节差异(龙平沅,2006),但同时考虑生态需水量时空耦合变化的研究较少(史超 等,2016),且在流域水资源调控过程中,只计算生态需水量对实际调控过程的指导意义不强,结合区域实际供水量,定量分析流量生态流量盈亏的时空特点,可以使水资源调控措施更具有针对性。已有学者开始对区域水资源盈亏量进行量化(胡实 等,2017;王鹰 等,1995),包括对河流断面生态基流盈缺的分析(林启才 等,2013;张凯强,2011;尚小英,2010),但对生态流量盈亏尤其是河道外生态流量盈亏的时空分布研究较为缺乏。

1.7 流域水资源适应性管理概述

适应性管理(adaptive management)来源于"适应性环境评价和管理",最早是由哥伦比亚大学的 Holling(1978)和 Walters(1986)于 1970 年提出,主要是为了克服静态环境评价和管理的局限性等问题。近年来,适应性管理模式已引起了众多领域如生态、经济、生物、资源等学者的广泛关注。

对于适应性管理的概念,Walters(1986)认为其是在可再生的资源管理中处理不确定性问题的过程;Lessard(1998)认为适应性管理是一个连续的过程,通过信息监测、目标规划、方案研究和调控实施等方面获得理想的结果;Vogt 等(1997)认为适应性管理是通过建立可测的目标及可控的监测、管理和调控等行为,提高收集信息的水平,满足社会发展需求和生态系统容量两个方面的变化;杨荣金等(2004)提出适应性管理应具有两个前提,一是人类对生态系统不能完全理解,二是在管理行为的生物物理响应之间存在着很高的不确定性。这些概念都说明,当信息在不断变化和更新时,必须对战略决策和目标进行调整。因此,与传统的管理方法相比,适应性管理方法的主要特点是从试错的角度出发,管理者受环境变化尤其是不确定的影响,不断对战略进行调整以适应管理的需要。而传统的管理模式很少考虑不确定性问题,往往采用行政指令,容易造成管理滞后的现象。

河流适应性管理最成功的是美国葛兰峡谷大坝适应性管理,该管理针对大坝运行与生态环境保护之间的矛盾,1996 年从控制洪水开始进行了两次较大的泄流试验(Wieringa et al.,1996)。2000 年密西西比河的径流管理中也充分体现了适应性,提出将稳定的径流模式逐渐改变为季节性径流模式。适应性管理被陆续应用于密西西比河上游的河流生态、航运、景观娱乐等多方面的综合管理中(Anderson et al.,2003)。加拿大环境署针对复杂的生态系统,提出了适应性管理建议;英国哥伦比亚林务局将适应性管理应用于河流、河岸、动物栖息地修复等生态环境保护方面(葛怀凤,2013)。

国内适应性管理研究起步较晚。佟金萍和王慧敏(2006)提出采用适应性管理模式解决流域水资源的不确定性问题;孙东亚等(2007)论述了适应性管理方法的主要内容和关键环节,并认为适应性管理方法是保证河流生态修复工程成功的关键环节;袁超和陈永柏(2011)认为适应性管理目标需要随生态调度需求的演替不断调整;同时部分学者应用适应性管理模型灵活调整环境流量的调度策略,为有效开展环境流量管理提供支撑(马赟杰 等,2011)。综合来看,国内学者认为适应性管理是解决河流生态保护复杂性问题的有效解决方法(罗静伟 等,2010;王文杰 等,2007)。

第二章

汉江流域概况

　　汉江是长江中游最大的支流,发源于陕西省秦岭南麓,湖北襄阳以上河流总体由西向东流,襄阳以下转向东南,干流流经陕西、湖北两省,支流延展至甘肃、四川、重庆、河南4省(市),在武汉市汇入长江。汉江全长1577km,流域面积有 $1.59 \times 10^5 \mathrm{km}^2$,落差1964m。

　　汉江干流通常以湖北省丹江口水库以上江段为上游,具峡谷盆地交替特点,除汉中和安康盆地外,其余均为山地,山高谷深,平均比降在 0.6‰ 以上,河长925km,占干流总长的59%;流域面积有 $9.52 \times 10^4 \mathrm{km}^2$,约占全流域总面积的60%;落差占干流总落差的95%,水能资源较丰富。主要支流左岸有褒河、旬河、夹河、丹江;右岸有任河、堵河等。地形主要为中低山区,占总地形面积的79%,丘陵占18%,河谷盆地仅占3%。

　　丹江口至钟祥为中游,河长270km,占干流总长的17%,流域面积有 $4.68 \times 10^4 \mathrm{km}^2$ 。流经丘陵及河谷盆地,平均比降为 0.19‰ 。地形以平原为主,占总地形面积的51.6%,山地占25.4%,丘陵占23%。主要支流左岸有小清河、唐白河;右岸有南河、蛮河和北河。

　　钟祥以下为下游,长382km,占干流总长的24%,流域面积有 $1.7 \times 10^4 \mathrm{km}^2$ 。河床比降小,平均比降为 0.06‰ 。河道弯曲,洲滩较多,两岸筑有堤防。下游平原占51%,主要为江汉平原,丘陵占27%,山地占22%,主要支流为左岸的激水、汉北河等。

　　汉江流域涉及陕、豫、鄂、川、甘、渝6省(市)的20个地(市)区、78个县(市),是我国经济连接东西、承南启北的中部枢纽,作为中纬度的核心地带,汉江流域在我国总体发展战略中,有着举足轻重的战略地位。

2.1 自然地理概况

2.1.1 气候条件

　　汉江流域属东亚副热带季风气候区,夏季受西太平洋副热带高压影响,冬季受欧亚大陆冷高压影响,气候具有明显的季节性,冬有严寒,夏有酷暑。降水主要来源于东南和西南两股暖湿气流,多年平均降水量为 700~1800mm ,降水年内分配不均,主要集中在 5—10 月,约占全年降水的 70%~80% 。从10月至翌年3月,流域降水量显著下降。由于纬度和地形条件的差异,年平均降水量存在着南岸大于北岸、上下游大于中游的地区分布规律。

　　流域内多年平均气温为 15~17℃ ,月平均最高气温出现在7月,为 24~29℃ ,月平均最低气温出现在1月,为 0~3℃ ,极端最高气温可达43℃,最低气温为 −19℃ 。流域平均日照时数为 1800~2100h ,无霜期有 230~260d 。

　　汉江流域风向具有明显的季风特点,夏季以西南风为主,冬季以东北风为主。各季风平均风速变幅不大,多年平均风速 1.0～3.0m/s。各站平均最大风速 17～24m/s。

全流域水面蒸发在空间上变化显著,E601 水面蒸发在 700～1100mm,地区分布大致与降水相反,由西北向东南递减。在年内分配上以 1 月或 12 月最小。流域陆地蒸发呈现出山区小、河谷平原区大的规律,平均在 400～700mm(柏慕琛,2017)。

2.1.2 地形地貌

汉江流域北部以秦岭、外方山与黄河流域分界,西南以大巴山、荆山与嘉陵江、沮漳河为界,东北以伏牛山、桐柏山与淮河流域为界,东南为江汉平原,与长江无明显界限。汉江流域地势西北高东南低,西部秦巴山地高程 1000～3000m,中部南襄盆地及周缘丘陵高程在 100～300m,东部江汉平原高程一般在 23～40m。西部最高为太白山主峰,海拔 3767m,东部河口高程 18m,干流总落差 1964m。从西部的中低山区向东降至丘陵平原区,地貌上可以分为三个地带、即秦岭淮阳山地地带、大巴山荆山山地地带,汉江河谷及下游泛滥平原地带。地质构造大致以淅川—丹江口—南漳为界,以西为褶皱隆起中低山区;东以平原丘陵为主。流域内地貌类型包括山地、丘陵、河谷盆地、平原等,山地地势高峻,约占 55%,主要分布在西部,为中低山区;丘陵占 21%,主要分布于南襄盆地和江汉平原周缘;平原区占 23%,主要为南襄盆地、江汉平原及汉江河谷阶地;湖泊约占 1%,主要分布于江汉平原。

2.1.3 水系结构

汉江河道曲折,自古有"曲莫如汉"之说。汉江流域水系发达,支流众多,集水面积大于 1000km^2 的一级支流有 19 条,其中集水面积在 10 000km^2 以上的支流包括唐白河、堵河和丹江;在 5000～10 000km^2 的有旬河、南河和夹河等;在 1000～5000km^2 的有玉带河、褒河、湑水河、酉水河、子午河、牧马河、任河、池河、天河、月河、岚河、北河和蛮河等。陕西省内的汉江为上游段,长约 925km,基本上自西向东流经勉县、汉中市、城固县、洋县、石泉县、汉阴县、紫阳县、安康市汉滨区、旬阳县,于白河县进入湖北省。因山地河流发育,支流较多,其中长度大于 50km 的河流有 68 条,大于 100km 有 18 条;水系为不对称树枝状分布,北岸支流比南岸多而长,河网密度也比南岸大。湖北省境内为汉江的中下游段,长约 652km,水系呈格子状排列,两岸支流较短,左岸较右岸发育。

2.1.4 径流特征

汉江流域河流水量补给的主要形式是降水,其次是地下水(邓兆仁,1981)。陕西境内汉江上游流域多年平均径流量为 $2.47\times10^{10}\text{m}^3$,径流量的地区分布不均匀,从径流深来看,总的趋势是南岸多于北岸,与降水的分布基本一致。径流的年际变化明显,最大年径流量是最小年径流量的 3 倍以上。径流年内分配不均,季节差异明显,夏秋季干流径流量相差不大,各占 37%～40%,春季径流占 16.6%～17.5%,冬季仅占 5%～6.7%。而支流的径流量一般在秋季最高,占年径流的 34%～40%;夏季径流比秋季略低,春季径流占 20%左右,冬季径流量最小,只占 5%～7.7%。在汛期汉江径流具有双峰型的特点,最大月径流量一般出现在 9 月,约占年径流量的 20%,7 月径流量一般介于 8 月和 9 月之间。最小月径流量一般出现在 2 月,一般低于年径流量的 2%。湖北省境内的汉江中下游流域,多年平均径流量为 $3.32\times10^{10}\text{m}^3$。干流年径流量在皇庄站以上江段沿程增加,皇庄站以下江段则沿程减少。

每年 5—10 月为汛期,12 月至翌年 2 月为枯水期。全年中最高水位与最大流量出现的时期呈现出自下游向上游逐步推迟的规律,此外,由于受降水变率大的影响,汉江流量过程极不稳定,如碾盘山站最大月平均流量是最小月平均流量的 7.6 倍(李柏山,2013)。

2.1.5　暴雨洪水特性

汉江流域内各地均可出现暴雨,暴雨最多的地方是米仓山大巴山一带。就季节而言,暴雨多发生于 7—9 月,个别年份暴雨推迟于 10 月上旬。日降水量大于 100mm 的大暴雨多发生于 7 月,9 月次之,具有前后期暴雨的显著特点。

汉江流域洪水由暴雨产生,洪水的时空分布与暴雨时空分布一致,夏、秋季洪水分期明显是汉江流域洪水的最显著特征。汉江流域地处我国东部平原与青藏高原的过渡地带和南北气候分界的秦岭南坡,受太平洋副热带高压北进南退影响,降水量年过程线有三个峰:第一个峰自 4 月下旬开始,5 月下旬结束,为春汛;第二个峰自 6 月下旬开始,于 7 月上中旬达到最高值,为夏汛;第三个峰自 8 月下旬开始,于 9 月上旬达到最高值,结束于 10 月上旬,为秋汛。其中夏汛峰值最高,秋汛次之,春汛峰值最小,春汛一般不会造成年内最大洪水。

从洪水的地区组成上看,夏汛洪水的主要暴雨区在白河以下的堵河、南河、唐白河流域,洪水历时较短,洪峰较大,且常与长江洪水发生遭遇,如 1935 年 7 月洪水,丹江口坝址和碾盘山站洪峰流量分别为 $5 \times 10^4 \mathrm{m}^3/\mathrm{s}$ 和 $5.79 \times 10^4 \mathrm{m}^3/\mathrm{s}$;而秋汛洪水则以白河以上为主要产流区,白河以上又以安康以上的任河来水量最大,多为连续洪峰,历时长、洪峰大,如 1964 年 10 月和 1983 年 10 月洪水,丹江口坝址洪峰流量分别为 $2.6 \times 10^4 \mathrm{m}^3/\mathrm{s}$ 和 $3.19 \times 10^4 \mathrm{m}^3/\mathrm{s}$。

2.1.6　河流泥沙

汉江上、中游地区河流含沙量高,输沙模数大,泥沙主要来源于丹江和唐白河,其中唐白河最多。全流域多年平均含沙量为 $2.5 \mathrm{kg}/\mathrm{m}^3$,年平均输沙量达 $1.27 \times 10^8 \mathrm{t}$(邓兆仁,1981)。

汉江上游年径流量主要集中在 7—9 月,占全年的径流量超过一半,反映在输沙量的年内变化上就更为集中,按汛期 7—9 月统计,各控制站汛期沙量占年沙量的 70%,且在沙量较集中的各月,沙量的分配也极不均衡,常常集中在历时很短的几次沙峰过程中。石泉、安康、白河站多年平均输沙量分别为 $5.54 \times 10^6 \mathrm{t}$、$2.329 \times 10^7 \mathrm{t}$、$5.122 \times 10^7 \mathrm{t}$。

丹江口水库建成前,中下游输沙量年内分配不均匀,输沙量集中在汛期 7、8、9 三个月,占全年来沙量的 80% 以上;枯水期 12 月至翌年 2 月三个月输沙量不到全年的 1%。丹江口水库建库后,输沙情况有了较大改变。主要表现为大量泥沙被拦在库内,坝下基本上清水下泄。建库前,黄家港、襄阳、皇庄、沙洋和仙桃站多年平均输沙量分别为 $1.28 \times 10^8 \mathrm{t}$、$1.13 \times 10^8 \mathrm{t}$、$1.33 \times 10^8 \mathrm{t}$、$1.13 \times 10^8 \mathrm{t}$ 和 $0.83 \times 10^8 \mathrm{t}$。蓄水后,水库基本清水下泄,各站多年平均输沙量分别减少为 $6.62 \times 10^5 \mathrm{t}$、$4.94 \times 10^6 \mathrm{t}$、$1.6 \times 10^7 \mathrm{t}$、$1.57 \times 10^7 \mathrm{t}$ 和 $2.13 \times 10^7 \mathrm{t}$,仅分别占建库前的 0.52%、4.4%、12%、13.9% 和 25.6%。

丹江口水库 1959 年截流,经过 8 年滞洪、40 多年的蓄水运用,中下游河道的河床组成较建库前已发生了明显的粗化,且离坝愈近,其粗化程度愈大,目前,粗化程度发生显著变化的河段已由黄家港下延至襄阳,其他河段粗化程度不显著。

2.2 汉江流域水资源开发利用

2.2.1 水资源开发利用现状

2.2.1.1 南水北调中线工程

南水北调中线工程从长江支流汉江的丹江口水库引水,沿唐白河平原北部及黄淮海西部布设输水总干渠,跨过江、淮、黄、海四大流域,自流至北京颐和园团城湖。受水区域地跨河南、河北、天津、北京4个省、直辖市的20多个大、中城市,供水范围总面积达 $1.55×10^5 km^2$,中线输水干渠总长 1277km。工程可大大缓解中北方地区的水资源短缺问题,改善沿线地区的生态环境,增加工业、农业和生产生活用水,提高人民生活水平,促进沿线区域经济发展。2005—2013 年,丹江口大坝实施了加高工程,水库蓄水位从 157m 提高到了 170m,总库容从 $1.745×10^{10} m^3$ 增加到了 $2.905×10^{10} m^3$。2014 年 12 月 12 日,中线工程正式通水,初期每年向北方输送 $9.5×10^9 m^3$ 的水量,后期根据需要进一步扩大调水规模,从长江三峡引水,计划每年调水 $1.3×10^{10} m^3$,使受水地区的缺水问题得到有效解决。

2.2.1.2 丹江口水利枢纽工程

1)工程特性

丹江口水利枢纽由丹江口大坝(主坝)、陶岔渠首枢纽工程、清泉沟渠首工程及董营副坝组成。

丹江口大坝位于湖北省丹江口市、汉江与丹江汇口以下 800m 处,距离河源 925km,是汉江开发的第一个控制性大型骨干工程,控制流域面积 95 217km²,约占汉江全流域的 60%。丹江口水库于 1974 年蓄水,正常蓄水位 157m,相应总库容 $1.745×10^{10} m^3$,装机容量 900MW,多年平均发电量 $3.83×10^9 kW·h$。丹江口大坝加高工程于 2005 年 9 月 26 日正式开工建设,2013 年 5 月 27 日主体工程全部完工,并于 8 月底完成了蓄水验收,自 2014 年开始丹江口水利枢纽按后期规模运行。加高后坝高从 162m 增加到 176.6m,正常蓄水位 170m,总库容 $2.905×10^{10} m^3$,混凝土坝及土石坝顶高程 176.6m,通航建筑物可通过 300t 级驳船。枢纽工程由两岸土石坝、混凝土坝、升船机、电站等建筑物组成。丹江口水利枢纽主要以防洪、供水为主,兼有发电、航运等功能,大坝加高后汉江中下游防洪标准提高到 100 年一遇。

陶岔渠首枢纽工程是丹江口水利枢纽的副坝,也是南水北调中线工程的渠首闸,坐落在河南省南阳市淅川县九重镇陶岔村。工程主要任务是防洪、引水兼顾发电。工程建设内容包括上游引渠护坡、挡水建筑物,下游渠道护底护岸、交通桥及管理设施等,挡水建筑物主要由混凝土重力坝、引水闸和电站等组成。工程挡水建筑物设计的特征水位与丹江口大坝相同,即正常蓄水位 170m,设计水位 172.2m,校核洪水位 174.4m。大坝总长 265m,坝顶高程 176.6m,最大坝高 60m。电站安装 2 台贯流式水轮发电机组,总装机容量 50MW,年发电 $2.4×10^8 kW·h$。引水闸共三孔,总净宽 21m。工程设计引水流量 350m³/s,加大流量

$420m^3/s$。陶岔渠首枢纽工程已于 2013 年底完成,渠首工程于 2014 年 12 月 12 日正式通水运行。

清泉沟渠首为襄阳市引丹灌区渠首,襄阳市引丹灌区为襄阳市最大引水灌区,设计灌溉面积 $1400km^2$,渠首位于河南省淅川县,引水枢纽包括进口泵站、进水闸和引水隧洞三部分。按照南水北调中线规划要求,渠首进水闸及清泉沟隧洞工程已于 2013 年 4 月完成改造和加固,改造后渠首进水闸底板高程 143.5m,隧洞断面尺寸为 $6m×6m$,出口分水塔底板高程 140m,直径 30m,改造后渠首工程(包括渠首进水闸、清泉沟隧洞、出口分水塔及黄庄电站)运行正常,具备丹江口水利枢纽后期规模挡水条件。

董营副坝位于库区左岸离陶岔渠首约 10km 处,为均质土坝,坝长 265m。最大坝高约 3m,上游边坡 1:2.5,下游边坡 1:2.25。上游采用砼预制块护坡,下游采用草皮护坡。

2)洪水调度

丹江口水库调度原则为兴利调度服从防洪调度;供水调度应统筹协调水源区、受水区和汉江中下游用水,不损害水源区原有的用水利益;电力调度服从供水调度。

丹江口水库洪水调度以皇庄站流量为控制节点进行预报补偿调度(100 年一遇以内),发生洪水时,采用"预报预泄、补偿调节、分级控泄"的洪水调度原则,按照大水多泄、小水少泄、蓄泄兼顾的补偿调节方式进行洪水补偿调节;洪水过后,水库水位应消落至防洪限制水位,腾空防洪库容。具体的补偿调度原则如下:

(1)当丹江口预报入库洪水小于等于 10 年一遇时,或皇庄预报总入流小于等于夏季 $42\ 100m^3/s$、秋季 $30\ 100m^3/s$ 时,控制皇庄河段流量夏季不超过 $11\ 000m^3/s$、秋季不超过 $12\ 000m^3/s$,水库调洪最高水位夏季不超过 167.0m、秋季不超过 168.6m。

(2)当丹江口预报入库洪水大于 10 年一遇、小于等于 20 年一遇,或皇庄(碾盘山)预报总入流大于夏季 $42\ 100m^3/s$、秋季 $30\ 100m^3/s$,小于等于夏季 $49\ 100m^3/s$、秋季 $36\ 100m^3/s$ 时,控制皇庄河段流量夏季不超过 $16\ 000m^3/s$、秋季不超过 $17\ 000m^3/s$,水库调洪最高水位夏季、秋季均不超过正常蓄水位 170.0m。

(3)当丹江口预报入库洪水大于 20 年一遇、小于等于相当于 1935 年同大洪水或秋季 100 年一遇洪水时,或皇庄(碾盘山)预报总入流大于夏季 $49\ 100m^3/s$、秋季 $36\ 100m^3/s$,小于等于夏季 $74\ 000m^3/s$、秋季 $49\ 600m^3/s$ 时,控制皇庄河段流量夏季不超过 $20\ 000m^3/s$、秋季不超过 $21\ 000m^3/s$,水库水位夏季、秋季均不超过防洪高水位 171.7m。

(4)当丹江口预报入库洪水或皇庄预报来水大于相当于 1935 年同大洪水或秋季 100 年一遇洪水时,丹江口水利枢纽水库转为保证枢纽自身防洪安全调度;当来水不超过 1000 年一遇洪水时,枢纽下泄流量不超过 $30\ 000m^3/s$,控制坝前水位夏季不超过 172.14m、秋季不超过 172.2m。

(5)当丹江口预报入库洪水大于 1000 年一遇小于 10 000 年一遇加大 20% 的洪水时,电站停机,并根据预报及水库水位上涨趋势,逐级加大泄量直至枢纽泄洪设备全开,以保证大坝防洪安全。

(6)当丹江口预报发生大于 10 000 年一遇加大 20% 特大洪水时,应采取一切保坝措施,以枢纽最大泄洪能力宣泄洪水,保障大坝安全。

3)兴利调度

丹江口水利枢纽的发电调度原则是汛期充分利用水量发电,减少弃水,提高水量利用率;枯水期充分利用水头,避免水库水位在短期急剧降低。具体的控制运用方式为:5月以后,一方面要防止前汛期来水少,水库水位削落过快而影响灌溉,另一方面要防止汛期提前,来水量较大而过早弃水;7—9月,应尽可能多发电,做到充分利用水量;9月底至10月初,应及时抓住最后一场洪水,提高水位,至10月10日左右水库水位蓄至157m;10月中旬以后,应减少发电,使水库维持在较高水位运行,以便充分利用水头,提高水位利用率。

　　灌溉在丹江口水利枢纽任务中占有重要的位置,南水北调中线工程运行后,丹江口水库灌区包括湖北灌区、河南灌区和华北灌区。湖北灌区位于汉江中下游左岸,南以汉江为界,北与河南淅川县、邓州市和新野县相邻,东至唐白河的枣阳北部,设计灌溉面积达1400km²,设计引水流量100m³/s,闸门底坎高143m;河南灌区位于南阳地区,距坝址30km的陶岔引水闸,设计灌溉面积达1000km²,设计引水流量500m³/s,闸门底坎高140m;华北灌区受水区域为河南、河北、北京、天津4个省、直辖市沿线的14座大、中城市,供水范围内总面积1.55×10⁵km²。

2.2.1.3　梯级水利开发工程

　　汉江由陕西省南麓米仓山流经陕西南部、湖北中西部,在武汉市注入长江,沿程落差1964m。在汉江干流建设大坝,丰沛的水量加上巨大的势能,不仅可以提供防洪、灌溉、供水、航运等功能,还能带来巨大的发电效益。汉江上游流经汉中盆地,水流湍急,干流梯级开发在陕西省境内规划了7级水电站,自上而下依次为黄金峡、石泉、喜河、安康、旬阳、蜀河、夹河(白河),总装机容量达到2085MW,年发电量$6.7×10^9$kW·h。在湖北省境内,汉江中下游干流梯级渠化包括8级,即孤山、丹江口、王甫洲、新集、崔家营、雅口、碾盘山和兴隆枢纽。汉江流域干流将建成包括丹江口大坝在内的15座梯级枢纽,目前,丹江口、石泉、喜河、安康、蜀河、王甫洲、崔家营和兴隆已建成并投入运行,剩下的7级枢纽也在准备或建设中。未来,从上游黄金峡大坝到下游兴隆大坝的1000km河段上,汉江干流将被人工分隔成15段,不到100km就有一座大坝,尤其是在襄阳境内,大坝分布最为密集,不足50km就有一座。(图2-1)

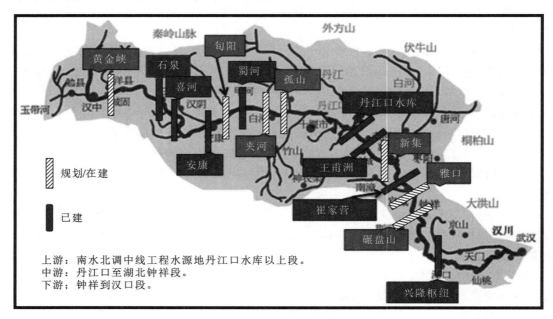

图2-1　汉江流域梯级开发示意

　　黄金峡水电站是汉江上游干流梯级规划中的第一个梯级电站,位于陕西省汉中市洋县境内,控制流域面积 17 950km²。坝前正常蓄水位 450m,总库容 $1.9×10^8$ m³,电站总装机容量 $1×10^5$ kW,多年平均发电量 $4.6×10^8$ kW·h。黄金峡水库也是陕西省规划的"引汉济渭"工程(即由陕西南部的汉江向陕西中部的渭河关中地区调水的省内南水北调骨干工程)的水源地。

　　石泉水电站是汉江上游干流梯级规划中的第二级,位于陕西省石泉县,是 20 世纪 70 年代上游建成的首座中型水电厂,控制流域面积 24 000km²。水库正常蓄水位 410m,总库容为 $3.24×10^8$ m³,电站装机 225MW,多年平均发电量 $8.45×10^8$ kW·h。石泉水库为不完全季调节水库,以发电为主,兼有灌溉、防洪、渔业等综合效益。

　　喜河水电站是汉江上游干流梯级规划中的第三级,距陕西省石泉县喜河镇下游 10km,坝址上、下游分别为已建成的石泉水电站和安康水电站,控制流域面积 25 207km²。电站正常蓄水位 362m,总库容 $2.29×10^8$ m³,总装机容量为 180MW,多年平均发电量 $4.92×10^8$ kW·h。喜河水电站于 2002 年 5 月开始筹备兴建,2007 年 6 月竣工,是一座以发电为主,兼有防洪、航运、养殖、旅游等综合效益的水利枢纽。

　　安康水电站是汉江上游梯级开发中的第四级,位于陕西省安康市西 18km,距上游石泉水电站 170km,距下游丹江口水电站 260km,控制流域面积 35 700km²。电站正常蓄水位 330m,总库容 $2.58×10^9$ m³,总装机容量为 850MW,多年平均发电量 $2.857×10^9$ kW·h。电站于 1978 年正式开工,1989 年 12 月下闸蓄水,1995 年工程竣工,是一座以发电为主,兼有航运、防洪、养殖、旅游等综合效益的大型水利枢纽工程。

　　旬阳水电站是汉江上游梯级开发中的第五级,位于陕西省旬阳县城南 2km,距上游安康水电站 65km,距下游蜀河水电站 55km,控制流域面积 42 400km²。电站正常蓄水位 240m,总库容 $3.9×10^8$ m³,总装机容量为 320MW,多年平均发电量 $8×10^8$ kW·h。旬阳水电站是以发电为主,兼顾航运、防洪、旅游和养殖等。

　　蜀河水电站是汉江上游梯级开发中的第六级,位于陕西省旬阳县蜀河镇上游约 1km 处,距上游安康水电站约 120km,距下游丹江口水电站约 200km,控制流域面积 49 400km²。电站正常蓄水位 218m,总库容 $1.92×10^8$ m³,总装机容量为 276MW,多年平均发电量 $9.48×10^8$ kW·h。工程主体于 2005 年 12 月开工,2009 年 12 月第一组机组发电,工程的主要任务是发电,兼顾航运等。

　　夹河水电站是汉江上游梯级开发中的第七级,位于湖北省十堰市郧西县、陕西省安康市白河县之间的界河上,控制流域面积 51 100km²。电站正常蓄水位 193.7m,总库容 $2.51×10^8$ m³,总装机容量为 180MW,多年平均发电量 $6×10^8$ kW·h。

　　孤山水电站位于汉江上游干流湖北省十堰市境内,上距规划的白河枢纽约 34.9km,下距丹江口水库址 179.5km。枢纽正常蓄水位 177.23m,相应库容 $1.09×10^8$ m³,总装机容量 180MW,多年平均发电量 $6.12×10^8$ kW·h,控制流域面积 60 440km²,多年平均径流量 $2.45×10^{10}$ m³。孤山水电站是湖北省"十三五""两圈两带一群"规划中的重大项目,具有发电、航运、防洪、旅游、水产养殖等综合效益。

　　王甫洲水利枢纽位于湖北省老河口市,上距丹江口水库 30km、老河口市市区下游约 3km,集水面积 95 886km²,控制 60% 的汉江流域面积。水库正常蓄水位 86.23m,相应库容 $1.5×10^8$ m³,总库容 $3.1×10^8$ m³,总装机容量为 109MW,年发电量 $5.81×10^8$ kW·h。近期船闸可通航 300t 级,远景可通过 500t 级。王甫洲水库于 2001 年建成投入使用,对丹江口电站起反调节作用,是一个以发电为主,结合航运、灌溉、养殖、旅游等综合效益的水利工程,无调节洪水能力。

新集水电站位于汉江中游河段湖北省襄阳市内,上距王甫洲水利枢纽 47.5km,下距崔家营航电枢纽 63.5km,流域面积 1.03×10^5 km²。水库正常蓄水位 76.2m,相应库容 4.37×10^8 m³,电站装机容量 120MW,多年平均发电量 4.97×10^8 kW·h。工程以发电为主,兼具航运、灌溉、旅游等功能。

崔家营航电枢纽位于襄阳市下游 17km,上距丹江口水利枢纽 134km,正常蓄水位 62.73km,是国内自动化程度最高、唯一设置鱼道的航电枢纽。工程于 2010 年建成,以航运为主,兼有发电、灌溉、改善环境、旅游等综合利用功能。崔家营航电枢纽运行后每年可发电 3.7×10^8 kW·h,并上游航道从 300t 级提高到 1000t 级。

雅口航运枢纽工程位于湖北省宜城市,上距崔家营航电枢纽 56.14km,下距规划中的碾盘山水利枢纽 63.95km,控制流域面积 1.33×10^5 km²。水库正常蓄水位 55.72m,总库容 6.99×10^8 m³,总装机容量为 75MW,年平均发电量 3.72×10^8 kW·h。该工程以航运为主,兼顾发电、灌溉、旅游等综合开发功能,目前主体工程已经开工建设,建成后可为社会供给洁净能源,航道等级也将由四级提升为三级千吨级,通航能力将得到显著提高。

碾盘山水利枢纽位于汉江中游钟祥市境内,是汉江流域综合开发治理工程之一。控制流域面积 1.403×10^5 km²。正常蓄水位 50.72m,总库容 8.9×10^8 m³,装机容量 250MW,年平均发电量 1.081×10^9 kW·h。工程的主要功能是发电、航运、灌溉。

兴隆水利枢纽位于湖北省潜江市兴隆与天门鲍嘴交界处,是国家南水北调、引江济汉的重点工程,主要作用是枯水期抬高兴隆库区水位,改善两岸灌区的引水条件和汉江通航条件,兼顾旅游和发电。工程在 2013 年建成,建成后年发电量达 2.25×10^8 kW·h,改善了大坝上游 70km 多的航道,过船吨位达 1000t 级。

2.2.1.4 汉江流域治理工程

为缓解调水对汉江中下游的不利影响,中线工程还配套实施了引江济汉、部分闸站改造、局部航道整治工程等治理工程。引江济汉工程是从长江荆州河段引水至潜江市高石碑镇汉江兴隆段,全长 67.2km,年平均输水 3.7×10^9 m³,其中补汉江水量 3.1×10^9 m³,补东荆河水量 6×10^8 m³;工程的主要任务是改善汉江兴隆以下河段的生态、供水、灌溉、航运用水条件。

汉江中下游部分闸站改造工程是对丹江口水库以下至河口段的 241 座农业灌溉闸站进行改造项目分析,其中 185 处闸站需要改造,31 处闸站需要采取工程措施改造,主要任务是恢复和改善供水条件。

汉江中下游局部航道整治工程主要是对水位下降造成妨碍航行的局部河段进行整治,结合梯级枢纽建设,形成丹江口至武汉的优质航道。

2.2.2 梯级开发对汉江流域生态环境影响

汉江梯级开发和南水北调中线工程是汉江流域有效开发利用水资源的重大举措,通过梯级渠化,建成集防洪、发电、灌溉、航运、养殖等多功能为一体的现代化水流生态工程,同时也带来了巨大的社会经济效益,在我国中部崛起战略中发挥着重要作用。然而,人为地改变河流的自然水文过程,也会造成诸多不良的生态环境影响。

2.2.2.1 对水资源量的影响

汉江流域水资源丰富,全流域多年平均径流量达 5.7×10^{10} m³。目前,汉江干流从上游到下游一共建设了 8 座大型水利枢纽,支流上也建设了大中小型水库近 2000 座。2014 年南水北调中线工程建成通水,近期年调水量 9.5×10^9 m³,远期年调水量将达到 1.3×10^{10} m³。引汉济渭工程正在建设实施,2020 年和 2025 年年调水量将分别达到 5×10^8 m³和 1×10^9 m³,2030 年年调水量达到最终规模 1.5×10^9 m³。这些调水工程直接导致汉江中下游水量减少,严重影响工农业生产和居民生活用水,并带来一系列的环境问题。未来随着汉江干流其余 7 级梯级开发的完成以及南水北调中线二期工程的开展,汉江流域的水资源承载负担将进一步加重。因此,必须对汉江流域密集的梯级水库建设及跨流域调水引起的水资源承载力问题进行科学评估,保证汉江流域的生态需水。

2.2.2.2 对水环境的影响

汉江干流 8 级梯级水库的建立,极大地改变了汉江水体的自然形态,将江段人为分隔成 8 段,破坏了河流的自然连通性。由于每级大坝都有数十千米的回水区,回水区内河流变成了湖泊形态,流动水体变为了相对静态的水体,流速减慢、流量变小(文威 等,2016),导致中下游河段自净能力大幅度降低。丹江口水库为年调节水库,运行后中下游河道洪峰流量削减,枯水期流量增大,年内流量过程趋于均匀化,汉江中下游发生大洪水的机会大大减少(范北林 等,2002)。同时,丹江口水库拦截了上游来沙量的 90%,清水下泄导致中下游河床沿程冲刷剧烈,河道由堆积型变为侵蚀型,河床粗化,水位相应下降,水深增加(胡安焱 等,2010)。

汉江水环境容量的降低,导致对汉江中下游污染物的稀释能力下降,尤其是在枯水季节,水体营养物质含量升高,发生富营养化的可能性增加。20 世纪 80 年代以来,汉江中下游多次发生“水华”,严重影响了居民用水安全(尹魁浩 等,2001)。汉江中下游水质的主要超标项目为总磷(TP)、溶解氧(DO)、化学需氧量(COD)和游离氨态氮(NH_3-N),有研究表明,流量、流速和气温是影响“水华”发生的主要因素,当来水量减少、水流速度减缓,加之适宜的温度和光照,为“水华”发生创造了条件。随着沿江地区社会经济的发展和人口的快速增长,汉江接纳的生活污水和工农业废水增加,水体中的营养物质浓度会进一步增大,水污染问题不容忽视。

丹江口水库为稳定分层型水库,每年 4—8 月,丹江口水库呈现明显分层现象,在水深 5～30m 出现温度跃变,库表与库底温差高达 16℃;9—10 月,分层现象减弱,温差减少;因此,建库后河水夏季变凉、冬季变暖。例如其下泄的低温水使下游的黄家港水文站 2—8 月水温下降 3～5℃,而在其他 5 个月,水温平均上升 2.8℃,最高可达 4.9℃;水温年均降低 0.7℃。水温的变化对坝下游水生生物的种群结构及鱼类繁殖带来了一定的影响(王冬 等,2016;郭文献 等,2008)。

2.2.2.3 对生态的影响

汉江流域梯级枢纽建成后,由于大坝阻隔及坝前变水库的影响,不利于汉江中下游产漂流性卵的鱼类繁殖,四大家鱼的产卵场将从汉江中游彻底消失,其中王甫洲水利枢纽的建设导致襄阳段周围的产卵场消失,雅口航运枢纽将导致宜城产卵场消失,碾盘山水利枢纽将导致钟祥产卵场消失,兴隆水利枢纽将导致马良产卵场消失(王冬 等,2016)。碾盘山水利枢纽还位于"汉江钟祥段鳡、鳤、鯮国家级水产种质资源保护区"的核心区,其建设将淹没鳡、鳤、鯮等保护鱼种的产卵场,对保护区产生重大不利影响。研究认为四大家鱼产卵需要满足一定的涨水条件,如满足水温、流量、流速涨幅且保持一定时间,而大坝引起的水文情势改变使河段涨水幅度和持续时间减少,四大家鱼的繁殖条件会受到很大影响(Wang et al.,2015)。同时,坝下游水温降低使达到产卵所需最低温度 18℃ 的时间向后推迟 20d 左右,造成水体中产漂流性卵鱼类资源减少。另一方面,由于各梯级枢纽库区面积增大,水深增加,流速减缓,对鱼类越冬和索饵较为有利,适合静水栖息的鱼类种群将会增加。

梯级水利枢纽的兴建,也间接对生活在水中的植物生长和繁殖产生了影响,水生生物的分布与水的化学性质、流速、水体透明度、深度及基底性质密切相关。水库修建后,在中游丹江口至襄阳河段,由于流速变缓、水位变浅、透明度增加,水生植物如竹叶眼子菜、穗状狐尾藻、穿叶眼子菜等沉水植物和挺水植物分布面积扩大,生物量增加,但由于河床的斑块化,物种丰度和均匀度有所下降,生物多样性降低。在下游襄阳到汉口河段,由于吸纳沿途城市污染物增加,水体恶化趋势增加,下游水生植物分布面积萎缩,群落生物量减少,水生植物分布趋于斑块化和单一化(徐新伟 等,2002)。

此外,水库建设过程中,工程占地使部分陆生植物的分布和数量减少,水库淹没也会挤占部分陆生动物的生存空间。但水库蓄水后可以改善库区小气候,有利于植被覆盖率和生产力的提高,同时,大量水禽和静水型的两栖动物也会来库区栖息和繁衍,一定程度上增加了陆生动物种群数量。

第三章

汉江中下游流域水文情势特征

随着社会经济的快速发展,人类对水资源的开发程度不断增大,如在河流上筑坝修建水库。水利工程建设在带来经济和社会效益的同时,也人为地改变了河流的水文循环格局及自然水文情势,必然对河流及其周围生态系统产生深远影响。水文情势是塑造河流生态系统结构和功能特征的关键性因子,影响着河流生态系统的主要方面。丹江口水库作为南水北调中线工程的水源地,在实现我国水资源优化配置、解决北方缺水问题方面,具有重要的战略地位。为保证汉江中下游的水量,中线工程还配套实施了汉江中下游梯级渠化工程,将自然河流形态变为河道型水库,对中下游水文情势产生重大影响。水利工程对生态环境的影响是长期的、缓慢的、潜在的,且往往是各级水利工程的叠加作用。此外,在全球气候变化的背景下,气候变暖导致的降水量异常变化,将对汉江流域的水资源、农业和生态环境产生深刻影响(李雨 等,2015;陈燕飞 等,2012;陈华 等,2006)。本研究以丹江口水库为切入点,综合分析了梯级水利工程影响下的汉江中下游主要气象水文要素的时空变化趋势与规律,探讨人为调控过程对汉江中下游流域水文情势的耦合影响作用,为汉江中下游流域生态环境保护和水资源合理配置提供科学依据。

3.1 汉江中下游气候及水文要素长时间序列趋势分析

这里将汉江中下游流域作为重点研究区域,根据南阳、房县、老河口、枣阳、钟祥、天门和武汉 7 个气象站 1965—2015 年的降雨和气温数据,以及黄家港、皇庄和沙洋 3 个水文站 1965—2015 年的流量和水位数据,采用 Mann-Kendall 方法研究各站点的气候及水文要素序列的变化趋势,并根据线性回归法计算变化幅度,通过泰森多边形法对汉江中下游流域的年均和各月气象水文要素变化做出估计,揭示汉江中下游流域气候变化的时空分布规律和趋势。

3.1.1 数据来源和研究方法

3.1.1.1 数据来源

南阳、房县、老河口、枣阳、钟祥、天门和武汉气象站 1965—2015 年的逐日气温和降水量资料来源于中国气象数据网(http://data.cma.cn/),而黄家港、皇庄和沙洋水文站 1965—2015 年的流量和水位数据来源于湖北省水文水资源局江河水情"千里眼"水情信息查询系统(http://219.140.162.169:8800/rw4/report/fa02.asp)。

3.1.1.2 研究方法

(1)Mann-Kendall 趋势检验。在时间序列趋势分析中,Mann-Kendall 检验是世界气象组织推荐并已广泛使用的非参数检验方法,最初由 Mann(1945)和 Kendall(1948)提出。Mann-Kendall 进行趋势分析的计算公式如下:

$$Z = \begin{cases} (s-1)/[\text{var}(s)]^{1/2}, & s > 0 \\ 0, & s = 0 \\ (s+1)/[\text{var}(s)]^{1/2}, & s > 0 \end{cases} \quad (3-1)$$

式中,Z 为标准的正态统计变量;s 为检验的统计变量。

其中

$$s = \sum_{i=1}^{n=1} \sum_{k=i+1}^{n} \text{sgn}(x_k - x_i) \quad (3-2)$$

$$\text{sgn}(x_k - x_i) = \begin{cases} 1, x_k - x_i > 0 \\ 0, x_k - x_i = 0 \\ -1, x_k - x_i < 0 \end{cases} \quad (3-3)$$

$$\text{var}(s) = n(n-1)(2n+5)/18 \quad (3-4)$$

式中,x_k、x_i 为时间序列构成的分析样本;n 为数据集合长度;sgn 为符号函数。

双边趋势检验中,在给定的显著性水平 α 下,当 $|Z| > Z_{1-\alpha/2}$ 时,原假设是不可接受的,说明样本序列趋势显著,其中 Z 为正值时表示序列增长趋势显著,Z 为负值时表示序列降低趋势显著;当 $|Z| \leqslant Z_{1-\alpha/2}$ 时,接受原假设,表示样本序列趋势不显著。文中取显著性水平 $\alpha=0.05$,则 $Z_{1-\alpha/2}=1.96$。Mann-Kendall 趋势检验在 MATLAB 2012b 中进行。

(2)空间插值方法。空间插值方法选用泰森多边形法(Thiessen polygon method),是由荷兰气候学家 Alfred H. Thiessen 提出的一种根据离散分布的气象站的降水量来计算平均降水量的方法,即将所有相邻气象站连成三角形,作这些三角形各边的垂直平分线,将每个三角形的三条边的垂直平分线的交点(也就是外接圆的圆心)连接起来得到一个多边形;用这个多边形内所包含的一个唯一气象站的降雨强度来表示这个多边形区域内的降雨强度,并称这个多边形为泰森多边形。在 ArcMap 10.4 中,使用 Toolbox 根据气象站点创建泰森多边形,计算各个站点的权重值,以此得到汉江中下游流域气象变化的加权平均值。

(3)线性回归方法。在 Excel 里,根据最小二乘法原理,用线性回归方法通过 LINEST 函数计算在长时间序列下气象水文要素趋势线的斜率,得到各要素在该时间序列下的变化幅度。

3.1.2 气象及水文要素变化趋势分析

3.1.2.1 降水趋势分析

汉江中下游流域降水量年内分布不均,主要集中在 5—9 月,12 月至翌年 2 月降水量较少。1965—2015 年,南阳站 1 月和 2 月降水量增加显著($Z=2.2$ 和 $Z=2.1$),分别增加了 7.7mm 和 9.3mm,其他月份变化不显著,年降水量呈现不显著的增加趋势($Z=0.7$),共增加 95.3mm;房县站降水量在 1 月和 2 月增加显著($Z=2.5$ 和 $Z=2.1$),分别增加了 6.8mm 和 9.5mm,其他月份变化不显著,年降水量呈现不显著的增加趋势($Z=0.1$),共增加 31.7mm;老河口站仅 1 月降水量显著增加了 15.9mm($Z=2.7$),其他月份变化不显著,年降水量呈现不显著的下降趋势($Z=-0.8$),共减少 23.4mm;枣阳站仅 2 月降水量显著增加了 19.1mm($Z=2.4$),其他月份变化不显著,年降水量呈现不显著的下降趋势($Z=-1.0$),共减少42.0mm;钟祥站2月降水量显著增加了26.6mm($Z=2.2$),其他月份变化不显著,年降水量变化很小($Z=0.05$),多年共增加22.7mm;天门站1月和2月降水量增加显著($Z=2.1$和$Z=2.2$),分别增加了19.6mm和34.2mm,其他月份变化不显著,年降水量呈现不显著的增加趋势($Z=0.4$),共增加57.8mm;武汉站1月、2月和7月降水量增加显著($Z=2.7$、$Z=2.3$和$Z=2.1$),分别增加了29.5mm、43.6mm和117.4mm,其他月份变化不显著,年降水量呈现显著的增加趋势($Z=2.1$),共增加259.1mm。总体来看,汉江中下游流域年降水呈现不显著的上升趋势($Z=0.1$),多年降水量共增加了64.0mm,其中1月和2月降水量增加显著($Z=2.1$和$Z=2.1$),分别增加了14.1mm和21.1mm,其他月份变化不明显。(表3-1)

表3-1 1965—2015年汉江中下游流域降水变化趋势分析表

月份	南阳			房县			老河口			枣阳		
	M/mm	Z	A/mm	M/mm	Z	A/mm	M/mm	Z	A/mm	M/mm	Z	A/mm
1	8.6	2.2*	7.7*	7.3	2.5*	6.8*	14.7	2.7*	15.9*	13.0	1.7	10.5
2	13.7	2.1*	9.3*	13.2	2.1*	9.5*	21.3	1.8	13.8	21.3	2.4*	19.1*
3	31.7	−0.1	−1.3	34.2	0.3	0.1	45.2	−0.4	−5.2	41.0	−0.8	−10.9
4	52.7	−1.0	−19.6	66.2	−0.7	−14.7	69.0	−1.3	−31.6	70.0	−0.7	−35.1
5	74.7	1.0	27.2	102.1	1.4	21.4	97.5	0.5	0.4	93.1	−1.2	−11.6
6	106.5	0.9	23.4	107.7	0.2	6.3	88.0	0.3	1.0	110.3	0.9	23.6
7	177.6	0.2	10.2	142.8	−0.6	−13.9	121.1	0.4	7.6	166.3	−0.7	−2.5
8	119.9	1.3	51.8	136.2	0.9	34.9	129.4	0.6	22.4	122.7	−0.2	−5.4
9	83.8	−0.3	−15.5	99.1	−0.8	−24.2	91.3	−0.9	−46.8	79.1	−0.7	−23.6
10	51.1	−1.1	−25.8	67.5	−0.9	−6.9	64.3	−1.4	−28.0	56.1	−1.4	−15.6
11	30.4	1.4	19.7	29.4	0.8	7.7	40.3	0.8	15.1	35.1	−0.3	−0.5
12	9.5	1.7	8.1	9.2	1.3	4.7	14.5	1.4	11.9	12.2	1.8	10.1
年均	760.3	0.7	95.3	814.8	0.1	31.7	796.7	−0.8	−23.4	820.2	−1.0	−42.0

月份	钟祥			天门			武汉			平均		
	M/mm	Z	A/mm	M/mm	Z	A/mm	M/mm	Z	A/mm	M/mm	Z	A/mm
1	19.8	1.6	12.2	29.1	2.1*	19.6*	38.3	2.7*	29.5*	16.2	2.1*	14.1*
2	30.7	2.2*	26.6*	45.1	2.2*	34.2*	58.6	2.3*	43.6*	25.3	2.1*	21.1*
3	50.6	−0.4	−8.7	71.8	−0.4	−11.5	90.8	−0.3	−7.3	47.0	−0.3	−5.5
4	85.7	0.2	8.1	117.0	−0.7	−12.7	132.4	0.1	7.4	77.5	−0.7	−15.3
5	127.4	0.0	3.6	153.8	−0.3	−8.4	158.5	0.8	31.1	107.4	0.3	11.6
6	128.2	−0.4	−12.4	169.8	0.6	13.8	207.2	0.7	28.8	121.6	0.5	14.7
7	171.3	−0.6	−22.7	170.1	1.3	48.2	198.1	2.1*	117.4*	162.4	0.8	22.8
8	131.8	1.5	79.2	108.2	0.1	10.8	113.0	1.4	13.4	123.8	0.8	25.7
9	81.2	−1.7	−55.0	77.3	−1.3	−13.3	78.4	0.0	−3.6	84.2	−0.8	−21.7
10	67.5	−0.8	−17.5	75.9	−0.3	−14.1	77.8	−0.1	−17.0	63.0	−0.9	−16.4
11	43.0	0.0	−0.1	52.7	−0.1	−11.9	56.6	0.8	12.9	39.0	0.6	6.6
12	16.4	1.6	9.6	23.5	0.6	3.1	26.2	0.6	3.1	14.6	1.4	6.5
年均	953.6	0.05	22.7	1094.2	0.4	57.8	1235.9	2.1*	259.1*	881.5	0.1	64.0

注:M为降水均值,mm;Z为Mann-Kendall趋势分析统计值;A为变化幅度,mm。* 表示在显著性水平$\alpha=0.05$上,上升或者下降趋势是显著的。

3.1.2.2　气温趋势分析

汉江中下游流域7月温度最高,1月温度最低。南阳站2—5月、10月和12月气温显著增加($Z>1.96$),分别增加了2.4℃、2.5℃、2.2℃、1.8℃、1.6℃和1.4℃,其他月份变化不显著,年均气温呈现显著的增加趋势($Z=4.2$),共增加1.4℃;房县站2—5月和9月气温显著增加($Z>1.96$),分别增加了2.1℃、2.3℃、1.9℃、1.0℃和0.9℃,其他月份变化不显著,年均气温呈现显著的增加趋势($Z=4.2$),共增加0.9℃;老河口站2—5月和9—12月气温显著增加($Z>1.96$),分别增加了2.4℃、2.5℃、2.2℃、1.6℃、1.1℃、1.8℃、1.3℃和1.7℃,其他月份变化不显著,年均气温呈现显著的增加趋势($Z=4.6$),共增加1.3℃;枣阳站2—6月、9—10月和12月气温显著增加($Z>1.96$),分别增加了2.4℃、3.0℃、2.5℃、2.1℃、1.2℃、1.5℃、2.1℃和1.5℃,其他月份变化不显著,年均气温呈现显著的增加趋势($Z=5.1$),共增加1.6℃;钟祥站2—6月、9—10月和12月气温显著增加($Z>1.96$),分别增加了2.2℃、2.6℃、2.5℃、1.9℃、1.4℃、1.6℃、1.9℃和1.3℃,其他月份变化不显著,年均气温呈现显著的增加趋势($Z=5.2$),共增加1.5℃;天门站2—6月和9—12月气温显著增加($Z>1.96$),分别增加了2.8℃、2.8℃、2.5℃、1.8℃、1.4℃、1.9℃、2.2℃、1.8℃和1.6℃,其他月份变化不显著,年均气温呈现显著的增加趋势($Z=5.1$),共增加1.7℃;武汉站2—7月和9—11月气温显著增加($Z>1.96$),分别增加了2.9℃、2.8℃、2.8℃、1.9℃、1.6℃、1.3℃、2.1℃、2.0℃和1.6℃,其他月份变化不显著,年均气温呈现显著的增加趋势($Z=5.3$),共增加1.7℃。总体来看,汉江中下游流域年均气温呈现出显著的增加趋势($Z=4.7$),多年气温增加了1.4℃,其中2—5月、9—10月及12月气温增加趋势明显($Z>1.96$),分别增加了2.5℃、2.6℃、2.3℃、1.7℃、1.3℃、1.7℃和1.3℃。(表3-2)

表3-2　1965—2015年汉江中下游流域温度变化趋势分析表

月份	南阳			房县			老河口			枣阳		
	M/℃	Z	A/℃	M/℃	Z	A/℃	M/℃	Z	A/℃	M/℃	Z	A/℃
1	1.5	0.9	1.0	2.0	1.8	1.0	2.6	1.6	1.3	2.5	1.3	1.3
2	4.1	2.6*	2.4*	4.2	2.5*	2.1*	4.9	2.5*	2.4*	4.9	2.2*	2.4*
3	9.2	2.9*	2.5*	9.0	2.7*	2.3*	9.8	3.0*	2.5*	9.8	3.2*	3.0*
4	15.7	3.8*	2.2*	15.1	3.6*	1.9*	16.1	3.6*	2.2*	16.3	4.1*	2.5*
5	21.2	2.7*	1.8*	19.6	2.0*	1.0*	21.3	2.5*	1.6*	21.5	3.3*	2.1*
6	25.7	0.9	0.5	23.6	0.7	0.3	25.5	1.0	0.5	25.7	2.5*	1.2*
7	27.1	1.2	0.6	25.9	0.4	0.2	27.5	1.1	0.5	27.7	1.7	0.8
8	26.3	−0.9	−0.5	25.0	−1.8	−1.0	26.7	−1.1	−0.7	26.9	−0.5	−0.2
9	21.6	1.8	0.9	20.3	2.2*	0.9*	21.9	2.2*	1.1*	22.2	3.0*	1.5*
10	16.3	2.4*	1.6*	15.1	1.8	0.9	16.8	3.2*	1.8*	17.0	3.2*	2.1*
11	9.3	1.1	0.9	9.1	1.0	0.7	10.4	2.0*	1.3*	10.5	1.7	1.4
12	15.2	4.2*	1.4*	3.6	1.7	0.9	4.6	2.6*	1.7*	4.5	2.6*	1.5*
年均	15.2	4.2*	1.4*	14.4	4.2*	0.9*	15.7	4.6*	1.3*	15.8	5.1*	1.6*

续表

月份	南阳			房县			老河口			枣阳		
	M/℃	Z	A/℃	M/℃	Z	A/℃	M/℃	Z	A/℃	M/℃	Z	A/℃
1	3.6	0.8	1.0	4.0	1.5	1.2	3.7	1.6	1.1	2.7	1.3	1.1
2	5.7	2.1*	2.2*	6.1	2.7*	2.8*	6.0	2.6*	2.9*	5.0	2.4*	2.5*
3	10.3	2.7*	2.6*	10.6	3.1*	2.8*	10.7	3.1*	2.8*	9.8	3.0*	2.6*
4	16.5	3.7*	2.5*	16.9	4.2*	2.5*	17.0	4.4*	2.8*	16.1	3.9*	2.3*
5	21.8	3.0*	1.9*	22.1	2.9*	1.8*	22.2	2.5*	1.9*	21.4	2.8*	1.7*
6	25.5	2.6*	1.4*	25.9	3.0*	1.4*	25.9	2.7*	1.6*	25.5	1.8	0.9
7	27.8	1.6	0.9	28.4	1.4	0.8	28.9	2.2*	1.3*	27.5	1.3	0.7
8	27.2	−0.3	−0.03	27.9	−0.1	−0.01	28.3	0.05	0.1	26.8	−0.7	−0.4
9	22.7	3.1*	1.6*	23.3	3.4*	1.9*	23.6	3.6*	2.1*	22.1	2.6*	1.3*
10	17.6	3.2*	1.9*	17.9	3.6*	2.2*	18.0	3.2*	2.0*	16.9	2.9*	1.7*
11	11.4	1.6	1.3	11.7	2.6*	1.8*	11.6	2.2*	1.6*	10.4	1.7	1.2
12	5.6	2.1*	1.3*	6.0	2.6*	1.6*	5.8	1.9	1.3	7.5	2.8*	1.3*
年均	16.4	5.2*	1.5*	16.8	5.1*	1.7*	16.8	5.3*	1.7*	15.8	4.7*	1.4*

注:M为温度均值,℃;Z为 Mann-Kendall 趋势分析统计值;A 为变化幅度,℃。* 表示在显著性水平 α=0.05 上,上升或者下降趋势是显著的。

3.1.2.3 流量趋势分析

1965—2015 年,三个水文站黄家港、皇庄和沙洋的年均流量均呈不显著的下降趋势($Z=−1.9$、$Z=−1.7$ 和 $Z=−0.8$),分别减少了 309.3m³/s、301.4m³/s 和 125.6m³/s,其中三站 5 月和 10 月流量均显著下降($Z<−2.4$),沙洋站 1 月流量显著增加($Z=2.00$),其他月份流量变化不显著。(表 3-3)

表 3-3　1965—2015 年汉江中下游流域流量变化趋势分析表

月份	黄家港			皇庄			沙洋		
	M/(m³·s⁻¹)	Z	A/(m³·s⁻¹)	M/(m³·s⁻¹)	Z	A/(m³·s⁻¹)	M/(m³·s⁻¹)	Z	A/(m³·s⁻¹)
1	632.9	0.4	30.8	830.1	1.2	238.5	840.8	2.00	334.9*
2	591.8	1.2	151.1	794.6	1.2	258.2	796.1	1.90	359.6
3	625.1	0.8	109.8	833.3	1.0	231.4	844.9	1.70	345.6
4	809.5	−1.1	−292.0	1016.8	−1.5	−331.3	969.8	−0.60	−184.2
5	981.2	−2.4*	−598.3*	1275.2	−2.9*	−854.6*	1276.8	−2.60*	−825.8*
6	1004.0	−0.70	−124.5	1362.0	−1.1	−214.1	1356.4	−0.70	−141.4
7	1583.8	−1.5	−844.1	2379.4	−1.4	−1006.4	2392.3	−0.80	−787.2
8	1500.0	0.3	22.8	2379.8	0.1	176.5	2378.1	1.10	644.2

月份	黄家港			皇庄			沙洋		
	$M/$ $(m^3 \cdot s^{-1})$	Z	$A/$ $(m^3 \cdot s^{-1})$	$M/$ $(m^3 \cdot s^{-1})$	Z	$A/$ $(m^3 \cdot s^{-1})$	$M/$ $(m^3 \cdot s^{-1})$	Z	$A/$ $(m^3 \cdot s^{-1})$
9	1699.0	−1.8	−517.6	2252.6	−1.0	−304.3	2275.5	0.03	211.3
10	1251.9	−3.2*	−1185.0*	1712.1	−3.2*	−1517.2*	1804.2	−2.40*	−1396.4*
11	762.0	−1.3	−287.0	1055.0	−1.6	−273.9	1087.4	−1.20	−165.6
12	665.4	−0.8	−174.4	868.3	−0.1	−12.2	895.1	0.30	50.6
年均	1019.8	−1.9	−309.3	1403.5	−1.7	−301.4	1423.2	−0.80	−125.6

注：M 为流量均值，m^3/s；Z 为 Mann-Kendall 趋势分析统计值；A 为变化幅度，m^3/s。* 表示在显著性水平 $\alpha=0.05$ 上，上升或者下降趋势是显著的。

3.1.2.4　水位趋势分析

黄家港站年均水位呈现显著的增加趋势（$Z=2.0$），共增加了 0.44m，其中 1—3 月、6 月、8 月和 12 月水位增加显著（$Z>1.96$），分别为 0.78m、0.88m、0.84m、0.58m、0.76m 和 0.56m；皇庄站年均水位下降显著（$Z=-7.4$），共下降了 3.16m，并且各月水位均出现了显著的下降趋势（$Z<-1.96$）；而沙洋站年均水位下降不显著（$Z=-0.8$），共降低了 0.25m，各月水位变化趋势均不显著（$|Z|<1.96$），显著性水平均为 0.05。（表 3-4）

表 3-4　1965—2015 年汉江中下游流域水位变化趋势分析表

月份	黄家港			皇庄			沙洋		
	M/m	Z	A/m	M/m	Z	A/m	M/m	Z	A/m
1	88.4	3.4*	0.78*	41.9	−6.2*	−2.77*	34.7	0.9	0.80
2	88.3	3.3*	0.88*	41.8	−5.5*	−2.61*	34.5	1.3	0.99
3	88.3	3.5*	0.84*	41.9	−5.7*	−2.72*	34.6	1.6	0.97
4	88.6	1.9	0.31	42.1	−5.3*	−3.07*	34.8	−0.5	−0.43
5	88.8	0.2	0.02	42.5	−5.8*	−3.71*	35.2	−1.9	−0.43
6	88.8	2.2*	0.58*	42.6	−6.1*	−2.98*	35.4	−0.6	−0.15
7	89.3	0.6	0.18	43.5	−5.3*	−3.51*	36.4	−0.7	−0.38
8	89.2	2.1*	0.76*	43.5	−4.5*	−2.68*	36.5	0.9	0.62
9	89.3	0.1	0.15	43.3	−5.2*	−3.32*	36.3	0.6	0.36
10	88.8	−0.3	−0.11	42.8	−6.5*	−4.31*	35.7	−1.8	−0.98
11	88.4	0.9	0.61	42.3	−6.5*	−3.71*	35.1	−1.0	−0.02
12	88.4	2.4*	0.56*	42.0	−6.6*	−3.31*	34.8	−0.3	−0.62
年均	88.7	2.0*	0.44*	42.3	−7.4*	−3.16*	35.3	−0.8	−0.25

注：M 为水位均值，m；Z 为 Mann-Kendall 趋势分析统计值；A 为变化幅度，m。* 表示在显著性水平 $\alpha=0.05$ 上，上升或者下降趋势是显著的。

3.2 梯级水利工程蓄水前后汉江中下游流域水文情势变化

本节研究从站点尺度探讨了汉江中下游流域在梯级水库蓄水前后水文情势的变化情况,揭示了梯级水库耦合作用对水文情势的重大影响,为后文将研究尺度从站点扩展到大流域奠定了基础。

3.2.1 数据来源和研究方法

3.2.1.1 数据来源

通过对全国范围内大坝对河流水文情势影响的分析,表明大坝对河流自然水文情势的影响不容忽视,研究筑坝对水文情势的改变很有必要。这里将汉江中下游流域作为重点研究区域,以丹江口水库为切入点,选取了位于汉江干流丹江口水库以下河段的黄家港、襄阳、皇庄、沙洋和仙桃 5 个水文站的实测日均流量、水位数据(图 3-1、表 3-5),研究丹江口水库及其下游梯级水库如王甫洲水库、崔家营水库和兴隆水利枢纽对汉江中下游水文站水文情势的耦合影响(新集和碾盘山枢纽在建设中)。(表 3-6)

表 3-5 汉江中下游流域水文观测站的详细信息

站点	地理位置		时间序列		站点描述
	经度	纬度	流量	水位	
黄家港站	111°29′E	32°31′N	1965—2015	1965—2015	丹江口水库出库控制站
襄阳站	112°05′E	32°02′N	1974—2009	1965—2015	南河和北河汇入汉江的水文控制站
皇庄站	112°33′E	31°13′N	1965—2015	1965—2015	唐白河汇入汉江的水文控制站
沙洋站	112°37′E	30°43′N	1965—2013	1965—2015	汉江下游的水文控制站
仙桃站	113°27′E	30°22′N	1972—2015	1972—2015	汉江下游的水文控制站

表 3-6 汉江中下游流域梯级水库的详细信息

水库名称	施工时段	与丹江口水库距离/km	正常蓄水位/m	库容/10⁶ m³	调节能力
丹江口水库	1967—1974	—	157	17 450	年调节
	2005—2013	—	170	29 050	多年调节
王甫洲水库	1995—2003	30.0	86.2	149.5	日调节
新集水库	在建	89.7	76.2	317.2	日调节
崔家营水库	2005—2010	134.0	63.2	285.0	日调节
碾盘山水库	在建	262.3	50.7	877.0	日调节
兴隆水库	2009—2013	378.3	36.2	273.0	日调节

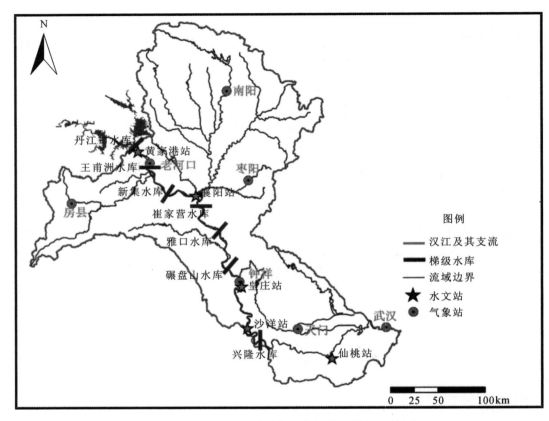

图 3-1　汉江中下游流域位置及梯级水库和水文站分布

　　各水文站上游梯级水库的数量不同,黄家港站作为丹江口水库的出库控制站,其流量和水位变化主要受丹江口水库影响,同时下游王甫洲水库建成后形成的回水区也会对其产生反调节作用;襄阳站受到丹江口水库和王甫洲水库的共同影响;皇庄和沙洋站受到上游丹江口、王甫洲和崔家营 3 个水库的共同影响;而仙桃站则同时受丹江口、王甫洲、崔家营和兴隆水利枢纽 4 个水库影响。考虑到兴隆水利枢纽建成于 2013 年,而下游仙桃站缺乏在自然状态下的水文数据,因此该水利枢纽的影响暂不单独分析。

　　这里以丹江口、王甫洲和崔家营水库的起始蓄水年份为分界点(分别为 1974 年、2003 年和 2010 年),根据各站受梯级水库影响的情况及可获得的水文序列长度,对各站的研究时段进行划分。

　　流量变化研究的时段划分如下:

　　(1)黄家港站。1965—1974 年代表丹江口水库影响前的自然水文条件,1975—2001 年代表仅受丹江口水库影响时段的水文情势(一库运行阶段),2002—2015 年代表受丹江口和王甫洲水库共同影响后的水文情势(两库运行阶段)。

　　(2)襄阳站。缺乏 1965—1974 年的流量数据,舍弃对该站的分析。

　　(3)皇庄站。1965—1974 年代表丹江口水库影响前的自然水文条件,1975—2001 年代表仅受丹江口水库影响时段的水文情势,2002—2010 年代表受丹江口和王甫洲两个水库共同影响后的水文情势,2011—2015 年代表受丹江口、王甫洲和崔家营水库共同影响后的水文情势(三库运行阶段)。

(4)沙洋站。1965—1974 年代表丹江口水库影响前的自然水文条件,1975—2001 年代表仅受丹江口水库影响时段的水文情势,2002—2010 年代表受丹江口和王甫洲两个水库共同影响后的水文情势,2011—2013 年代表受丹江口、王甫洲和崔家营水库共同影响后的水文情势。

(5)仙桃站。缺乏 1965—1974 年的流量数据,舍弃对该站的分析。

水位变化研究的时段划分如下:

(1)黄家港和襄阳站。1965—1974 年代表丹江口水库影响前的自然水文条件,1975—2001 年代表仅受丹江口水库影响时段的水文情势,2002—2015 年代表受丹江口和王甫洲水库共同影响后的水文情势。

(2)皇庄和沙洋站。1965—1974 年代表丹江口水库影响前的自然水文条件,1975—2001 年代表仅受丹江口水库影响时段的水文情势,2002—2010 年代表受丹江口和王甫洲两个水库共同影响后的水文情势,2011—2015 年代表受丹江口、王甫洲和崔家营水库共同影响后的水文情势。

(3)仙桃站。缺乏 1965—1974 年的水位数据,舍弃对该站的分析。

3.2.1.2 研究方法

(1)水文变化指标(IHA 指标)。IHA 指标是将河流的长序列日水文数据,转换成一种具有生态意义的、有代表性的、多参数的关键水文指标,通过计算其年际的集中量数(如平均值、中位数)和离散量数(如标准偏差、变差系数、范围),来定量描述河流水文系统受人类活动干扰前后的变化程度及对生态系统的影响。IHA 指标以水文情势的 5 种基本特征(量、时间、频率、历时和变化速率)为基础,将 33 个 IHA 指标分为 5 组(The Nature Conservancy,2016)。(表 3-7)

第 1 组指标:月平均流量,反映了年内月平均流量的变化,用于评价各月流量值大小,包括 1—12 月的平均流量,共 12 个指标。

第 2 组指标:年极端水文条件大小及历时,反映了流量的频率和历时特征,用于评价极端流量值的变化,包括年内最大及最小 1d 和连续 3d、7d、30d、90d 的平均流量,断流天数,以及基流指数(年最小连续 7d 平均流量与年均值流量的比值),共 12 个指标。

第 3 组指标:年极端水文条件的出现时间,反映了流量的时间特征,用于评价极端流量的出现时间,包括年内最大及最小 1d 平均流量的发生儒略日(即从每年的 1 月 1 日算起的第多少天),共 2 个指标。

第 4 组指标:高、低流量脉冲的频率及历时,反映了流量脉冲的频率及历时特征,用于评价高、低流量脉冲的发生频率和历时,包括高、低流量脉冲的发生次数和历时,共 4 个指标(低流量脉冲定义为低于干扰前流量 25%频率的日均流量;高流量脉冲定义为高于干扰前流量 75%频率的日均流量)。

第 5 组指标:水文条件变化率及频率,反映了流量的变化率及频率特征,用于评价日流量间的变化率和变化次数,包括上升率(相邻两日流量的平均增加率)、下降率(相邻两日流量的平均减少率),以及流量逆转次数(日流量由增加变为减少或由减少变为增加的次数),共 3 个指标。

表 3-7　IHA 指标的生态水文参数及生态系统影响

IHA 指标参数组	IHA 指标	生态系统影响
月平均流量值（12 个指标）	每月流量的平均值或中值，m³/s	水生有机物的栖息地有效性； 植物的土壤湿度有效性； 陆生动物的水资源有效性及水供应的可靠性； 哺乳动物的食物/覆盖有效性； 食肉动物筑巢通道； 影响水中的水温、氧水平、光合作用
年极端水文条件大小及历时（12 个指标）	年最小 1d 平均流量，m³/s； 年最小连续 3d 平均流量，m³/s； 年最小连续 7d 平均流量，m³/s； 年最小连续 30d 平均流量，m³/s； 年最小连续 90d 平均流量，m³/s； 年最大 1d 平均流量，m³/s； 年最大连续 3d 平均流量，m³/s； 年最大连续 7d 平均流量，m³/s； 年最大连续 30d 平均流量，m³/s； 年最大连续 90d 平均流量，m³/s； 零流量出现的天数，d； 基流指数	为植物的种植创造场所； 构造水生生态系统； 构造河道地形与天然的栖息地条件； 土地温度对植物的压力； 造成动物脱水； 形成植物的厌氧压力； 河道与河滩之间的营养物质交换量； 给水生生物产生压力，如低氧及浓缩的化学水生环境； 湖、池塘与漫滩上的植物群落分布； 处理河道沉积物、维持使产卵河床保持通风的高流量
年极端水文条件的出现时间（2 个指标）	年最小 1d 流量出现时间，d； 年最大 1d 流量出现时间，d	得到特定的栖息地； 为迁徙的鱼类提供产卵机会
高、低流量脉冲的频率及历时（4 个指标）	每一水文年的低流量脉冲出现次数； 低流量脉冲持续时间，d； 每一水文年的高流量脉冲出现次数； 高流量脉冲持续时间，d	植物的土壤压力的量及频率； 植物的厌氧压力的频率及持续时间； 漫滩栖息地对于水生有机物的有效性； 河道与漫滩间的营养与有机物的交换； 土壤矿物有效性； 获得水鸟的喂养、休眠及繁殖场所； 影响水流带来的泥沙的运输、河床沉积物结构及底部干扰的持续时间（高流量脉冲）
水文条件变化率及频率（3 个指标）	上升率，%； 下降率，%； 逆转次数	持续的干旱压力（下降条件时）； 孤岛、漫滩的有机物的截留（上涨条件时）； 对低流动性的河床边缘（不同区）有机物的干燥压力

（2）变化范围法（RVA 法）。变化范围法建立在 IHA 指标变化度的基础上，其核心是将未受到或很少受到人工干扰、基本上处于自然状态下的长期水文资料作为定义水文变量变化范围的基础，并以平均值±Δ（标准差）或 25%～75% 范围作为 IHA 指标的上下限，称为 RVA 目标。若受人类活动影响后的流量记录统计的 IHA 指标值落在 RVA 范围内的频率与影响前的频率一致，表明干扰落在河流自然生态系统可以承受的范围之内，河流仍具有自然状态下的流量特征，此项干扰对河流的影响轻微；若受影响后的流量记录统计的 IHA 指标值落在 RVA 范围内的频率与影响前的频率偏离程度较大，则表明干扰已经超过了河流自然生态系统可承受的范围，此项干扰已经改变了原有河流的自然流量变化特性，对生态环境有严重负面影响（Richter et al.，1997，1998）。

RVA 法应用可概括为以下 5 个步骤：①用 IHA 指标计算河流在未受到人类活动影响前的 33 个水文指标。②以步骤①所得未受影响前的结果确定 33 个水文指标的 RVA 管理目标范围，这里以各参数频率的 75％和 25％作为各指标的上下限。③计算人类活动影响后的日流量数据的 33 个水文指标。④根据步骤②的 RVA 阈值范围评价步骤③的结果，计算受影响后的水文改变度。⑤根据步骤④的结果，用数字量化 IHA 指标改变度的等级，计算河流生态系统的整体改变度。

（3）水文变量偏离度（V）。人工干扰前后河流水文变量偏离度（V）的计算公式为

$$V = \frac{M_{\text{post}} - M_{\text{pre}}}{M_{\text{pre}}} \times 100\%$$ （3-5）

式中，V 指 IHA 指标在人工干扰前后的偏离度；M_{pre} 和 M_{post} 分别指人工干扰前后的水文变量值。

（4）水文改变度（D）。采用 Richter 等（1997）提出的水文改变度，计算 IHA 指标受干扰后的水文改变程度。计算公式为

$$D_i = \frac{N_o - N_e}{N_e} \times 100\%$$ （3-6）

$$N_e = r \times N_T$$ （3-7）

式中，D_i 为第 i 个指标的水文改变度；N_o 为观测年数，是指受人类活动影响后第 i 个指标落在 RVA 阈值范围内的实际年数；N_e 为预期年数，是指受人类活动影响后第 i 个指标预期落在 RVA 阈值范围内的年数；r 为受人类活动影响前各指标落于 RVA 阈值范围内的比例，若以 IHA 指标的 25％～75％频率作为目标范围，则 $r=50\%$；N_T 为受人类活动影响后流量记录的总年数。

D 为正值表示影响后 IHA 指标落入 RVA 的年数大于预期年数，负值表示影响后 IHA 指标落入 RVA 的年数小于预期年数。为对水文指标改变的严重程度设定一个客观的判断标准，规定 $0 \leqslant |D| < 33\%$ 属于无改变或者低度改变；$33\% \leqslant |D| < 67\%$ 属于中度改变；$67\% \leqslant |D| < 100\%$ 属于高度改变。

（5）整体水文改变度（D_o）。在实际的水文改变评价中，上述的 33 个水文指标可能会有不同的水文改变程度，即各有不同数量的水文指标分别属于高度、中度或低度改变，不同水文指标度对人类活动影响的反应结果并不一致，因此需要采取一个综合的指数来反映 33 个水文指标的整体变化，即整体水文改变度 D_o，计算公式如下：

$$D_o = \sqrt{\frac{\sum\limits_{i=1}^{33} D_i^2}{33}}$$ （3-8）

式中，D_i 为第 i 个指标的水文改变度（Shiau et al.，2007）。

由于部分站点在研究时段内没有零流量现象，为便于比较分析，文中所有站点采用 32 个 IHA 指标进行计算，即均不包括零流量出现的天数指标。文中采用非参数统计方法检验影响前后 33 个 IHA 指标均值差异的显著性，显著性水平为 0.05。

Pearson 相关分析在 SPSS 18.0 中进行，显著性水平（p）为 0.05。

3.2.2　水文情势变化分析

3.2.2.1　河流流量变化分析

1）黄家港站

（1）月平均流量值变化。在自然状态下，月平均流量随季节波动，最大流量出现在 7 月，

最小流量在 2 月。在丹江口水库单一运行时,黄家港站 4 月、5 月、7 月、10 月和 11 月平均流量减少,其他月份平均流量增加;其中 8 月和 10 月流量属于高度改变,D 分别为 −75.3% 和 −69.1%;9 月流量属于中度改变,D 为 −56.8%;其余月份都属于低度改变。此外,8 月流量增加显著($p=0.01$),9 月流量增加率最大,为 39.1%,其次是 1 月(33.4%)、2 月(31.8%)和 8 月(23.9%)。相比之下,流量减少的幅度略小,都小于 24%。

王甫洲水库建成后,除 12 月至翌年 3 月和 6 月流量增加外,其余月份流量均减少;其中 10 月流量属于高度改变(D 为 −76.2%);1 月、3 月、5 月、7 月流量由低度转为中度改变,D 分别为 54.8%、−40.5%、−40.5% 和 42.9%;8 月流量由高度转为中度改变(D 为 −52.4%),2 月、4 月、6 月、11 月、12 月流量都属于低度改变。此外,2 月流量显著增加了 42.6%($p=0.03$),其次为 3 月和 1 月,增加率分别为 40.8% 和 21.9%;4 月、5 月、10 月、11 月流量则分别减少了 18.8%、21.2%、31.6% 和 27.9%;而 6—9 月和 12 月流量较自然状态偏离度减少,变化率均不超过 5%。(表 3-8)

表 3-8 黄家港站流量 RVA 分析结果

IHA 指标		影响前	丹江口水库运行			丹江口和王甫洲水库运行		
		均值	均值	水文改变度	偏差	均值	水文改变度	偏差
第1组指标	1 月流量	473m³/s	631m³/s	17.3%(L)	33.4%	576.5m³/s	54.8%(M)	21.9%
	2 月流量	429.5m³/s	566.2m³/s	4.9%(L)	31.8%	612.5m³/s	19.1%(L)	42.6%*
	3 月流量	453.5m³/s	558.5m³/s	−13.6%(L)	23.2%	638.5m³/s	−40.5%(M)	40.8%
	4 月流量	895.3m³/s	754m³/s	17.3%(L)	−15.8%	726.8m³/s	−4.8%(L)	−18.8%
	5 月流量	987.5m³/s	863m³/s	−25.9%(L)	−12.6%	778m³/s	−40.5%(M)	−21.2%
	6 月流量	837.5m³/s	978m³/s	29.6%(L)	16.8%	845.8m³/s	31.0%(L)	1.0%
	7 月流量	1400m³/s	1220m³/s	29.6%(L)	−12.9%	1330m³/s	42.9%(M)	−5.0%
	8 月流量	1017m³/s	1260m³/s	−75.3%(H)	23.9%*	987m³/s	−52.4%(M)	−2.9%
	9 月流量	927.3m³/s	1290m³/s	−56.8%(M)	39.1%	896m³/s	−64.3%(M)	−3.4%
	10 月流量	926m³/s	708m³/s	−69.1%(H)	−23.5%	633.5m³/s	−76.2%(H)	−31.6%
	11 月流量	806.3m³/s	617m³/s	−13.6%(L)	−23.5%	581.5m³/s	−4.8%(L)	−27.9%
	12 月流量	568m³/s	598.4m³/s	11.1%(L)	5.4%	573m³/s	19.1%(L)	0.9%

续表

IHA 指标		影响前	丹江口水库运行			丹江口和王甫洲水库运行		
		均值	均值	水文改变度	偏差	均值	水文改变度	偏差
第2组指标	年最小 1d 流量	$220\text{m}^3/\text{s}$	$246\text{m}^3/\text{s}$	$-38.3\%(\text{M})$	11.8%	$350.5\text{m}^3/\text{s}$	$-64.3\%(\text{M})$	$59.3\%^{*}$
	年最小连续 3d 流量	$221.5\text{m}^3/\text{s}$	$351.7\text{m}^3/\text{s}$	$11.1\%(\text{L})$	$58.8\%^{*}$	$446.7\text{m}^3/\text{s}$	$-28.6\%(\text{L})$	$101.7\%^{*}$
	年最小连续 7d 流量	$226.1\text{m}^3/\text{s}$	$370.1\text{m}^3/\text{s}$	$23.5\%(\text{L})$	$63.7\%^{*}$	$480\text{m}^3/\text{s}$	$-28.6\%(\text{L})$	$112.3\%^{*}$
	年最小连续 30d 流量	$304\text{m}^3/\text{s}$	$434.6\text{m}^3/\text{s}$	$29.6\%(\text{L})$	43.0%	$510.9\text{m}^3/\text{s}$	$19.1\%(\text{L})$	$68.1\%^{*}$
	年最小连续 90d 流量	$443.9\text{m}^3/\text{s}$	$519.9\text{m}^3/\text{s}$	$-19.8\%(\text{L})$	17.1%	$528.5\text{m}^3/\text{s}$	$7.1\%(\text{L})$	19.1%
	年最大 1d 流量	$7205\text{m}^3/\text{s}$	$3070\text{m}^3/\text{s}$	$-63.0\%(\text{M})$	-57.4%	$2125\text{m}^3/\text{s}$	$-76.2\%(\text{H})$	-70.5%
	年最大连续 3d 流量	$6928\text{m}^3/\text{s}$	$2937\text{m}^3/\text{s}$	$-50.6\%(\text{M})$	-57.6%	$2010\text{m}^3/\text{s}$	$-76.2\%(\text{H})$	-71.0%
	年最大连续 7d 流量	$5329\text{m}^3/\text{s}$	$2780\text{m}^3/\text{s}$	$-56.8\%(\text{M})$	-47.8%	$1826\text{m}^3/\text{s}$	$-76.2\%(\text{H})$	-65.7%
	年最大连续 30d 流量	$2814\text{m}^3/\text{s}$	$1708\text{m}^3/\text{s}$	$-56.8\%(\text{M})$	-39.3%	$1625\text{m}^3/\text{s}$	$-64.3\%(\text{M})$	-42.3%
	年最大连续 90d 流量	$1690\text{m}^3/\text{s}$	$1533\text{m}^3/\text{s}$	$-44.4\%(\text{M})$	-9.3%	$1530\text{m}^3/\text{s}$	$-52.4\%(\text{M})$	-9.5%
	基流指数	0.25	0.38	$-1.2\%(\text{L})$	$52.0\%^{*}$	0.49	$-40.5\%(\text{M})$	$96.4\%^{*}$
第3组指标	年最小 1d 流量出现时间	59.5d	38d	$4.9\%(\text{L})$	-36.1%	334d	$-28.6\%(\text{L})$	461.3%
	年最大 1d 流量出现时间	231d	209d	$11.1\%(\text{L})$	-9.5%	210d	$7.1\%(\text{L})$	-9.1%
第4组指标	低流量脉冲出现次数	5	11	$-52.4\%(\text{M})$	$120.0\%^{*}$	13	$-49.0\%(\text{M})$	160.0%
	低流量脉冲持续时间	6d	1.75d	$-3.7\%(\text{L})$	-70.8%	1d	$-57.1\%(\text{M})$	-83.3%

续表

IHA 指标		影响前	丹江口水库运行			丹江口和王甫洲水库运行		
		均值	均值	水文改变度	偏差	均值	水文改变度	偏差
第4组指标	高流量脉冲出现次数	10.5	12	−50.6%(M)	14.3%	4.5	−64.3%(M)	−57.1%
	高流量脉冲持续时间	6.25d	2d	−89.4%(H)	−68.0%	2d	−79.6%(H)	−68.0%*
第5组指标	上升率	25.5%	60%	−19.8%(L)	135.3%*	47.25%	31.0%(L)	85.3%*
	下降率	−29.5%	−57%	−57.7%(M)	93.2%*	−49%	−38.8%(M)	66.1%*
	逆转次数	142	190	−50.6%(M)	33.8%*	207	−100.0%(H)	45.8%*
整体水文改变度				41.6%(M)			51.3%(M)	

注:L、M 和 H 分别代表低度、中度、高度改变;* 代表在 0.05 的显著性水平上影响前后均值的差异性显著。

(2)年极端水文条件大小及历时。丹江口水库蓄水后,年极端最小流量增加,年极端最大流量减少,其中年最大 1d、3d、7d、30d、90d 平均流量及年最小 1d 流量属于中度改变,而年最小 3d、7d、30d、90d 流量属于低度改变。年最小 3d 和 7d 流量增加显著($p=0.001$ 和 $p=0.002$),增加率分别为 58.8% 和 63.7%,而年极端最大流量平均减少了 42.3%。基流指数显著增加了 52.0%($p=0.001$),属于低度改变,改变度为 −1.2%。

王甫洲水库建成后,年极端最小流量的增加幅度上升,平均增加率由 38.9% 变为 72.1%;年最小 1d、3d、7d 流量的水文改变度绝对值增加,分别由 −38.3%、11.1% 和 23.5% 变为 −64.3%、−28.6% 和 −28.6%;而年最小 30d 和 90d 流量的水文改变度绝对值减少,分别由 29.6% 和 −19.8% 变为 19.1% 和 7.1%。相比之下,年极端最大流量的减少幅度和水文改变度均增加,其平均减少幅度由 42.3% 变为 51.8%,且年最大 1d、3d、7d 流量从中度转为高度改变。基流指数从低度转为中度改变(D 为 −40.5%),增加率达到 96.4%($p=0.002$)。

(3)年极端水文条件的出现时间。年极端水文条件的出现时间受水库运行的影响较小,在一库运行和两库运行阶段,其改变度均属于低度改变;其中年最小 1d 流量的出现时间从自然状态下的第 59 天提前到第 38 天,然后又推迟到第 334 天;而年最大 1d 流量的出现时间从第 231 天分别提前至第 209 天和第 210 天。

(4)高、低流量脉冲的频率及历时。丹江口水库运行后,高、低流量脉冲的出现次数增加,均属于中度改变,D 分别为 −50.6% 和 −52.4%,且低流量脉冲出现次数增加显著($p=0.03$),由 5 次增加到 11 次;而高、低流量脉冲的持续时间减少,其中高流量脉冲持续时间减少了 68%,属于高度改变,D 为 −89.4%,低流量脉冲持续时间减少了 70.8%,属于低度改变,D 为 −3.7%。王甫洲水库运行后,低流量脉冲出现次数持续增加为 13 次,仍属于中度改变(D 为 −49.0%),持续时间则减少了 83.3%,改变度由低度变为中度(D 为 −57.1%);高流量脉冲出现次数减少为 4.5 次,改变度增加为 −64.3%,而持续时间仍为高度改变,D 变为 −79.6%。

(5)水文条件变化率及频率。在一库运行阶段,上升率、下降率和逆转次数增加显著($p=0.01$、$p=0.04$ 和 $p=0.002$),增加率分别为 135.3%、93.2% 和 33.8%,其中下降率和逆转次数属于中度改变,D 分别为 −57.7% 和 −50.6%,而上升率属于低度改变,D 为 −19.8%。在两库

运行阶段,上升率和下降率的增加幅度降低,增加率分别为 85.3％和 66.1％,D 分别为 31.0％
和 −38.8％;逆转次数的增加率提高到 45.8％,D 达到 −100.0％,从中度转为高度改变。

(6)整体水文改变度。在两库运行阶段和三库运行阶段,黄家港站流量的整体水文改变
度分别为 41.6％和 51.3％,均属于中度改变,王甫洲水库的联合运行导致整体水文改变度
的增加。此外,在丹江口水库单独运行时,大部分 IHA 指标属于低度或中度改变,只有 8
月、10 月流量及高流量脉冲持续时间属于高度改变;王甫洲水库的联合运行降低了 8 月流量
的改变度,增加了 1 月、3 月、5 月、7 月流量,年最大 1d、3d、7d 平均流量,低流量脉冲持续时
间及逆转次数的改变度。作为丹江口水库的反调节水库,王甫洲水库加剧了"削峰填谷"的
效应,使黄家港站流量变化更趋于平缓。

2)皇庄站

(1)流量持续曲线。丹江口水库运行改变了皇庄站的流量概率分布,其流量持续曲线较
建成前变化较大,丹江口水库运行使中低流量的持续时间延长,但对高流量的影响较小。王
甫洲水库运行减少了中流量持续时间,增加了极端低流量的持续时间。而崔家营水库的建
成大大减少了高流量的持续时间,中低流量也较两库运行时有所减少,流量过程变得更加平
缓。(图 3-2)

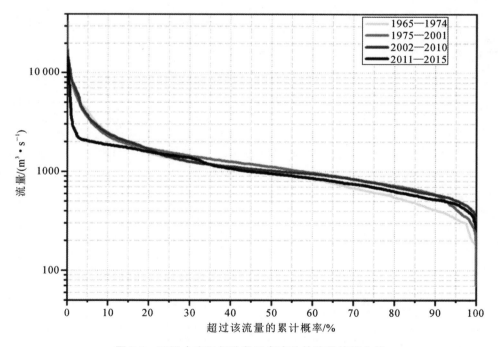

图 3-2 不同水库运行阶段下皇庄站的流量持续曲线

(2)月平均流量值变化。丹江口水库建成前,月流量变化呈现出较强的季节性,最大流
量出现在 7 月,最小流量在 3 月。三个水库相继运行后,皇庄站的月流量变化趋势相同,即
4 月、5 月、10 月和 11 月平均流量减少,其他月份平均流量增加,主要区别在于变化程度的大
小。(表 3-9)

在丹江口水库单一运行时,3 月和 9 月流量属于高度改变,D 均为 −69.1％;7 月、8 月和
10 月流量属于中度改变,D 均小于 45％;而其余月份都属于低度改变。其中 1 月、2 月、

汉江流域水文情势变化
与生态过程响应研究

3月、6月、8月和9月流量增加显著($p < 0.05$)，并且3月流量前后偏离度最大，为86.6%，其次是2月(60.9%)、9月(52.4%)和1月(51.5%)。相比之下，流量减少的幅度较小，都小于19%。（图3-3）

表3-9 皇庄站流量RVA分析结果

IHA 指标		影响前	丹江口水库运行			丹江口和王甫洲水库运行			丹江口、王甫洲和崔家营水库运行		
		均值	均值	水文改变度	偏差	均值	水文改变度	偏差	均值	水文改变度	偏差
第1组指标	1月流量	627m³/s	950m³/s	−32.1%(L)	51.5%*	792m³/s	11.1%(L)	26.3%	925m³/s	−66.7%(H)	47.5%
	2月流量	557m³/s	896m³/s	−32.1%(L)	60.9%*	808m³/s	−7.4%(L)	45.1%	876m³/s	−66.7%(H)	57.3%
	3月流量	455.5m³/s	850m³/s	−69.1%(H)	86.6%*	773m³/s	−25.9%(L)	69.7%*	950m³/s	−66.7%(H)	108.6%*
	4月流量	1068m³/s	877m³/s	−25.9%(L)	−17.9%	920.5m³/s	29.6%(L)	−13.8%	917.5m³/s	−33.3%(M)	−14.1%
	5月流量	1310m³/s	1100m³/s	−7.47%(L)	−16.0%	1120m³/s	11.1%(L)	−14.5%	757m³/s	−66.7%(H)	−42.2%
	6月流量	893.3m³/s	1325m³/s	11.1%(L)	48.3%*	1050m³/s	29.6%(L)	17.5%	1095m³/s	33.3%(M)	22.6%
	7月流量	1650m³/s	1750m³/s	35.8%(M)	6.1%	1860m³/s	48.2%(M)	12.7%	1690m³/s	33.3%(M)	2.4%
	8月流量	1320m³/s	1840m³/s	−44.4%(M)	39.4%*	1950m³/s	−25.9%(L)	47.7%	1680m³/s	−33.3%(M)	27.3%
	9月流量	1158m³/s	1765m³/s	−69.1%(H)	52.4%*	1655m³/s	−81.5%(H)	42.9%	1140m³/s	−66.7%(H)	−1.6%
	10月流量	1230m³/s	1000m³/s	−44.4%(M)	−18.7%	1050m³/s	−44.4%(M)	−14.6%	712m³/s	−100.0%(H)	−42.1%
	11月流量	985.5m³/s	895m³/s	−25.9%(L)	−9.2%	894m³/s	−25.9%(L)	−9.3%	824m³/s	−33.3%(M)	−16.4%
	12月流量	750m³/s	840m³/s	−1.2%(L)	12.0%	859m³/s	11.1%(L)	14.5%	743m³/s	33.3%(M)	−0.9%
第2组指标	年最小1d流量	313m³/s	514m³/s	−63.0%(M)	64.2%*	508m³/s	−25.9%(L)	62.3%*	449m³/s	−66.7%(H)	43.5%
	年最小连续3d流量	322m³/s	543.7m³/s	−63.0%(M)	68.9%*	522.3m³/s	−44.4%(M)	62.2%	458.3m³/s	−66.7%(H)	42.3%
	年最小连续7d流量	350.2m³/s	591.4m³/s	−44.4%(M)	68.9%*	547.3m³/s	−7.4%(L)	56.3%	487m³/s	66.7%(H)	39.1%

IHA 指标		影响前	丹江口水库运行			丹江口和王甫洲水库运行			丹江口、王甫洲和崔家营水库运行		
		均值	均值	水文改变度	偏差	均值	水文改变度	偏差	均值	水文改变度	偏差
第2组指标	年最小连续30d流量	419.5m³/s	674.9m³/s	−50.6%(M)	60.9%	582.4m³/s	−7.4%(L)	38.8%	552.8m³/s	33.3%(M)	31.8%
	年最小连续90d流量	527.3m³/s	768m³/s	−44.4%(M)	45.6%	645.8m³/s	−7.4%(L)	22.5%	701.5m³/s	33.3%(M)	33.0%
	年最大1d流量	9725m³/s	8380m³/s	−32.1%(L)	−13.8%	7840m³/s	−44.4%(M)	−19.4%	2900m³/s	−66.7%(H)	−70.2%
	年最大连续3d流量	9103m³/s	7463m³/s	−25.9%(L)	−18.0%	6810m³/s	−63.0%(M)	−25.2%	2853m³/s	−100.0%(H)	−68.7%
	年最大连续7d流量	7124m³/s	5453m³/s	−32.1%(L)	−23.5%	4681m³/s	−63.0%(M)	−34.3%	2509m³/s	−100.0%(H)	−64.8%
	年最大连续30d流量	3739m³/s	3089m³/s	−38.3%(M)	−17.4%	2617m³/s	−100.0%(H)	−30.0%	2130m³/s	−100.0%(H)	−43.0%
	年最大连续90d流量	2242m³/s	2337m³/s	−38.3%(M)	4.2%	2308m³/s	−44.4%(M)	2.9%	1968m³/s	0(L)	−12.2%
	基流指数	0.32	0.4	−19.8%(L)	23.2%	0.4316	−44.4%(M)	34.7%	0.4367	−33.3%(M)	36.3%
第3组指标	年最小1d流量出现时间	38.5d	49d	4.9%(L)	27.3%	46d	−7.4%(L)	19.5%	301d	−33.3%(M)	681.8%
	年最大1d流量出现时间	235.5d	221d	−4.8%(L)	−6.2%	207d	−4.8%(L)	−12.1%	221d	14.3%(L)	−6.2%
第4组指标	低流量脉冲出现次数	2.5	2	−20.6%(L)	−20.0%	3	−68.3%(H)	20.0%	8	−71.4%(H)	220.0%*
	低流量脉冲持续时间	7d	3.8d	−44.4%(M)	−46.4%	3d	−72.2%(H)	−57.1%	2d	−50%(M)	−71.4%
	高流量脉冲出现次数	9	6	−41.8%(M)	−33.3%	4	−68.3%(H)	−55.6%*	6	−71.4%(H)	−33.3%
	高流量脉冲持续时间	9d	5d	−3.7%(L)	−44.4%	7.5d	33.3%(M)	−16.7%	4.5d	−20%(L)	−50.0%

续表

IHA 指标		影响前	丹江口水库运行			丹江口和王甫洲水库运行			丹江口、王甫洲和崔家营水库运行		
		均值	均值	水文改变度	偏差	均值	水文改变度	偏差	均值	水文改变度	偏差
第5组指标	上升率	35.5%	40%	29.6%(L)	12.7%	40%	48.2%(M)	12.7%	61%	66.7%(H)	71.8%*
	下降率	−34.75%	−43%	−32.1%(L)	23.7%	−43%	−7.4%(L)	23.7%	−53.5%	−100.0%(H)	54.0%*
	逆转次数	79	129	−87.7%(H)	63.3%*	161	−100.0%(H)	103.8%*	157	−100.0%(H)	98.7%*
整体水文改变度			40.6%(M)			46.7%(M)			63.5%(M)		

注:L、M 和 H 分别代表低、中、高度改变;* 代表在 0.05 的显著性水平上影响前后均值的差异性。

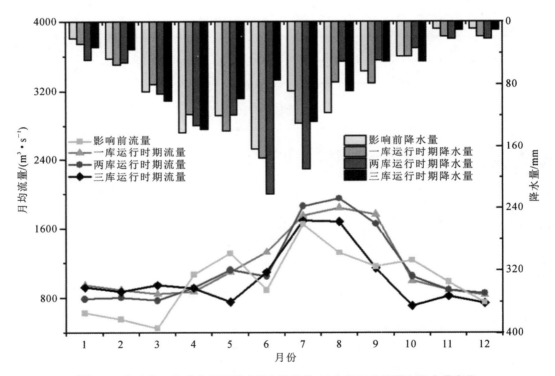

图 3-3　皇庄站 3 个水库相继影响后各阶段的 12 个月平均流量和降水量变化

王甫洲水库建成后,月均流量的水文改变度有所下降。9 月流量属于高度改变(D 为 −81.5%),7 月和 10 月流量属于中度改变,D 分别为 48.2% 和 −44.4%,而其余 9 个月都属于低度改变。此外,除了 7 月、8 月和 12 月流量的前后偏离度增加外,其余月份偏离度均较丹江口水库单独运行时减少。(图 3-4)

崔家营水库修建之后,月均流量的水文改变度增加,均属于高度或中度改变,尤其是 10 月流量,D 达到了 −100.0%,说明影响后没有观测值落入预期的 RVA 阈值范围内。相比另两个阶段,3 月流量显著增加了 108.6%($p=0.005$),而 5 月和 10 月流量呈减少趋势。整体来看,皇庄站月流量的水文改变度在 3 个水库一起运行时最大,其次是丹江口水库单独运行

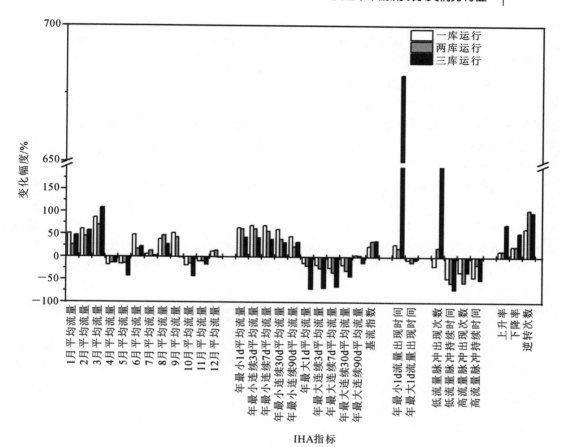

图 3-4　皇庄站 3 个水库相继影响后各阶段 32 个 IHA 指标的偏差值

时,而丹江口和王甫洲水库一起运行时最小。

(3)年极端水文条件大小及历时。丹江口水库单一运行时,年最小 1d、3d、7d、30d、90d 流量及年最大 30d 和 90d 流量都属于中度改变,而年最大 1d、3d、7d 流量属于低度改变。丹江口水库蓄水后,年最小 1d、3d、7d 流量显著增加($p < 0.005$),平均增加率达到 61.7%,年极端最大流量平均减少了 18.2%(不含年最大 90d 流量)。基流指数增加了 23.2%,属于低度改变,改变度为 −19.8%。

王甫洲水库建成后,年极端最小流量的水文改变度和增加幅度都有所下降,其中年最小 1d、7d、30d、90d 流量的水文改变度从中度变为低度改变,其平均增加率减少为 48.4%。相比之下,年极端最大流量的水文改变度和减少幅度有所增加,其中年最大 1d、3d、7d 流量从低度改变转为中度改变,年最大 30d 流量从中度改变转为高度改变,平均减少率变为 27.2%(不含年最大 90d 流量)。基流指数从低度改变转为中度改变,增加率达到 34.7%。

在三库运行阶段,年极端最小、最大流量的水文改变度均增加,尤其是年最小 1d、3d、7d 流量增加明显,年最大 1d、3d、7d、30d 流量变为高度改变。年极端最小流量的平均增加率持续下降至 38%,而年极端最大流量的平均减少率持续增加至 51.8%。基流指数仍属于中度改变,其增加率略微提高至 36.3%。

整体来看,年极端流量与自然状态下的偏离程度(变化率)大小和水库的数量有关。水库越多,变化幅度越大,例如,在 3 个水库相继影响后的各阶段中,年最小 7d 流量的增加率从68.9％持续减少为 56.3％到 39.1％,而年最大 7d 流量的减少率从 23.5％持续增加为34.3％到64.8％。

(4)年极端水文条件的出现时间。年极端水文条件的出现时间受水库运行的影响较小,在一库运行和两库运行阶段,其改变度均属于低度改变;其中年最小 1d 流量的出现时间从推迟 11d 缩短到 8d,而年最大 1d 流量的出现时间从第 235 天分别提前至第 207 天和第 221天。在三库运行阶段,年最小 1d 流量的出现时间变为中度改变,D 为－33.3％,而年最大 1d流量的出现时间变化很小。

(5)高、低流量脉冲的频率及历时。在一库运行阶段,高、低流量脉冲的出现次数和持续时间都呈现出减少趋势,其中低流量脉冲持续时间和高流量脉冲出现次数分别减少－46.4％和－33.3％,均属于中度改变,D 分别为－44.4％和－41.8％,而低流量脉冲出现次数和高流量脉冲持续时间分别减少－20.0％和－44.4％,均属于低度改变。

两库运行时,水文改变度增加,其中高、低流量脉冲的出现次数及低流量脉冲持续时间都变为高度改变,D 分别为－68.3％、－68.3％和－72.2％,高流量脉冲持续时间由低度转为中度改变,D 为33.3％;同时,低流量脉冲出现次数增加了20％,而低流量脉冲出现持续时间、高流量脉冲出现次数及持续时间分别减少了57.1％、55.6％和16.7％。

在三库运行阶段,高、低流量脉冲次数改变度均达到了－71.4％,而其持续时间则分别变为低度和中度改变,D 分别为－20％和－50％;其中低流量脉冲出现次数显著增加,从2.5 次变为 8 次($p=0.04$),增加率达到了 220.0％,而低流量脉冲持续时间、高流量脉冲出现次数及持续时间则分别减少71.4％、33.3％和50.0％。

(6)水文条件变化率及频率。在一库运行阶段,逆转次数增加了63.3％,属于高度改变,D 为－87.7％;上升率和下降率分别增加了 12.7％和 23.7％,均为低度改变,D 分别为29.6％和－32.1％。在两库运行阶段,上升率和下降率的增加幅度没有变化,但上升率变为中度改变,D 为48.2％;逆转次数的增加率提高到103.8％,D 达到－100.0％。在三库运行阶段,3 个指标均为高度改变,D 分别为 66.7％、－100.0％和－100.0％,其数值分别显著增加了 71.8％、54.0％和98.7％($p<0.05$)。

(7)整体水文改变度。在 3 个水库相继影响后各阶段,皇庄站的整体水文改变度分别为40.6％、46.7％和63.5％,均属于中度改变,梯级水库的联合运行导致整体水文改变度的增加。此外,在丹江口水库单独运行时,大部分 IHA 指标属于低度或中度改变,只有 3 月、9 月流量及逆转次数属于高度改变;王甫洲水库的联合运行降低了 3 月、8 月流量和年极端最小流量的改变度,增加了年极端最大流量、脉冲行为及上升率的改变度;崔家营水库运行使大部分 IHA 指标的改变度增加,除年最大 90d 流量、年最大 1d 流量出现时间和高、低流量脉冲持续时间外,均属于中度或者高度改变。而年最小 1d 流量出现时间受水库蓄水的影响较小。(图 3-5)

(8)径流对降雨的响应。在年尺度上,钟祥站降雨呈不显著的增加趋势($Z=0.05$),皇庄站径流量呈现出不显著的下降趋势($Z=-1.67$),二者的相关性不显著($p=0.83$)。在月尺度上,钟祥站降雨主要集中在 5—8 月,7 月降水量最大,其中 2 月降水量呈现显著的增加趋势($Z=2.23$);而皇庄站的最大径流量出现在 7 月和 9 月。Person 相关分析结果表明,12 个月的月降水量和径流量均没有显著的相关关系($p>0.05$)。然而,降雨可能对径流量的影响具有延迟效应,例如,在两库运行阶段,6 月和 7 月降雨可能导致 7 月和 8 月径流量增加,因此,降雨可

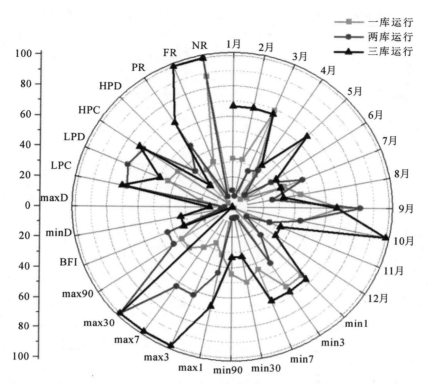

min1—min90 和 max1—max90 分别是年最小和最大 1d、3d、7d、30d 和 90d 平均流量；BFI 是基流指数；minD 是年最小 1d 流量出现时间；maxD 是年最大 1d 流量出现时间；LPD 是低流量脉冲持续时间；LPC 是低流量脉冲出现次数；HPD 是高流量脉冲持续时间；HPC 是高流量脉冲出现次数；PR 是上升率；FR 是下降率；NR 是逆转次数。

图 3-5　皇庄站 3 个水库相继影响后各阶段 32 个 IHA 指标的水文改变度

能对径流存在 1 个月的延迟效应，但对当月降雨与次月径流量进行 Person 相关分析的结果仍不显著（$p > 0.05$）。从以上结果可以看出，皇庄站月径流量的改变主要归因于人类活动，汉江中下游梯级水库的相继建设使河流自然水文情势发生了较大改变。（图 3-6、表 3-10）

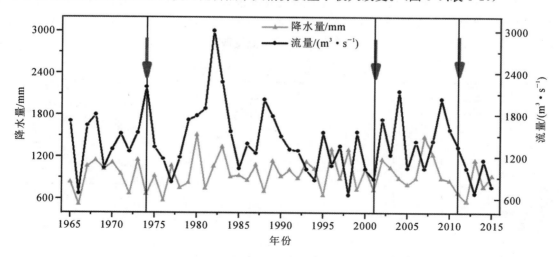

图 3-6　1965—2015 年皇庄站流量序列和钟祥站降雨序列

表 3-10　1965—2015 年皇庄站流量和降水趋势分析及相关分析结果

月份	钟祥站降水量		皇庄站流量		Pearson 相关分析		Pearson 相关分析 1	
	均值/mm	Z 值	均值/(m³·s⁻¹)	Z 值	相关系数	显著性	相关系数	显著性
1 月	19.85	1.62	830.06	1.22	0.01	0.96	0.16	0.27
2 月	30.66	2.23*	794.64	1.19	0.11	0.43	0.24	0.09
3 月	50.58	−0.40	833.25	1.01	0.17	0.23	0.19	0.19
4 月	85.73	0.16	1016.81	−1.46	−0.07	0.61	−0.07	0.61
5 月	127.39	0.05	1275.20	−2.86*	0.01	0.92	−0.10	0.49
6 月	128.18	−0.41	1362.00	−1.10	0.18	0.20	0.11	0.43
7 月	171.26	−0.57	2379.36	−1.38	−0.12	0.42	−0.14	0.34
8 月	131.79	1.49	2379.79	0.10	0.01	0.93	−0.13	0.36
9 月	81.21	−1.71	2252.61	−1.00	0.13	0.37	0.27	0.06
10 月	67.54	−0.77	1712.09	−3.16*	−0.10	0.49	0.01	0.96
11 月	42.97	0.01	1055.05	−1.61	0.15	0.31	−0.03	0.85
12 月	16.39	1.61	868.29	−0.08	−0.13	0.38	0.05	0.75
年均值	953.56	−0.05	1403.52	−1.67	0.03	0.83	—	—

注:Pearson 相关分析 1 代表前一月降雨和当月流量直接的相关分析。* 代表在 0.05 的显著性水平上降雨及流量时间序列的上升或下降趋势显著。

3)沙洋站

(1)月平均流量值变化。丹江口水库建成前,沙洋站月均流量在 474～2100m³/s,均值为 1090m³/s。在丹江口水库单一运行时,4 月、5 月、7 月、10—12 月平均流量减少,其他月份平均流量增加,其中 1 月、2 月、8 月流量值分别显著增加了 42.9%($p=0.01$)、68.9%($p=0.04$)和 34.1%($p=0.01$),3 月流量前后偏离度最大,为 75.1%,相比之下,流量减少的幅度都小于 29%;1—3 月、5 月和 10 月流量属于中度改变,D 分别为 −44.4%、−44.4%、−63.0%、−44.4% 和 −44.4%,其余月份都属于低度改变。(表 3-11)

表 3-11　沙洋站流量 RVA 分析结果

IHA 指标		影响前	丹江口水库运行			丹江口和王甫洲水库运行			丹江口、王甫洲和崔家营水库运行		
		均值	均值	水文改变度	偏差	均值	水文改变度	偏差	均值	水文改变度	偏差
第1组指标	1 月流量	630m³/s	900m³/s	−44.4%(M)	42.9%*	874m³/s	−25.9%(L)	38.7%*	945m³/s	−100.0%(H)	50.0%
	2 月流量	541.8m³/s	915m³/s	−44.4%(M)	68.9%*	890m³/s	−25.9%(L)	64.3%	891m³/s	−44.4%(M)	64.5%
	3 月流量	474m³/s	830m³/s	−63.0%(M)	75.1%	890m³/s	−25.9%(L)	87.8%*	981m³/s	−100.0%(H)	107.0%

IHA 指标		影响前	丹江口水库运行			丹江口和王甫洲水库运行			丹江口、王甫洲和崔家营水库运行		
		均值	均值	水文改变度	偏差	均值	水文改变度	偏差	均值	水文改变度	偏差
第1组指标	4 月流量	1023m³/s	815m³/s	4.9%(L)	−20.3%	980m³/s	48.2%(M)	−4.2%	944.5m³/s	11.1%(L)	−7.7%
	5 月流量	1445m³/s	1125m³/s	−44.4%(M)	−22.1%	1280m³/s	−25.9%(L)	−11.4%	921m³/s	−100.0%(H)	−36.3%
	6 月流量	1055m³/s	1240m³/s	4.9%(L)	17.5%	1060m³/s	11.1%(L)	0.5%	1010m³/s	66.7%(H)	−4.3%
	7 月流量	2100m³/s	1700m³/s	23.5%(L)	−19.0%	1920m³/s	11.1%(L)	−8.6%	1530m³/s	11.1%(L)	−27.1%
	8 月流量	1365m³/s	1830m³/s	−32.1%(L)	34.1%*	2090m³/s	−25.9%(L)	53.1%*	1800m³/s	−44.4%(M)	31.9%
	9 月流量	1218m³/s	1730m³/s	−32.1%(L)	42.0%	1790m³/s	−44.4%(M)	47.0%	1985m³/s	−44.4%(M)	63.0%
	10 月流量	1390m³/s	1000m³/s	−44.4%(M)	−28.1%	1040m³/s	−44.4%(M)	−25.2%	758m³/s	−100.0%(H)	−45.5%
	11 月流量	1008m³/s	880m³/s	−19.8%(L)	−12.7%	934m³/s	−7.4%(L)	−7.3%	807m³/s	−44.4%(M)	−19.9%
	12 月流量	827m³/s	820m³/s	4.9%(L)	−0.8%	917m³/s	29.6%(L)	10.9%	702m³/s	11.1%(L)	−15.1%
第2组指标	年最小1d 流量	279.5m³/s	525m³/s	−69.1%(H)	87.8%	508m³/s	−81.5%(H)	81.8%*	420m³/s	−44.4%(M)	50.3%
	年最小连续 3d 流量	360.8m³/s	581.7m³/s	−69.1%(H)	61.2%	528m³/s	−63.0%(M)	46.3%	436m³/s	11.1%(L)	20.8%
	年最小连续 7d 流量	368.6m³/s	601.4m³/s	−50.6%(M)	63.2%	555.6m³/s	−25.9%(L)	50.7%	505.4m³/s	11.1%(L)	37.1%
	年最小连续 30d 流量	410.6m³/s	645.8m³/s	−44.4%(M)	57.3%*	618.8m³/s	−7.4%(L)	50.7%	591.8m³/s	66.7%(H)	44.1%
	年最小连续 90d 流量	545.2m³/s	677.2m³/s	−38.3%(M)	24.2%	730.2m³/s	−7.4%(L)	33.9%	703.3m³/s	66.7%(H)	29.0%
	年最大1d 流量	9530m³/s	7950m³/s	−32.1%(L)	−16.6%	7680m³/s	−63.0%(M)	−19.4%	3600m³/s	−100.0%(H)	−62.2%
	年最大连续 3d 流量	8703m³/s	7120m³/s	−32.1%(L)	−18.2%	6303m³/s	−63.0%(M)	−27.6%	3137m³/s	−100.0%(H)	−64.0%

IHA 指标		影响前 均值	丹江口水库运行			丹江口和王甫洲水库运行			丹江口、王甫洲和崔家营水库运行		
		均值	均值	水文改变度	偏差	均值	水文改变度	偏差	均值	水文改变度	偏差
第2组指标	年最大连续7d流量	7004m³/s	5000m³/s	−32.1%(L)	−28.6%	4479m³/s	−63.0%(M)	−36.1%	2777m³/s	−100.0%(H)	−60.4%
	年最大连续30d流量	3703m³/s	3156m³/s	−44.4%(M)	−14.8%	2571m³/s	−100.0%(H)	−30.6%	2199m³/s	−100.0%(H)	−40.6%
	年最大连续90d流量	2246m³/s	2338m³/s	−50.6%(M)	4.1%	2407m³/s	−81.5%(H)	7.2%	1904m³/s	−100.0%(H)	−15.2%
	基流指数	0.3	0.4	−7.4%(L)	32.8%	0.47	−25.9%(L)	57.3%*	0.44	−44.4%(M)	46.7%
第3组指标	年最小1d流量出现时间	59.5d	58d	−1.2%(L)	−2.5%	56d	11.1%(L)	−5.9%	304d	−44.4%(M)	410.9%
	年最大1d流量出现时间	210.5d	226d	23.5%(L)	7.4%	207d	11.1%(L)	−1.7%	221d	66.7%(H)	5.0%
第4组指标	低流量脉冲出现次数	3	3	−25.9%(L)	0	1	−52.4%(M)	−66.7%	5	−100.0%(H)	66.7%
	低流量脉冲持续时间	7d	4d	−63.0%(M)	−42.9%	5.5d	−55.6%(M)	−21.4%	4d	−100.0%(H)	−42.9%
	高流量脉冲出现次数	7	5	−75.3%(H)	−28.6%*	4	−100.0%(H)	−42.9%*	9	−100.0%(H)	28.6%*
	高流量脉冲持续时间	9.5d	6.25d	−25.9%(L)	−34.2%	10d	−25.9%(L)	5.3%	4d	−44.4%(M)	−57.9%
第5组指标	上升率	38%	40%	11.1%(L)	5.3%	35%	27.0%(L)	−7.9%	48%	42.9%(M)	26.3%
	下降率	−34%	−40%	−25.9%(L)	17.6%	−40%	29.6%(L)	17.6%	−40%	11.1%(L)	17.6%
	逆转次数	74	104	−69.1%(H)	40.5%*	122	−100.0%(H)	64.9%*	134	−100.0%(H)	81.1%*
整体水文改变度			41.6%(M)			49.9%(M)			72.1%(H)		

注：L、M 和 H 分别代表低度、中度、高度改变；* 代表在 0.05 的显著性水平上影响前后均值的差异性显著。

王甫洲水库建成后，1月、2月、3月、5月流量由中度变为低度改变，D 均为 −25.9%，其中 1 月和 3 月流量增加显著，增加率分别为 38.7%（$p=0.049$）和 87.8%（$p=0.007$）；4 月和 9 月流量则由低度变为中度改变，D 分别为 48.2% 和 −44.4%；10 月流量减少率由 −28.1% 变为 −25.2%，D 无变化，而其余 9 个月都属于低度改变。此外，除了 12 月流量增加外，其余月份变化趋势与丹江口水库单独运行时相同，但流量平均增加率（43.2%）大于减少率（11.3%）。

崔家营水库修建之后,月均流量的水文改变度增加,尤其是 1 月、3 月、5 月、10 月流量,D 均达到了 −100.0%,说明影响后没有观测值落入预期的 RVA 范围内;6 月流量从低度转为高度改变,D 为 66.7%;2 月、8 月、9 月、11 月流量属于中度改变,D 均为 −44.4%,仅 4 月、7 月、12 月流量属于低度改变。相比另两个阶段,1—3 月和 8—9 月流量增加,其他 7 个月流量减少,其中 3 月流量增加率最大,达到 107.0%,其次是 2 月、9 月和 1 月,增加率分别为 64.5%、63.0% 和 50.0%;而 10 月流量减少幅度最大为 45.5%,其次是 5 月和 7 月,减少率分别为 36.3% 和 27.1%。整体来看,沙洋站月流量的水文改变度在 3 个水库一起运行时最大,其次是丹江口水库单独运行时,而丹江口和王甫洲水库一起运行时最小。

(2)年极端水文条件大小及历时。丹江口水库单一运行时,年极端最小流量增加,平均增加率为 59.1%,其中年最小 1d 流量增加幅度最大,为 87.8%,年最小 30d 流量增加显著($p=0.02$),为 57.3%;年最小 1d 和 3d 流量属于高度改变,D 均为 −69.1%,年最小 7d、30d 和 90d 流量属于中度改变,D 分别为 −50.6%、−44.4% 和 −38.3%。年最大 1d、3d、7d 和 30d 流量减少,平均减少率为 −19.6%,其中年最大 1d、3d、7d 流量属于低度改变,D 均为 −32.1%,年最大 30d 和 90d 流量属于中度改变,D 分别为 −44.4% 和 −50.6%。基流指数增加了 32.8%,属于低度改变,D 为 −7.4%。

王甫洲水库建成后,年极端最小流量的水文改变度和增加幅度有所降低;年最小 3d 流量由高度转为中度改变(D 为 −63.0%),年最小 7d、30d、90d 流量从中度变为低度改变,D 分别为 −25.9%、−7.4% 和 −7.4%;平均增加幅度下降至 52.7%,其中年最小 1d 流量显著增加了 81.8%($p=0.02$)。相比之下,年极端最大流量的水文改变度和减少幅度有所增加,其中年最大 1d、3d、7d 流量从低度转为中度改变,D 均为 −63.0%,年最大 30d 和 90d 流量从中度转为高度改变,D 分别为 −100.0% 和 −81.5%;平均减少率增加为 28.4%(不含年最大 90d 流量)。基流指数仍为低度改变,增加率达到 57.3%($p=0.03$)。

在三库运行阶段,年极端最小流量的平均增加率持续下降至 36.3%,其中年最小 1d 和 3d 流量分别变为中度和低度改变,D 分别为 −44.4% 和 11.1%,年最小 30d 和 90d 流量则转为高度改变,D 均为 66.7%。相比之下,年极端最大流量下降幅度持续增加,平均减少率为 48.5%,且均为高度改变,D 均为 −100.0%。基流指数由低度转为中度改变(D 为 −44.4%),其增加率是 46.7%。整体来看,沙洋站年极端流量与自然状态下的偏离程度大小和水库的数量有关。水库越多,变化幅度越大。水库的联合运行使沙洋站极端高流量持续降低,极端低流量的增加趋势得到缓解。

(3)年极端水文条件的出现时间。在一库和两库运行阶段,年极端水文条件的出现时间受水库运行的影响较小,其改变度均属于低度改变;其中年最小 1d 流量的出现时间分别从第 59 天提前为第 58 天和第 56 天,而年最大 1d 流量的出现时间从第 210 天分别变为第 226 天和第 207 天。在三库运行阶段,年最小 1d 流量的出现时间由低度变为中度改变,D 为 −44.4%,而年最大 1d 流量的出现时间改变度增加为 66.7%,属于高度改变。

(4)高、低流量脉冲的频率及历时。在一库运行阶段,低流量脉冲出现次数无变化,持续时间减少了 42.9%,D 分别为 −25.9% 和 −63.0%;高流量脉冲出现次数和持续时间分别减少了 28.6%($p=0.03$)和 34.2%,D 分别为 −100.0% 和 −25.9%。两库运行时,低流量脉冲出现次数减少了 66.7%,由低度转为中度改变(D 为 −52.4%),持续时间也减少了 21.4%,D 为 −55.6%;高流量脉冲出现次数显著下降了 42.9%($p=0$),改变度达到

−100.0%,而其持续时间增加了5.3%,D为−25.9%。在三库运行阶段,低流量脉冲次数和持续时间变化率分别为66.7%和−42.9%,均由中度转为高度改变,D均为−100.0%;高流量脉冲次数较自然状态显著增加了28.6%($p=0.04$),仍为高度改变(D为−100.0%),持续时间则减少了57.9%,改变度由低度转为中度改变,达到−44.4%。

(5)水文条件变化率及频率。在一库运行阶段,上升率、下降率分别增加了5.3%和17.6%,D分别为11.1%和−25.9%,均属于低度改变;逆转次数显著增加了40.5%($p=0.003$),属于高度改变,D为−69.1%。在两库运行阶段,上升率减少了7.9%,下降率增加了17.6%,二者仍属于低度改变;逆转次数显著增加了64.9%($p=0$),D达到−100.0%。在三库运行阶段,上升率增加了26.3%,由低度转为中度改变,D为42.9%;下降率无变化,仍为低度改变;逆转次数持续增加至81.1%($p=0$),D为−100.0%。

(6)整体水文改变度。在3个水库影响后阶段,沙洋站流量的整体水文改变度分别为41.6%、49.9%和72.1%;在一库和两库运行阶段属于中度改变,三库运行阶段变为高度改变,且整体改变的大小随梯级水库数量的增加而变大。此外,在丹江口水库单独运行时,大部分IHA指标属于低度或中度改变,只有年最小1d和3d流量、高流量脉冲次数及逆转次数属于高度改变;王甫洲水库的联合运行降低了1月、2月、3月、5月流量和年最小3d、7d、30d、90d流量的改变度,增加了4月及9月流量、年极端最大流量、低流量脉冲出现次数的改变度;崔家营水库运行使大部分IHA指标的改变度增加,除4月、7月、12月流量,年最小3d及7d流量和下降率外,均属于中度或者高度改变。

3.2.2.2 河流水位变化分析

1)黄家港站

(1)月平均水位变化。自然状态下,黄家港站水位波动较小,月均水位值在88.0~89.1m,平均是88.53m。丹江口水库运行后该站平均水位是88.47m,其中4月、5月、7月、10月和11月水位略有减少,3月和12月水位无变化,其他月份平均水位略有增加;仅8月水位属于高度改变,D为−69.1%,9—11月水位属于中度改变,D分别为−50.6%、−56.8%和−44.4%,其余月份都属于低度改变。此外,各月水位的变化幅度很小,均不超过0.5%。(表3-12)

表3-12 黄家港站水位 RVA 分析结果

IHA 指标		影响前	丹江口水库运行			丹江口和王甫洲水库运行		
		均值	均值	水文改变度	偏差	均值	水文改变度	偏差
第1组指标	1月水位	88.0m	88.2m	4.9%(L)	0.2%	88.8m	−100.0%(H)	0.8%*
	2月水位	88.0m	88.1m	−13.6%(L)	0.1%	88.8m	−100.0%(H)	0.8%*
	3月水位	88.1m	88.1m	−20.6%(L)	0	88.8m	−89.8%(H)	0.8%*
	4月水位	88.7m	88.4m	−32.1%(L)	−0.3%	88.9m	−28.6%(L)	0.2%*
	5月水位	88.8m	88.5m	−25.9%(L)	−0.3%	88.9m	7.1%(L)	0.2%
	6月水位	88.6m	88.7m	11.1%(L)	0.1%	89.1m	−28.6%(L)	0.5%*
	7月水位	89.1m	89.1m	−1.2%(L)	−0.1%	89.5m	−4.8%(L)	0.4%

IHA 指标		影响前	丹江口水库运行			丹江口和王甫洲水库运行		
		均值	均值	水文改变度	偏差	均值	水文改变度	偏差
第1组指标	8月水位	88.8m	89.0m	−69.1%(H)	0.2%	89.3m	−64.3%(M)	0.6%*
	9月水位	88.9m	89.1m	−50.6%(M)	0.3%	89.1m	−16.7%(L)	0.2%
	10月水位	88.8m	88.3m	−56.8%(M)	−0.5%*	88.8m	19.1%(L)	0
	11月水位	88.5m	88.2m	−44.4%(M)	−0.4%	88.8m	−4.8%(L)	0.4%*
	12月水位	88.1m	88.1m	−32.1%(L)	0	88.8m	−64.3%(M)	0.7%*
第2组指标	年最小1d水位	87.6m	87.5m	−44.4%(M)	−0.1%	88.5m	−100.0%(H)	1.0%*
	年最小连续3d水位	87.6m	87.6m	−19.8%(L)	0	88.5m	−100.0%(H)	1.1%*
	年最小连续7d水位	87.6m	87.7m	17.3%(L)	0.1%	88.5m	−100.0%(H)	1.1%*
	年最小连续30d水位	87.7m	87.9m	11.1%(L)	0.2%	88.6m	−100.0%(H)	1.0%*
	年最小连续90d水位	87.9m	88.0m	−7.4%(L)	0.1%	88.7m	−100.0%(H)	0.9%*
	年最大1d水位	92.4m	91.1m	−50.6%(M)	−1.4%	90.4m	−76.2%(H)	−2.2%
	年最大连续3d水位	92.2m	91.0m	−44.4%(M)	−1.3%	90.3m	−76.2%(H)	−2.1%
	年最大连续7d水位	91.5m	90.4m	−63.0%(M)	−1.3%	90.2m	−88.1%(H)	−1.4%
	年最大连续30d水位	90.0m	89.4m	−56.8%(M)	−0.7%	90.0m	−52.4%(M)	−0.1%
	年最大连续90d水位	89.2m	89.1m	−38.3%(M)	−0.1%	89.8m	−28.6%(L)	0.7%
	基流指数	0.99	0.99	−1.2%(L)	0	0.99	−64.3%(M)	0.5%*
第3组指标	年最小1d水位出现时间	43.5d	46d	4.9%(L)	5.7%	353d	−28.6%(L)	711.5%

续表

IHA 指标		影响前	丹江口水库运行			丹江口和王甫洲水库运行		
		均值	均值	水文改变度	偏差	均值	水文改变度	偏差
第3组指标	年最大1d水位出现时间	231d	209d	11.1%（L）	−9.5%	216d	19.1%（L）	−6.5%
第4组指标	低流量脉冲出现次数	5	12	−69.1%（H）	140.0%*	0	−100.0%（H）	−100.0%*
	低流量脉冲持续时间	3.5d	2.5d	11.1%（L）	−28.6%	0	−100.0%（H）	−100.0%*
	高流量脉冲出现次数	9	13	−50.6%（M）	44.4%	20.5	−64.3%（M）	127.8%*
	高流量脉冲持续时间	6.25d	2d	−84.1%（H）	−68.0%*	1.75d	−100.0%（H）	−72.0%*
第5组指标	上升率	0.04%	0.09%	−56.8%（H）	125.0%*	0.06%	−4.8%（L）	50.0%*
	下降率	−0.05%	−0.08%	−93.8%（H）	60.0%	−0.07%	−28.6%（L）	40.0%*
	逆转次数	131	190	−75.3%（H）	45.0%*	207	−100.0%（H）	58.0%*
整体水文改变度				44.9%（M）			71.1%（H）	

注：L、M 和 H 分别代表低度、中度、高度改变；* 代表在 0.05 的显著性水平上影响前后均值的差异性显著。

王甫洲水库建成后，各月水位均有所增加，平均值是 89.0m，除 5 月、7 月、9 月和 10 月外，其余月份水位增加显著（$p<0.05$），但增加率均不超过 0.8%；其中 1—3 月水位变为高度改变，D 分别为 −100.0%、−100.0% 和 −89.8%，8 月水位变为中度改变（D 为 −64.3%），12 月水位改变度由 −32.1% 增加为 −64.3%，而 9—11 月水位则由中度转为低度改变，D 分别为 −16.7%、19.1% 和 −4.8%，4—7 月水位仍属于低度改变。

（2）年极端水文条件大小及历时。丹江口水库蓄水后，年极端 7d、30d 和 90d 最小水位增加，年极端最大水位减少，其中年最小 1d 及最大 1d、3d、7d、30d、90d 水位属于中度改变，D 分别为 −44.4%、−50.6%、−44.4%、−63.0%、−56.8% 和 −38.3%，而年最小 3d、7d、30d、90d 水位属于低度改变（$D<20\%$）。年极端最小水位变化幅度不超过 0.2%，而年极端最大水位均值由 91.06m 变为 90.20m，平均减少了 0.86m。基流指数无变化，属于低度改变，改变度为 −1.2%。

王甫洲水库建成后，年极端最小水位显著增加（$p=0$），较自然状态平均增加了 0.9m，且水文改变度均变为高度改变，D 均是 −100.0%；年最大 1d、3d 和 7d 水位的减少幅度增加，平均值由 −1.3% 变为 −1.9%，且年最大 1d、3d、7d 流量从中度转为高度改变，D 分别为 −76.2%、−76.2% 和 −88.1%，而年最大 90d 水位则由中度变为低度改变，D 为 −28.6%。基流指数从低度转为中度改变（D 为 −64.3%），增加率是 0.5%（$p=0.005$）。

（3）年极端水文条件的出现时间。年极端水文条件的出现时间受水库运行的影响较小，在一库运行和两库运行阶段，其改变度均属于低度改变；其中年最小 1d 流量的出现时间从自然状态下的第 43 天分别推迟到第 46 天和第 353 天；而年最大 1d 流量的出现时间从第 231 天分别提前至第 209 天和第 216 天。

(4)高、低流量脉冲的频率及历时。丹江口水库运行后,低流量脉冲的出现次数显著增加($p=0.02$),从 5 次增加到 12 次,D 达到 -69.1%;低流量脉冲持续时间则减少了 28.6%,属于低度改变;高流量脉冲的出现次数从 9 次增加到 13 次,属于中度改变,D 为 -50.6%;高流量脉冲持续时间降低了 68%,D 达到 -84.1%。王甫洲水库运行后,低流量脉冲事件消失,其出现次数和持续时间的改变度均为 -100.0%;高流量脉冲出现次数增加为 20.5 次,D 增加为 -64.3%,而持续时间则减少了 72%,D 为 -100.0%。

(5)水文条件变化率及频率。在一库运行阶段,上升率显著增加了 125.0%($p=0.005$),D 为 -56.8%,属于中度改变;下降率的增加幅度 60.0%,D 为 -93.8%,属于高度改变;逆转次数显著增加了 45.0%($p=0$),D 为 -75.3%,属于高度改变。在两库运行阶段,上升率和下降率的增加幅度降低,增加率分别为 50.0% 和 40.0%,D 分别为 -4.8% 和 -28.6%,均转为低度改变;逆转次数的增加率提高到 58.0%,D 达到 -100.0%。

(6)整体水文改变度。在两个水库影响前后阶段,黄家港站的整体水文改变度分别为 44.9% 和 71.1%,分别属于中度和高度改变,王甫洲水库的联合运行导致整体水文改变度大大增加。此外,在丹江口水库单独运行时,大部分 IHA 指标属于低度或中度改变,只有 8 月水位、低流量脉冲出现次数、高流量脉冲持续时间、下降率和逆转次数属于高度改变;王甫洲水库的联合运行降低了 8—11 月水位、年最大 90d 水位、上升率和下降率的改变度,增加了 1 月、2 月、3 月、12 月水位,以及年极端最小水位,年最大 1d、3d、7d 水位和基流指数、低流量脉冲持续时间的改变度。作为丹江口水库的反调节水库,王甫洲水库的回水作用使黄家港站月水位较自然状态有所上升,极端高流量下降明显,加剧了"削峰填谷"的效应,并导致低流量脉冲事件消失。

2)襄阳站

(1)月平均水位变化。自然状态下,襄阳站月均水位值在 $61.8\sim63.2$m,平均值为 62.4m。丹江口水库运行后,各月水位均下降,平均值降至 61.6m,其中 1—5 月及 10—11 月水位下降显著($p<0.005$),依次下降了 0.7m、0.7m、0.7m、1.2m、1.2m、1.5m 和 1.3m;除 6—8 月水位属于低度改变外,3—5 月及 9—11 月属于高度改变,D 分别为 -75.3%、-69.1%、-93.8%、-69.1%、-75.3% 和 -69.1%;而 12 月至翌年 2 月属于中度改变,D 分别为 -63.0%、-50.6% 和 -50.6%。(表 3-13)

表 3-13　襄阳站水位 RVA 分析结果

IHA 指标		影响前	丹江口水库运行			丹江口和王甫洲水库运行		
		均值	均值	水文改变度	偏差	均值	水文改变度	偏差
第1组指标	1 月水位	61.9m	61.2m	-50.6%(M)	$-1.1\%^*$	60.4m	-100.0%(H)	$-2.4\%^*$
	2 月水位	61.9m	61.2m	-50.6%(M)	$-1.1\%^*$	60.2m	-100.0%(H)	$-2.7\%^*$
	3 月水位	61.8m	61.1m	-75.3%(H)	$-1.2\%^*$	60.2m	-100.0%(H)	$-2.7\%^*$
	4 月水位	62.6m	61.4m	-69.1%(H)	$-2.0\%^*$	60.4m	-100.0%(H)	$-3.6\%^*$
	5 月水位	62.8m	61.6m	-93.8%(H)	$-2.0\%^*$	60.8m	-100.0%(H)	$-3.2\%^*$
	6 月水位	62.5m	62.0m	-13.6%(L)	-0.8%	60.8m	-100.0%(H)	$-2.8\%^*$

IHA 指标		影响前	丹江口水库运行			丹江口和王甫洲水库运行		
		均值	均值	水文改变度	偏差	均值	水文改变度	偏差
第1组指标	7 月水位	63.2m	62.4m	−13.6%（L）	−1.4%	61.3m	−100.0%（H）	−3.0%*
	8 月水位	62.8m	62.4m	−32.1%（L）	−0.6%	61.7m	−81.5%（H）	−1.7%*
	9 月水位	62.6m	62.2m	−69.1%（H）	−0.7%	61.1m	−100.0%（H）	−2.4%*
	10 月水位	62.8m	61.3m	−75.3%（H）	−2.5%*	60.5m	−81.5%（H）	−3.8%*
	11 月水位	62.4m	61.1m	−69.1%（H）	−2.0%*	60.3m	−100.0%（H）	−3.2%*
	12 月水位	61.9m	61.0m	−63.0%（M）	−1.5%*	60.4m	−100.0%（H）	−2.4%*
第2组指标	年最小 1d 水位	61.2m	60.2m	42.0%（M）	−1.6%*	59.8m	48.2%（M）	−2.3%
	年最小 连续 3d 水位	61.2m	60.5m	54.3%（M）	−1.1%	59.9m	48.2%（M）	−2.1%
	年最小 连续 7d 水位	61.2m	60.5m	48.2%（M）	−1.0%	59.9m	48.2%（M）	−2.1%
	年最小 连续 30d 水位	61.4m	60.7m	−56.8%（M）	−1.2%*	60.0m	−100.0%（H）	−2.3%*
	年最小 连续 90d 水位	61.6m	60.8m	−81.5%（H）	−1.3%*	60.1m	−100.0%（H）	−2.6%*
	年最大 1d 水位	66.1m	65.3m	−56.8%（M）	−1.2%	64.8m	−81.5%（H）	−2.0%
	年最大 连续 3d 水位	65.8m	64.7m	−44.4%（M）	−1.7%	64.7m	−44.4%（M）	−1.7%
	年最大 连续 7d 水位	65.4m	64.0m	−69.1%（H）	−2.1%	64.4m	−44.4%（M）	−1.5%
	年最大 连续 30d 水位	64.0m	63.0m	−56.8%（M）	−1.5%	63.6m	−44.4%（M）	−0.7%
	年最大 连续 90d 水位	63.3m	62.7m	−75.3%（H）	−0.9%	62.1m	−63.0%（M）	−1.9%*
	基流指数	1.0	1.0	−1.2%（L）	0.2%	1.0	−25.9%（L）	0.7%

IHA 指标		影响前	丹江口水库运行			丹江口和王甫洲水库运行		
		均值	均值	水文改变度	偏差	均值	水文改变度	偏差
第3组指标	年最小1d水位出现时间	47.5d	324.0d	−1.2%(L)	582.1%	52.0d	−7.4%(L)	9.5%
	年最大1d水位出现时间	233.0d	213.0d	−13.6%(L)	−8.6%	214.0d	−7.4%(L)	−8.2%
第4组指标	低流量脉冲出现次数	2.5	6.0	−32.1%(L)	140.0%	3.0	29.6%(L)	20.0%
	低流量脉冲持续时间	7.0d	4.0d	−33.3%(M)	−42.9%	22.0d	−11.1%(L)	214.3%*
	高流量脉冲出现次数	10.0	5.0	−63.0%(M)	−50.0%*	2.0	−100.0%(H)	−80.0%
	高流量脉冲持续时间	6.0d	3.0d	−38.3%(M)	−50.0%	5.0d	−63.0%(M)	−16.7%
第5组指标	上升率	0.1%	0.1%	11.1%(L)	52.4%	0.1%	−7.4%(L)	71.4%*
	下降率	0	−0.1%	−84.1%(H)	100.0%*	−0.1%	−100.0%(H)	150.0%*
	逆转次数	113.5	173.0	−63.0%(M)	52.4%*	213.0	−100.0%(H)	87.7%*
整体水文改变度				55.8%(M)			77.6%(H)	

注：L、M 和 H 分别代表低度、中度、高度改变；* 代表在 0.05 的显著性水平上影响前后均值的差异性显著。

王甫洲水库建成后，各月水位均显著降低（$p < 0.02$），且下降幅度持续增加，平均值是 60.7m，较自然状态平均降低了 1.7m，且各月水位均属于高度改变，其中 8 月和 10 月改变度为 −81.5%，其余各月改变度均达到 −100.0%，说明影响后没有观测值落入预期的 RVA 范围内。

（2）年极端水文条件大小及历时。丹江口水库单一运行时，年极端最小和最大水位均降低，年极端最小水位平均值从 61.3m 降低为 60.5m，年极端最大水位平均值从 64.9m 降低为 63.9m，其中年最小 1d、30d 和 90d 水位减少显著（$p < 0.03$），分别降低了 1m、0.7m 和 0.8m；年最小 90d 水位和年最大 7d 及 90d 水位属于高度改变，D 分别为 −81.5%、−69.1% 和 −75.3%，其余指标属于中度改变。基流指数变化率很小，属于低度改变，D 为 −1.2%。

王甫洲水库建成后，年极端最小水位持续下降，平均值降低至 59.9m，其中年最小 30d 和 90d 水位分别显著下降了 1.4m 和 1.5m（$p = 0.006$ 和 $p = 0.001$），且都属于高度改变，D 均为 −100.0%，而年最小 1d、3d 和 7d 水位仍属于中度改变；年最大 1d 水位下降幅度增加至 1.3m，改变度由中度转为高度，D 为 −81.5%，年最大 7d 和 90d 水位则由高度转为中度改变,D 分别为 -44.4% 和 -63.0%,其余两个指标仍为中度改变。基流指数为低度改变,D 为 -25.9%。

(3)年极端水文条件的出现时间。年极端水文条件的出现时间受水库运行的影响较小,在一库运行和两库运行阶段,其改变度均属于低度改变;其中年最小 1d 水位的出现时间从自然状态下的第 47 天分别推迟到第 324 天和第 52 天;而年最大 1d 水位的出现时间从第 233 天分别提前至第 213 天和第 214 天。

(4)高、低流量脉冲的频率及历时。丹江口水库运行后,低流量脉冲的出现次数从 2.5 次增加到 6 次,D 为 -32.1%;低流量脉冲持续时间则减少了 42.9%,D 为 -33.3%;高流量脉冲的出现次数和持续时间均减少了 50.0%,D 分别为 -63.0% 和 -38.3%,均属于中度改变。王甫洲水库运行后,低流量脉冲出现次数变为 3 次,D 为 29.6%,持续时间则从 7d 增加到了 22d,改变度由中度变为低度,D 为 -11.1%;高流量脉冲出现次数减少为 2 次,由中度转为高度改变,D 增加为 -100.0%,而持续时间则减少了 16.7%,D 为 -63.0%。

(5)水文条件变化率及频率。在一库运行阶段,上升率变化较小,属于低度改变;下降率和逆转次数分别显著增加了 100.0% 和 52.4%($p=0$),D 分别为 -84.1% 和 -63.0%。在两库运行阶段,上升率、下降率和逆转次数均显著增加($p<0.003$),增加率分别为 71.4%、150.0% 和 87.7%,D 分别为 -7.4%、-100.0% 和 -100.0%。

(6)整体水文改变度。在两个水库影响前后阶段,襄阳站水位的整体水文改变度分别为 55.8% 和 77.6%,分别属于中度和高度改变,王甫洲水库的联合运行导致整体水文改变度大大增加。此外,在丹江口水库单独运行时,大部分 IHA 指标属于低度或中度改变,只有 3—5 月及 9—11 月水位,年最小 90d 水位及年最大 7d、90d 水位和下降率属于高度改变;王甫洲水库的联合运行降低了年最大 7d、90d 水位和低流量脉冲持续时间的改变度,增加了 12 个月水位、年最小 30d 水位、年最大 1d 水位、高流量脉冲次数和逆转次数的改变度。

3)皇庄站

(1)月平均水位变化。丹江口水库建成前,皇庄站月均水位在 $43.3\sim45.2m$,均值为 $44.3m$。3 个水库相继运行后,各月水位均显著减少($p<0.01$)。在丹江口水库单一运行时,月平均水位下降到 $42.3m$,较自然状态降低了 2m;除 7 月水位属于中度改变(D 为 -50.6%)外,其余 11 个月份水位均属于高度改变。王甫洲水库建成后,各月水位持续下降,均值变为 $41.6m$,其中 7 月水位由中度变为高度改变,D 为 -81.5%,而 8 月水位则由高度转为中度改变,D 为 -63.0%,其余全为高度改变。

崔家营水库修建之后,月均水位的均值下降到 $41.1m$,水文改变度均为高度改变,除了 9 月水位的改变度为 -66.7% 外,其余 11 个月份改变度均为 -100.0%,说明影响后没有观测值落入预期的 RVA 范围内。整体来看,梯级水库的联合运行使皇庄站月水位持续减少。(图 3-7、表 3-14)

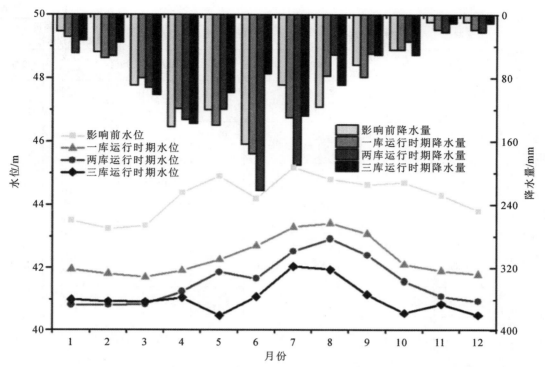

图 3-7　皇庄站影响前和 3 个水库相继影响后各阶段 12 个月均值水位和降水量变化

表 3-14　皇庄站水位 RVA 分析结果

IHA 指标		影响前	丹江口水库运行			丹江口和王甫洲水库运行			丹江口、王甫洲和崔家营水库运行		
		均值	均值	水文改变度	偏差	均值	水文改变度	偏差	均值	水文改变度	偏差
第1组指标	1月水位	43.5m	42.0m	−93.8%（H）	−3.6%*	40.8m	−100.0%（H）	−6.1%*	41.0m	−100.0%（H）	−5.7%*
	2月水位	43.3m	41.8m	−100.0%（H）	−3.3%*	40.8m	−100.0%（H）	−5.6%*	41.0m	−100.0%（H）	−5.3%*
	3月水位	43.3m	41.7m	−93.8%（H）	−3.8%*	40.9m	−100.0%（H）	−5.7%*	40.9m	−100.0%（H）	−5.6%*
	4月水位	44.4m	41.9m	−75.3%（H）	−5.5%*	41.3m	−100.0%（H）	−7.0%*	41.1m	−100.0%（H）	−7.5%*
	5月水位	44.9m	42.3m	−100.0%（H）	−5.9%*	41.9m	−100.0%（H）	−6.8%*	40.5m	−100.0%（H）	−9.9%*
	6月水位	44.2m	42.7m	−69.1%（H）	−3.4%*	41.7m	−100.0%（H）	−5.7%*	41.1m	−100.0%（H）	−7.0%*
	7月水位	45.2m	43.3m	−50.6%（M）	−4.2%*	42.5m	−81.5%（H）	−5.8%*	42.1m	−100.0%（H）	−6.9%*

续表

IHA 指标		影响前	丹江口水库运行			丹江口和王甫洲水库运行			丹江口、王甫洲和崔家营水库运行		
		均值	均值	水文改变度	偏差	均值	水文改变度	偏差	均值	水文改变度	偏差
第1组指标	8月水位	44.8m	43.4m	-75.3%(H)	-3.1%*	42.9m	-63.0%(M)	-4.2%*	42.0m	-100.0%(H)	-6.4%*
	9月水位	44.6m	43.1m	-69.1%(H)	-3.5%*	42.4m	-100.0%(H)	-5.0%*	41.2m	-66.7%(H)	-7.8%*
	10月水位	44.7m	42.1m	-93.8%(H)	-5.8%*	41.6m	-81.5%(H)	-7.0%*	40.6m	-100.0%(H)	-9.3%*
	11月水位	44.3m	41.9m	-100.0%(H)	-5.4%*	41.1m	-100.0%(H)	-7.2%*	40.9m	-100.0%(H)	-7.8%*
	12月水位	43.8m	41.8m	-93.8%(H)	-4.6%*	41.0m	-100.0%(H)	-6.5%*	40.5m	-100.0%(H)	-7.6%*
第2组指标	年最小1d水位	42.8m	41.1m	-93.8%(H)	-4.0%*	40.5m	-100.0%(H)	-5.4%*	40.0m	-100.0%(H)	-6.6%*
	年最小连续3d水位	42.8m	41.2m	-93.8%(H)	-3.9%*	40.5m	-100.0%(H)	-5.4%*	40.0m	-100.0%(H)	-6.6%*
	年最小连续7d水位	42.9m	41.2m	-93.8%(H)	-3.9%*	40.6m	-100.0%(H)	-5.3%*	40.1m	-100.0%(H)	-6.5%*
	年最小连续30d水位	43.0m	41.3m	-93.8%(H)	-4.0%*	40.8m	-100.0%(H)	-5.2%*	40.3m	-100.0%(H)	-6.3%*
	年最小连续90d水位	43.3m	41.6m	-100.0%(H)	-4.0%*	40.9m	-100.0%(H)	-5.6%*	40.5m	-100.0%(H)	-6.5%*
	年最大1d水位	48.5m	46.1m	-81.5%(H)	-5.0%	45.2m	-44.4%(M)	-7.0%*	43.7m	-66.7%(H)	-9.9%*
	年最大连续3d水位	48.4m	45.7m	-87.7%(H)	-5.7%*	44.8m	-44.4%(M)	-7.5%*	43.3m	-66.7%(H)	-10.5%*
	年最大连续7d水位	47.4m	45.3m	-69.1%(H)	-4.4%*	43.9m	-81.5%(H)	-7.4%*	43.1m	-66.7%(H)	-9.0%*
	年最大连续30d水位	46.3m	44.2m	-56.8%(M)	-4.6%*	43.2m	-25.9%(L)	-6.8%*	42.6m	-100.0%(H)	-8.0%*
	年最大连续90d水位	45.4m	43.8m	-69.1%(H)	-3.7%*	42.8m	-100.0%(H)	-5.7%*	42.3m	-100.0%(H)	-7.0%*
	基流指数	0.971	0.972	17.3%(L)	0.1%	1.0	29.6%(L)	0.3%	1.0	0(L)	-0.1%

IHA 指标		影响前	丹江口水库运行			丹江口和王甫洲水库运行			丹江口、王甫洲和崔家营水库运行		
		均值	均值	水文改变度	偏差	均值	水文改变度	偏差	均值	水文改变度	偏差
第3组指标	年最小1d水位出现时间	39.5d	29d	−25.9%(L)	−26.6%	57d	11.1%(L)	44.3%	301d	−100.0%(H)	662.0%
	年最大1d水位出现时间	202.0d	226d	11.1%(L)	11.9%	209d	48.2%(L)	3.5%	221d	33.3%(M)	9.4%
第4组指标	低流量脉冲出现次数	2.5	5.0	16.4%(L)	100.0%*	3.0	27.0%(L)	20.0%	1.0	−14.3%(L)	−60.0%
	低流量脉冲持续时间	7.3d	11.0d	−25.9%(L)	51.7%	17.5d	−44.4%(M)	141.4%	311.0d	−100.0%(H)	4189.7%*
	高流量脉冲出现次数	6.5	2.0	−63.0%(M)	−69.2%	1.0	−100.0%(H)	−84.6%	0	−100.0%(H)	−100.0%
	高流量脉冲持续时间	8.0d	3.3d	−41.8%(M)	−59.4%	4.5d	−36.5%(M)	−43.8%	12.0d	−71.4%(H)	50.0%
第5组指标	上升率	0.065%	0.06%	−7.4%(L)	−7.7%	0.065%	11.1%(L)	0	0.11%	50.0%(M)	69.2%*
	下降率	−0.05%	−0.06%	−49.1%(M)	20.0%	−0.07%	58.3%(M)	40.0%*	−0.1%	−100.0%(H)	100.0%*
	逆转次数	87.0	122.0	−56.8%(M)	40.2%	160	−100%(H)	83.9%*	155	−100.0%(H)	78.2%*
整体水文改变度				73.8%(H)			80.9%(H)			89.6%(H)	

注:L、M 和 H 分别代表低度、中度、高度改变;* 代表在 0.05 的显著性水平上影响前后均值的差异性显著。

(2)年极端水文条件大小及历时。丹江口水库单一运行时,年极端最小和最大水位(除年最大 1d 水位外)均显著减少($p<0.02$),年极端最小流量平均值从 43.0m 降低为 41.3m,年极端最大流量平均值从 47.2m 降低为 45.0m;仅年最大 30d 水位属于中度改变(D 为 −56.8%),其余均属于高度改变。基流指数变化率很小,属于低度改变,D 为 17.3%。

王甫洲水库建成后,年极端最小水位持续下降,改变度均增加为 −100.0%,平均值下降为 40.7m;年极端最大水位下降幅度增加,平均值减少至 44.0m,其中年最大 1d 和 3d 水位从高度转为中度改变,D 均为 −44.4%,年最大 30d 水位从中度转为低度改变,D 为 −25.9%,而年最大 7d 和 90d 水位仍属于高度改变,D 分别为 −81.5% 和 −100.0%。基流指数为低度改变,D 为 29.6%。

在三库运行阶段,年极端最小水位下降幅度继续增大,平均值减少为 40.2m,D 仍均为 −100.0%;年最大水位的下降幅度也增加,平均值降为 43m,其中年最大 1d 和 3d 水位从中度转为高度改变,D 均为 −66.7%;年最大 30d 水位从低度转为高度改变,D 达到 −100.0%;而年最大 7d 和 90d 流量仍为高度改变,D 分别为 −66.7% 和 −100.0%。基流指数无改变。整体来看,年极端水位与自然状态下的偏离程度大小与水库的数量有关,上游梯级水库数量越多,下降幅度越大。

(3)年极端水文条件的出现时间。在一库和两库运行阶段,年极端水文条件的出现时间受水库运行的影响较小,其改变度均属于低度改变;其中年最小 1d 水位的出现时间分别从第 39 天变为第 29 天和第 57 天,而年最大 1d 水位的出现时间从第 202 天分别推迟至第 226 天和第 209 天。在三库运行阶段,年最小 1d 流量的出现时间由低度转为高度改变,D 为 −100.0%,而年最大 1d 流量的出现时间改变度增加为 33.3%,属于中度改变。

(4)高、低流量脉冲的频率及历时。在一库运行阶段,低流量脉冲出现次数和持续时间分别增加了 100.0%($p=0.03$)和 51.7%,D 分别为 16.4% 和 −25.9%,均属于低度改变;高流量脉冲出现次数和持续时间分别减少了 63.0% 和 59.4%,D 分别为 −63.0% 和 −41.8%,均属于中度改变。两库运行时,低流量脉冲出现次数增加幅度减少为 20.0%,持续时间则增加了 141.4%,D 分别为 27.0% 和 −44.4%;高流量脉冲出现次数下降了 84.6%,改变度由中度转为高度,D 为 −100.0%,而其持续时间的下降率变为 43.8%,D 为 −36.5%。在三库运行阶段,低流量脉冲出现次数开始减少,较自然状态降低了 60.0%,D 为 −14.3%,低流量脉冲持续时间显著增加($p=0.003$),由中度转为高度改变,D 达到 −100.0%;高流量脉冲持续时间较自然状态增加了 50.0%,改变度由中度转为高度改变,达到 −71.4%。

(5)水文条件变化率及频率。在一库运行阶段,上升率减少了 7.7%,属于低度改变,D 为 −7.4%,下降率和逆转次数分别增加了 20.0% 和 40.2%,均为中度改变,D 分别为 −49.1% 和 −56.8%。在两库运行阶段,上升率变化很小,下降率和逆转次数显著增加($p=0$),幅度分别提高至 40.0% 和 83.9%,且逆转次数由中度转为高度改变,D 达到 −100.0%。在三库运行阶段,三个指标的数值分别显著增加了 69.2%、100.0% 和 78.2%($p=0$),其中上升率由低度转为中度改变,D 为 50.0%,下降率和逆转次数均为高度改变,D 均为 −100.0%。

(6)整体水文改变度。在 3 个水库相继影响后阶段,皇庄站水位的整体水文改变度分别为 73.8%、80.9% 和 89.6%,均属于高度改变,梯级水库的联合运行导致整体水文改变度的增加,且对该站水位的影响远大于对流量的影响。

4)沙洋站

(1)月平均水位变化。丹江口水库建成前,沙洋站月均水位在 33.8~36.7m,均值为 35.3m。在丹江口水库单一运行时,4—7 月和 10—12 月水位下降,其他 5 个月水位上升,月平均水位下降到 35.0m,较自然状态降低了 0.3m,其中 5 月水位显著下降了 0.8m($p=0.03$),10 月水位下降幅度最大,为 1.3m;此外,仅 5 月水位属于高度改变,D 为 −81.5%,3 月、4 月和 9—11 月水位属于中度改变,D 分别为 −44.4%、−38.3%、−44.4%、−56.8% 和 −63%,其余月份属于低度改变。(表 3-15)

表 3-15　沙洋站水位 RVA 分析结果

IHA 指标		影响前	丹江口水库运行			丹江口和王甫洲水库运行			丹江口、王甫洲和崔家营水库运行		
		均值	均值	水文改变度	偏差	均值	水文改变度	偏差	均值	水文改变度	偏差
第1组指标	1月水位	34.5m	34.6m	−25.9%(L)	0.4%	34.1m	11.1%(L)	−1.0%	34.5m	11.1%(L)	−0.1%
	2月水位	34.2m	34.4m	−25.9%(L)	0.7%	34.1m	11.1%(L)	−0.2%	34.3m	11.1%(L)	0.5%

续表

IHA 指标		影响前	丹江口水库运行			丹江口和王甫洲水库运行			丹江口、王甫洲和崔家营水库运行		
		均值	均值	水文改变度	偏差	均值	水文改变度	偏差	均值	水文改变度	偏差
第1组指标	3月水位	33.8m	34.4m	−44.4%(M)	1.8%	34.2m	−7.4%(L)	1.1%	34.4m	11.1%(L)	1.7%
	4月水位	35.2m	34.5m	−38.3%(M)	−1.9%	34.4m	−7.4%(L)	−2.3%	35.1m	−44.4%(M)	−0.1%
	5月水位	35.8m	35.0m	−81.5%(H)	−2.1%*	34.9m	−63.0%(M)	−2.4%*	34.4m	−100.0%(H)	−3.8%*
	6月水位	35.3m	35.3m	11.1%(L)	−0.1%	34.6m	−7.4%(L)	−2.1%	34.5m	−100.0%(H)	−2.4%
	7月水位	36.7m	36.0m	11.1%(L)	−1.8%	36.2m	11.1%(L)	−1.4%	35.7m	11.1%(L)	−2.8%
	8月水位	36.0m	36.3m	−32.1%(L)	0.7%	36.1m	−63.0%(M)	0.3%	35.8m	11.1%(L)	−0.6%
	9月水位	35.7m	36.1m	−44.4%(M)	1.2%	36.0m	−63.0%(M)	0.8%	37.8m	−44.4%(M)	6.1%*
	10月水位	36.0m	34.7m	−56.8%(M)	−3.4%	34.5m	−81.5%(H)	−4.1%*	36.1m	−44.4%(M)	0.4%
	11月水位	35.3m	34.5m	−63.0%(M)	−2.3%	34.4m	−81.5%(H)	−2.6%	35.8m	−100.0%(H)	1.6%
	12月水位	34.8m	34.4m	−7.4%(L)	−1.1%	34.3m	11.1%(L)	−1.6%	35.5m	−100.0%(H)	1.9%
第2组指标	年最小1d水位	33.5m	33.5m	−13.6%(L)	0	33.5m	48.2%(M)	0.1%	33.4m	11.1%(L)	−0.2%
	年最小连续3d水位	33.5m	33.5m	−13.6%(L)	0	33.5m	66.7%(H)	0.1%	33.4m	11.1%(L)	−0.1%
	年最小连续7d水位	33.5m	33.6m	−1.2%(L)	0.4%	33.6m	66.7%(H)	0.2%	33.5m	66.7%(H)	−0.1%
	年最小连续30d水位	33.7m	34.0m	−1.2%(L)	0.8%	33.6m	48.2%(M)	−0.2%	33.5m	66.7%(H)	−0.5%
	年最大连续3d水位	40.3m	39.1m	−32.1%(L)	−2.9%	38.3m	−81.5%(H)	−4.9%	38.0m	−100.0%(H)	−5.7%
	年最大连续7d水位	39.7m	38.2m	−38.3%(M)	−3.7%	37.5m	−81.5%(H)	−5.5%	38.0m	−44.4%(M)	−4.3%

IHA 指标		影响前	丹江口水库运行			丹江口和王甫洲水库运行			丹江口、王甫洲和崔家营水库运行		
		均值	均值	水文改变度	偏差	均值	水文改变度	偏差	均值	水文改变度	偏差
第2组指标	年最大连续30d水位	37.6m	37.2m	−32.1%(L)	−1.1%	36.6m	−100.0%(H)	−2.6%	37.9m	−44.4%(M)	0.8%
	年最大连续90d水位	36.6m	36.6m	−63.0%(M)	−0.1%	36.4m	−81.5%(H)	−0.4%	36.8m	−44.4%(M)	0.5%
	基流指数	0.9	1.0	23.5%(L)	1.0%	1.0	29.6%(L)	1.9%*	0.9	11.1%(L)	−0.5%
第3组指标	年最小1d水位出现时间	48.5d	83.0d	−7.4%(L)	71.1%	56.0d	−7.4%(L)	15.5%	302.0d	−44.4%(M)	522.7%*
	年最大1d水位出现时间	203.5d	222.0d	35.8%(M)	9.1%	216.0d	48.2%(M)	6.1%	241.0d	66.7%(H)	18.4%
第4组指标	低流量脉冲出现次数	1.5	4.0	−30.6%(L)	167%*	9.0	−58.3%(M)	500.0%*	5.0	−58.3%(M)	233.3%
	低流量脉冲持续时间	11.0d	5.0d	−33.3%(M)	−54.5%	7.0d	−33.3%(M)	−36.4%	7.0d	33.3%(M)	−36.4%
	高流量脉冲出现次数	6.5	4.0	−63.0%(M)	−38.5%	3.0	−100.0%(H)	−53.8%	5.0	−52.4%(M)	−23.1%
	高流量脉冲持续时间	9.0d	4.5d	−63.0%(M)	−50.0%	8.0d	−25.9%(L)	−11.1%	10.0d	−44.4%(M)	11.1%
第5组指标	上升率	0.1%	0.1%	35.8%(M)	0	0.1%	−7.4%(L)	0	0.1%	11.1%(L)	14.3%
	下降率	−0.1%	−0.1%	0.5%(L)	0	−0.1%	−4.8%(L)	16.7%	−0.1%	−4.8%(L)	16.7%
	逆转次数	75.0	106.0	−69.1%(H)	41.3%*	121.0	−100.0%(H)	61.3%*	136.0	−100.0%(H)	81.3%*
整体水文改变度				39.2%(M)			57.4%(M)			59.2%(M)	

注:L、M 和 H 分别代表低度、中度、高度改变;* 代表在 0.05 的显著性水平上影响前后均值的差异性显著。

　　王甫洲水库建成后,月平均水位下降到 34.8m,仅 3 月、8 月、9 月水位上升,其余 9 个月份水位均下降,其中 5 月和 10 月水位下降显著($p=0.008$ 和 $p=0.03$),分别下降了 0.9m 和 1.5m;10 月和 11 月水位由中度转为高度改变,D 均为 −81.5%,5 月、8 月、9 月属于中度改变,D 均为 −63.0%,3 月和 4 月水位则由中度转为低度改变,而 1 月、2 月、6 月、7 月、12 月仍为低度改变。

　　崔家营水库修建之后,月均水位有所回升,均值与自然状态下相同,其中 1 月及 3—8 月水位下降,其余月份水位上升,5 月水位显著下降了 1.4m($p=0.01$),9 月水位显著上升了 2.1m($p=0.03$);5 月、6 月、11 月、12 月水位属于高度改变,D 均为 −100.0%,说明影响后没有观测值落入预期的 RVA 范围内,而 4 月、9 月、10 月属于中度改变,D 均为 -44.4%。

(2)年极端水文条件大小及历时。丹江口水库单一运行时,年极端最小水位的偏离幅度较小,仅年最小 7d 和 30d 水位分别增加了 0.1m 和 0.3m,其他最小水位无变化,且均属于低度改变,D 绝对值小于 20.0%。年极端最大水位减少,其平均值从 38.9m 降低为 38.1m,年最大 7d 水位下降幅度最大,为 1.5m,其次是年最大 1d 水位,下降了 0.8m;年最大 7d 和 90d 水位属于中度改变,D 分别为 -38.3% 和 -63.0%,其余属于低度改变,D 均为 -32.1%。基流指数变化率很小,属于低度改变,D 为 23.5%。

王甫洲水库建成后,年最小 1d 和 30d 水位由低度转为中度改变,D 均为 48.2%,而年最小 3d 和 7d 水位由低度转为高度改变,D 均为 66.7%,但变化幅度较小,不超过 0.5m。年极端最大水位下降幅度增加,平均值减少至 37.5m,年最大水位(1d、3d、7d、30d、90d)各指标依次下降了 1.7m、2.0m、2.2m、1.0m 和 0.2m,且均属于高度改变,尤其是年最大 30d 水位,D 达到了 -100.0%。基流指数为低度改变,D 为 29.6%。

在三库运行阶段,年极端最小水位下降,各指标下降幅度不超过 0.5m,其中年最小 1d 和 3d 水位转为低度改变,D 均为 11.1%,而年最小 7d、30d 和 90d 水位都属于高度改变,D 均为 66.7%。年最大 1d 和 3d 水位的下降幅度继续增加,均下降了 2.3m,D 均达到了 -100.0%,属于高度改变;年最大 7d、30d 和 90d 水位则由高度转为中度改变,D 均为 -44.4%,其中年最大 7d 水位下降了 1.7m,而年最大 30d 和 90d 水位则分别上升了 0.3m 和 0.2m。基流指数所受影响较小,仍为低度改变。

(3)年极端水文条件的出现时间。在一库和两库运行阶段,年最小 1d 水位出现时间从第 48 天分别推迟至第 83 天和第 56 天,其改变度均属于低度改变,D 均为 -7.4%,受水库运行的影响较小;年最大 1d 水位的出现时间从第 203 天分别推迟至第 222 天和第 216 天,都属于中度改变,D 分别为 35.8% 和 48.2%。在三库运行阶段,年最小 1d 流量的出现时间由低度转为高度改变,D 为 -44.4%,而年最大 1d 流量的出现时间则由中度转为高度改变,D 为 -66.7%。

(4)高、低流量脉冲的频率及历时。在一库运行阶段,低流量脉冲出现次数显著增加了 167%($p=0.002$),D 为 -30.6%,属于低度改变;低流量脉冲持续时间、高流量脉冲出现次数和持续时间分别减少了 54.5%、38.5% 和 50%,D 分别为 -33.3%、-63.0% 和 -63.0%,均属于中度改变。两库运行时,低流量脉冲出现次数由 1.5 次增加为 9 次($p=0$),其改变度由低度变为中度,D 为 -58.3%,持续时间则较一库运行时无变化;高流量脉冲出现次数下降了 53.8%,改变度由中度转为高度,D 为 -100.0%,而其持续时间的下降率变为 11.1%,D 减少为 -25.9%,由中度转为低度改变。在三库运行阶段,低流量脉冲出现次数变为 5 次,持续时间无改变;高流量脉冲次数减少了 23.1%,由高度转为中度改变,D 为 -52.4%,持续时间较自然状态增加了 11.1%,由低度转为中度改变,D 为 -44.4%。

(5)水文条件变化率及频率。在一库运行阶段,上升率和下降率均值较自然状态无变化,D 分别为 35.8% 和 0.5%;逆转次数显著增加了 41.3%($p=0$),属于高度改变,D 为 -69.1%。在两库运行阶段,上升率和下降率变化很小,且均属于低度改变,D 分别为 -7.4% 和 -4.8%;逆转次数显著增加了 61.3%($p=0$),D 达到 -100.0%。在三库运行阶段,上升率和下降率所受影响仍然较小,而逆转次数持续增加($p=0$),增加率达到 81.3%,D 仍为 -100.0%。

(6)整体水文改变度。在 3 个水库相继影响后阶段,沙洋站水位的整体水文改变度分别为 39.2%、57.4% 和 59.2%,均属于中度改变,梯级水库的联合运行导致整体水文改变度的增加,且对该站水位的影响小于对流量的影响。此外,在丹江口水库单独运行时,大部分 IHA 指标属于低度或中度改变,只有 5 月水位及逆转次数属于高度改变。王甫洲水库的联合运行降低了 3—5 月水位,高流量脉冲持续时间和上升率的改变度;增加了 8 月、10 月、11 月水位,年极端最小及最大水位,低流量脉冲出现次数及持续时间的改变度。崔家营水库运行降低了 8 月、10 月水位,年最小 1d、3d 水位,年最大 7d、30d、90s 水位和高流量脉冲出现次数的改变度;增加了 4—6 月及 12 月水位,年最小 30d、90d 水位,年极端最小及最大水位出现时间和高流量脉冲持续时间的改变度。

3.2.2.3　整体水文改变度分析

(1)流量。通过计算各站 5 组 IHA 指标的整体水文改变度,可以看出,丹江口水库单独运行时,黄家港站和沙洋站流量除第 3 组指标属于低度改变外,其他 4 组指标都属于中度改变,且两站第 4 组指标的整体水文改变度最大,分别为 57.7％和 52.4％;皇庄站第 3 组和第 4 组指标属于低度改变,其他 3 组指标属于中度改变,且第 5 组指标改变度最大,为 56.5％;而在空间上,三站32 个IHA 指标的整体水文改变度差异不大,皇庄站略小于黄家港站和沙洋站。(图 3-8)

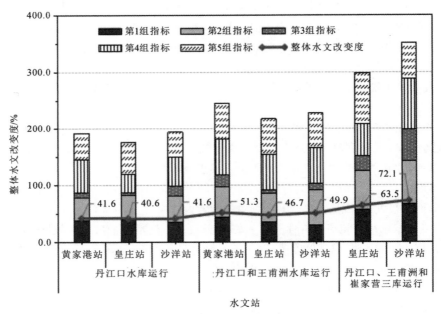

图 3-8　梯级水库影响下各水文站流量序列整体水文改变度

王甫洲水库运行之后,黄家港站各组指标的整体水文改变度均有所增加,第 3 组指标属于低度改变,其余 4 组指标属于中度改变,其中第 5 组指标改变度最大,其次是第 4 组,分别是 64.5％和 63.5％;皇庄站第 1 组指标改变度有所降低,其他 4 组改变度有所增加,第 3 组指标属于低度改变,其余 4 组指标属于中度改变,其中第 4 组指标改变度最大,其次是第 5 组,分别是 64.2％和 62.5％;沙洋站第 1 组和第 3 组改变度有所降低,其余 3 组改变度增加,第 3 组指标属于低度改变,其余 4 组指标属于中度改变,其中第 4 组指标改变度最大,其次是第 5 组,分别是 64.2％和 62.2％;在空间上,黄家港站的改变度最大,其次为沙洋站,皇庄站的改变度略小。

崔家营水库联合运行后,皇庄站第 2 组和第 5 组指标变为高度改变,改变度分别为 68.2％和 90.3％,第 1 组和第 4 组指标属于中度改变,第 3 组指标仍为低度改变;沙洋站第

2组和第4组指标变为高度改变,改变度分别为75.7%和89.4%,第1、3、5组指标改变度分别增加到66.3%、56.7%和63.1%,均属于中度改变;在空间上,沙洋站的改变度大于皇庄站。整体来看,随着上游梯级水库数量的增多,各站流量的整体水文改变度增加,但与距水库距离远近关系不大。水库蓄水后,汉江中下游流量要素中,流量的变化率与频率改变程度最大,其次是高、低流量脉冲频率与历时、极端流量大小及历时和月平均流量值,而极端流量出现时间的改变程度最小。

(2)水位。丹江口水库单独运行时,黄家港站水位第5组指标属于高度改变(76.8%),第1、2、4组指标属于中度改变,第3组指标属于低度改变;襄阳站第3组指标属于低度改变,其他4组指标属于中度改变,且第1组指标改变程度最大,其次是第5组,分别为61.2%和61.0%;皇庄站第1组和第2组指标改变程度最大,均属于高度改变,分别为86%和81.3%,第3组指标属于低度改变,其他4组指标属于中度改变;沙洋站第1、4、5组指标属于中度改变,第2组和第3组指标属于低度改变,其中第4组指标改变程度最大,为49.9%;从空间上来看,皇庄站以上,距丹江口水库越远,水位整体改变度越大,而皇庄站以下的沙洋站,改变程度最小。(图3-9)

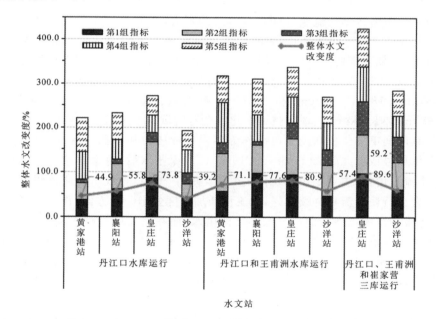

图3-9　梯级水库影响下各水文站水位序列整体水文改变度

王甫洲水库运行之后,黄家港站第2组和第4组指标变为高度改变,改变度分别增加到83.7%和92.4%,第3组指标属于低度改变,其余2组指标仍属于中度改变;襄阳站第1组和第5组指标变为高度改变,改变度分别增加到97.2%和81.8%,第3组指标属于低度改变,其余两组指标仍属于中度改变;皇庄站第1、2、5组指标变为高度改变,改变度分别增加到94.5%、81.0%和67.1%,其余组指标属于中度改变;沙洋站第2组指标变为高度改变,改变度增加到68.6%,其余4组指标改变度增加,都属于中度改变;在空间上,各站整体改变度显著增加,但规律未变。

崔家营水库联合运行后,皇庄站各组指标均变为高度改变,其中第1组指标改变度最大,为97.7%,其次是第2组和第5组指标,改变度分别为87.0%和86.6%;沙洋站各组指标均转为中度改变,其中第1组指标改变度最大,为62.3%,其次是第2组和第5组指标,改变度分别为60.0%和58.2%;在空间上,皇庄站的改变度远大于沙洋站。整体来看,随着上游梯级水库数量的增多,各站水位的整体改变度大大增加,且在皇庄站以上,距离水库越远,改变度越大。水库蓄水后,汉江中下游水位要素中,月平均水位值的改变程度最大,其次是极端水位大小及历时、水位的变化率与频率和高、低流量脉冲频率与历时,而极端水位出现时间的改变程度最小。

3.2.2.4　水文情势变化原因

综上,水库蓄水对汉江中下游水文情势影响较大,随着上游梯级水库数量的增多,各水文站流量和水位的改变度持续增加,水位的变化尤为明显。

(1)流量变化分析。月流量描述了一个月正常的逐日流量状况,可以作为评价栖息地可用性及适用性的指标。在丹江口水库单一运行时,下游水文站4月和5月流量减少,目的是为了腾出防洪库容,而在7—9月,水库充分利用洪水进行发电,因此流量增加。丹江口水库从10月1日开始蓄水,并在月底达到正常枯水位,而在11月至翌年3月,水库泄水进行灌溉,并充分利用水头发电以增加水位的利用率,因此枯水期流量增加。王甫洲和崔家营水库的联合运行对中下游各站月流量的变化趋势影响不大,主要是因为这两个水库仅具有日调节能力(文威 等,2016)。除此之外,影响后各站月流量的不同变化大小和方向也与其他的影响因素有关,比如降雨的延迟作用(Chen et al.,2016)、流域土地利用类型的变化等(Zhang et al.,2001)。从1970年到2015年,汉江中下游稻田、旱地、林地、草地和沼泽地分别减少了932km²、731km²、18km²、150km²和135km²,而水域、滩地和建设用地则分别增加了1031km²、48km²和887km²,土地覆被的变化也会对流域的产汇流产生影响。

不同持续时间下的年极端流量可以作为年内环境压力和干扰的量度,也可能是某些物种繁殖的关键信号或前兆(Richter et al.,1996)。水库蓄水后,各水文站年极端最大流量减少,极端最小流量增加,主要是由于水库的"蓄丰补枯"作用,导致年径流过程更加平缓。梯级水库的联合运行使高流量持续下降,低流量增加幅度变小。一方面,作为丹江口水库的反调节水库,王甫洲水库仅在汛期通过水闸排泄洪水,而在较长的平枯水期,它则拦蓄丹江口水库的弃水进行发电,这在一定程度上缓解了丹江口水库对下游低流量的直接影响;另一方面,三级水库对洪水的拦截作用,导致高流量不断减少,崔家营水库修建后,将使上游航道通航能力从300t提升到1000t,为保证正常的通航水位,水库下泄流量减少,必然对高流量产生较大改变。

年极端流量的出现时间反映了环境的偶然性,可能与生命周期的关键阶段密切相关,例如繁殖。尽管水库对径流的调节作用使发生时间提前或推迟,但该指标改变度最小,并且受梯级水库联合运行的影响较小。然而,高、低流量脉冲行为及流量的变化率和频率却随着水库数量的增加所受影响变大,主要是由于在各水库不同的发电调度模式下,频繁的快速放水发电打乱了自然状态下水流的正常波动规律。除此之外,丹江口水库之下的多条支流如唐白河、小清河、北河、南河等的汇入,在一定程度上缓解了沿程水库对下游水文情势的影响。

水文条件的整体改变度可以作为生态系统需求的替代目标,当它处于最小值时,意味着河流保持着最好的自然流动状态(Shiau et al.,2007)。汉江中下游水文情势已经发生了中度改变,并且随着梯级水库数量的不断增加,下游水文站的改变度持续上升。已有研究表明,水库的联合运行确实会导致下游水文改变度的增加(Li et al.,2016;Wang et al.,2016),

例如,三门峡和小浪底水库的联合运行导致下游整体水文改变度从三门峡水库单独运行时的 69.0% 提高到 84.0%。尽管丹江口水库库容是王甫洲和崔家营水库的 100 倍,梯级水库的联合作用仍然不能忽视。

(2)水位变化原因分析。汉江中下游水位同样表现出对水库蓄水的响应,且相对于流量而言,水位变化更大。丹江口水库蓄水后,大量泥沙被拦蓄在坝前,导致下游泥沙含量大大减少,加上清水下泄对下游河道冲刷侵蚀作用增强,干流水位下降趋势明显,梯级水库的联合运行加剧了黄家港以下各站的水位下降,尤其是月均水位和极端高水位受到的影响最大,下降幅度不断增加,各组指标改变程度不断增加。而处于下游的沙洋站相对来说改变程度最低,可能是由于距离水库较远,加上沿程多种因素的缓冲作用,水位变化较为平缓。

第四章

流域SWAT模型构建及径流响应

径流模拟是水文预报、水库调度等工作的基础。近年来,很多流域径流呈下降趋势,与气候变化相比,人类活动在区域径流变化中影响作用更大(孙新国 等,2016)。特别是在水资源短缺及分配不均的地区,为了提高水资源的利用效率,修建了大量的水利工程。水库调蓄作用影响了河道汇流过程,显著改变了流域下游的水文特征(Haddeland et al.,2014)。随着人口的增长和经济的快速发展,流域土地利用类型也在发生着显著的变化。在气候变化背景下,水利工程的运行及土地利用方式的变化改变了原有的水文循环过程,使得原有水文模拟精度下降,不利于流域防洪和兴利工作的开展。汉江流域目前已建 8 级水库,研究结果表明梯级水库联合运行对汉江水文情势变化具有重要影响,且影响程度与水库数量比密切相关。因此,为了提高径流模拟效果,在模拟过程中必须考虑水库的影响。SWAT 模型是包含水库模块的分布式水文模型之一,在流域径流模拟中应用广泛(李蔚 等,2018)。因此,这里选择具有梯级水库模拟功能的 SWAT 模型,通过将梯级水库信息加入 SWAT 模型中并逐级率定,揭示梯级开发背景下汉江流域水文响应规律,并通过探讨不同土地利用情景和气候变化情景下流域的响应特点,分析典型水文年流域产流规律,准确揭示汉江流域径流时空分布特征及变化趋势。

4.1　水文模型构建与运行

4.1.1　模型数据库构建

4.1.1.1　数字高程模型数据

汉江流域的数字高程模型数据来源于地理空间数据云(http://www.gscloud.cn/),分辨率为 90m,由两景 DEM 数据在 ArcMap10.4 中拼接而成,坐标系为 WGS_1984,投影为UTM_Zone_19N。DEM 大部分是比较光滑的地形表面模型,但是由于误差及某些特殊地形的存在,DEM 表面会有一些凹陷,导致得到的水流方向结果精度不高。因此,需要对DEM 数据进行预处理,对栅格中出现的"凹陷栅格"进行"填注"处理,使"凹陷栅格"的高程等于周边栅格的最小高程值。(图 4-1)

4.1.1.2　土壤数据

土壤属性是流域水文循环模拟的重要下垫面条件之一。SWAT 模型需要将各类土壤的水文和水传导属性作为输入值,并将其分为按土壤类型和按土壤层输入的两类参数。按土壤类型输入的参数包括:①每类土壤所属的水文单元组;②植被根系最大深度;③土壤表

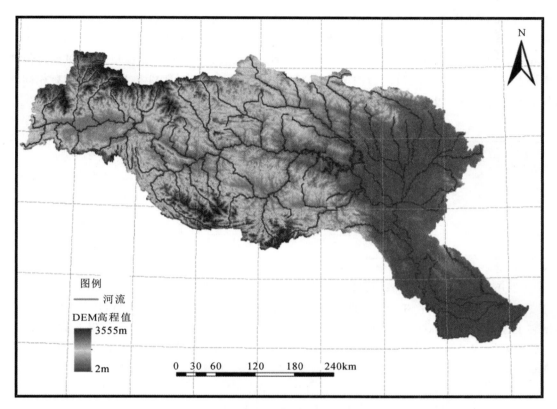

图 4-1　汉江流域 DEM 图

面到最底层深度;④土壤空隙比等。按土壤层分层输入的数据有:①土壤表面到各土壤层的深度;②土壤容重;③有效田间持水量;④饱和导水率;⑤每层土壤中的黏粒、粉砂、砂粒和砾石含量;⑥USLE 方程中的土壤侵蚀因子 K;⑦地表反射率;⑧土壤电导率。土壤数据来源于世界土壤数据库(Harmonized World Soil Database,HWSD),通过黑河数据中心(http://westdc. westgis. ac. cn/data/611f7d50-b419-4d14-b4dd-4a944b141175)下载。数据为栅格数据,分辨率为 1km,投影系统为 WGS_1984_UTM_Zone_19N。该土壤数据分为两层,其中0~30cm 为第一层,30~100cm 为第二层。

土壤数据按获取方式的不同可分为以下三类。

第一类,通过土壤数据库获得的数据,包括土壤名称、土壤层数、根系深度和表层到底层土壤深度等。

第二类,实测数据和通过实测数据转化得到的数据,包括上下层土壤的粒径数据。土壤粒径数据是 SWAT 模型中重要的输入参数,对模拟结果的精度有重要的影响。土壤中黏土、壤土、砂土和砾石含量均是采样后实测的数据,有机碳含量可由实测的有机质含量转化(有机质含量乘 0.58)得到。

第三类,通过计算得到的数据,包括水文单元组、土壤容重、有效田间持水量、地表反射率、土壤侵蚀因子和饱和导水率等。其中土壤容重、有效田间持水量和饱和导水率可以使用SPAW 软件计算得到,水文单元组、地表反射率、土壤侵蚀因子由已知数据通过公式计算得到。

（1）土壤水文单元组。在 SWAT 模型中采用 SCS 径流曲线数模型对径流进行模拟研究，而土壤水文学分组是模型的重要参数之一。美国自然资源保护局（Natural Resources Conservation Service）根据表层土壤的渗透特性，如水文性质、下渗深度以及饱和水力传导率等参数，将具有相似径流能力的土壤分为 4 个土壤水文组（A，B，C 和 D），每组具有相同的降水和地表特征。土壤水文组定义如表 4-1 所示。

表 4-1　土壤水文组

土壤水文组	最小下渗率/(mm·h⁻¹)	渗透率	土壤质地
A	＞7.26	较高	砂土、粗质砂壤土
B	3.81～7.26	中等	壤土、粉砂壤土
C	1.27～3.81	较低	砂质黏壤土
D	0.00～1.27	很低	黏土、盐渍土

（2）土壤容重、有效田间持水量和饱和导水率。此 3 个参数可以通过美国华盛顿州立大学开发的土壤水特性软件 SPAW 软件中的 Soil-Water-Characteristics（SWCT）模块（图 4-2），并根据黏土（clay）、砂（sand）、有机物（organicmatter）、盐度（salinity）、砂砾（gravel）等参数计算出：①凋萎系数（WP）；②田间持水量（FC）；③饱和度；④土壤容重；⑤饱和导水率等 5 个变量。由变量①和②可以计算逐层的有效田间持水量（SOL_AWC），其计算公式为：

$$SOL\_AWC = FC - WP$$

（3）土壤侵蚀因子。土壤侵蚀因子 K 是土壤抵抗水蚀能力大小的一个相对综合指标，K 越大，抗水蚀能力越小；反之，K 越小，抗水蚀能力越强。Williams 等（1983）在 EPIC（environmental policy integrated climate）模型中发展了土壤侵蚀因子 K 的估算方法，只需要土壤的有机碳和颗粒组成资料即可计算。计算公式如下：

$$K = \{0.2 + 0.3\exp[-0.0256 \times S_d(1 - S_i/100)]\} \times [S_i/(C_l + S_i)]^{0.3}$$
$$\times \{1.0 - 0.25 \times (C/1.724) \times [(C/1.724) + \exp(3.72 - 2.95 \times [C/1.724])]\}$$
$$\times \{1.0 - 0.7(1 - S_d/100)/(1 - S_d/100 + \exp[-5.51 + 22.9(1 - S_d/100)])\} \times 0.1317$$

$$(4-1)$$

式中，K 为土壤侵蚀因子；S_d 为砂粒含量；S_i 为粉粒含量；C_l 为黏粒含量；C 为有机质含量。

（4）使用 SWAT 模型的默认值，包括阴离子交换孔隙度、土壤最大可压缩量、地表反射率、电导率等参数。（表 4-2）

表 4-2　土壤数据库参数表

变量名称	模型定义	注释
SNAM	土壤名称	
NLAYERS	土壤分层数	
HYDGRP	土壤水文组（A、B、C、D）	
SOL_ZMX	土壤剖面最大根系深度/mm	
ANION_EXCL	阴离子交换孔隙度	模型默认值为 0.5

变量名称	模型定义	注释
SOL_CRK	土壤最大可压缩量，以所占总土壤体积的分数表示	模型默认值为 0.5
TEXTURE	土壤层结构	
SOL_Z	各土壤层底层到土壤表层的深度/mm	注意最后一层是前几层深度的和
SOL_BD	土壤湿密度/($mg \cdot m^{-3}$ 或 $g \cdot cm^{-3}$)	
SOL_AWC	土壤层有效持水量/mm	
SOL_K	饱和导水率/饱和水力传导系数/($mm \cdot h^{-1}$)	
SOL_CBN	土壤层中有机碳含量	一般由有机质含量 0.58
CLAY	黏土含量，直径＜0.002mm 的土壤颗粒组成	
SILT	壤土含量，直径 0.002～0.05mm 的土壤颗粒组成	
SAND	砂土含量，直径 0.05～2.0mm 的土壤颗粒组成	
ROCK	砾石含量，直径＞2.0mm 的土壤颗粒组成	
SOL_ALB	地表反射率(湿)	模型默认值为 0.01
USLE_K	USLE 方程中土壤侵蚀力因子	
SOL_EC	土壤电导率/($dS \cdot m^{-1}$)	模型默认值为 0

根据世界土壤数据库，汉江流域土壤类型包括漂白淋溶土、石灰性始成土、石灰性冲积土、石灰性粗骨土、石灰性潜育土、石灰性淋溶土、深色淋溶土、人为土、不饱和始成土、不饱和黏盘土、不饱和粗骨土、不饱和变性土、饱和始成土、饱和冲积土、饱和潜育土、饱和薄层土、饱和黏盘土、饱和粗骨土、饱和变性土、铁质高活性强酸土、铬铁淋溶土、潜育淋溶土、普通高活性强酸土、弱发育淋溶土、腐殖质强淋溶土、腐殖质始成土、薄层土、松软潜育土、松软薄层土、黑色石灰薄层土、硅铝质冲积土等，其中弱发育淋溶土所占比例最大，为 36.7%，其次是不饱和始成土(13.5%)、人为土和饱和始成土(9.4%)、饱和黏盘土(7.8%)、石灰性冲积土(6.3%)，其余占比均小于 5%。

4.1.1.3 土地利用数据

汉江流域的土地利用数据使用的是由中国科学院资源环境科学数据中心(http://www.resdc.cn)提供的 2010 年土地覆被数据，分辨率为 1km，投影系统为 WGS_1984_UTM_Zone_49N。汉江流域的土地利用共有一级分类 6 种，二级分类 20 种，具体见表 4-3。根据 SWAT 模型的土地利用分类标准，将土地利用重分类后重新进行赋值，最终划分出 10 种土地利用类型，将其在 SWAT 模型中的代码输入模型中。

从土地利用方式的一级分类看，汉江流域以林地、耕地和草地为主，其中林地占 40.0%、耕地占 35.2%、草地占 19.3%、水域占 2.8%、建设用地占 2.7%、未利用地占 0.05%。从图 4-2 可以看出，林地主要分布于汉江流域上、中游，以中游南岸居多；草地大多分布在上游流域；水田在下游分布较多，上游也有少量分布；旱地则主要分布在中下游地区，尤其是中游北部有大片连续分布；建设用地主要集中在中下游流域；汉江流域水域主要包括河渠、湖泊、水库坑塘和滩地,其中河渠占 0.62%、湖泊占 0.37%、水库坑塘占 1.21%、滩地占 0.56%。

表 4-3　土地利用覆被类型与 SWAT 模型土地利用类型对应表

一级类		二级类		含义	SWAT 模型分类代码
编码	名称	编码	名称		
1	耕地	11	水田	指用于种植水稻、莲藕等水生农作物的耕地,包括实行水生、旱生农作物轮种的耕地。其中,111 是山地水田;112 是丘陵水田;113 是平原水田;114 是>25°坡地水田	RICE
		12	旱地	指无灌溉设施,主要靠天然降水种植旱生家作物的耕地,包括没有灌溉设施,仅靠引洪淤灌的耕地。其中,121 是山地旱地;122 是丘陵旱地;123 是平原旱地;124 是>25°坡地旱地	AGRL
2	林地	21	有林地	指郁闭度>30%的天然林和人工林,包括用材林、经济林、防护林等成片林地	FRST
		22	灌木林地	指郁闭度>40%、高度在 2m 以下丛状或矮灌木状的林地	
		23	疏林地	指林木郁闭度为 10%~30%的林地	
		24	其他林地	指未成林造林地、迹地、苗圃及各类园地(果园、桑园、茶园、热作林园等)	
3	草地	31	高覆盖度草地	指覆盖>50%的天然草地、改良草地和割草地。此类草地一般水分条件较好,草被生长茂密	PAST
		32	中覆盖度草地	指覆盖度在 20%~50%的天然草地和改良草地。此类草地一般水分不足,草被较稀疏	
		33	低覆盖度草地	指覆盖度在 5%~20%的天然草地。此类草地水分缺乏,草被稀疏,牧业利用条件差	
4	水域	41	河渠	指天然形成或人工开挖的河流及主干常年水位以下的土地。人工渠包括堤岸	WATR
		42	湖泊	指天然形成的积水区常年水位以下的土地	
		43	水库坑塘	指人工修建的蓄水区常年水位以下的土地	
		46	滩地	指河、湖水域平水期水位与洪水期水位之间的土地	
5	城乡、工矿、居民用地	51	城镇用地	指大、中、小城市及县镇以上建成区用地	URHD
		52	农村居民点	指独立于城镇以外的农村居民点	URLD
		53	其他建设用地	指厂矿、大型工业区、油田、盐场、采石场等用地以及交通道路、机场及特殊用地	UIDU
6	未利用土地	61	沙地	指地表为沙覆盖,植被覆盖度在 5%以下的土地,包括沙漠,不包括水系中的沙漠	BARR
		64	沼泽地	指地势平坦低洼,排水不畅,长期潮湿,季节性积水或常年积水,表层生长湿生植物的土地	WETL
		65	裸土地	指地表土质覆盖,植被覆盖度在 5%以下的土地	BARR
		66	裸岩石质地	指地表为岩石或石砾,其覆盖面积>5%的土地	BARR

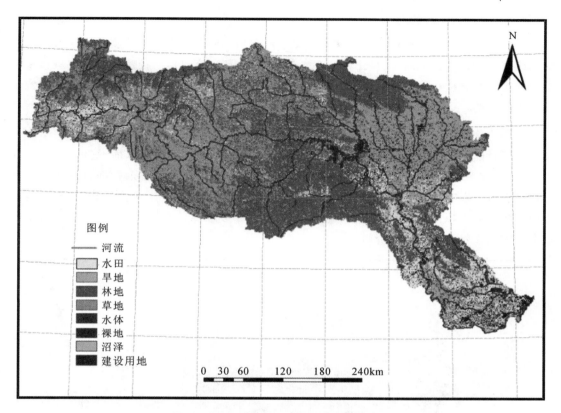

图 4-2 汉江流域 2010 年土地利用覆被图

4.1.1.4 气象数据

气象数据来源于 SWAT 模型中国大气同化驱动集（http://westdc. westgis. ac. cn/data/6aa7fe47-a8a1-42b6-ba49-62fb33050492）。数据空间分辨率为 1/3 度,时间分辨率为逐日。数据集提供了包括降水、气温、风速、太阳辐射、相对湿度在内的逐日数据。其中降水数据是由多卫星与地面自动站降水融合而成,采用 CMORPH(CPC MORPHing technique)降水产品为背景场融合中国降水自动站观测制作的中国区域小时降水量融合产品,将两套降水产品拼接到中国气象局大气同化系统(CLDAS)网格上;辐射数据基于 DISORT(discrete coordinate method)辐射传输模型,获取来自 FY2E 卫星一级产品实时反演太阳短波辐射产品,以国际卫星云气候学计划资料为背景数据,利用大气辐射传输模式 DISORT对 FY2D/E 标称图数据进行反演,计算出分析格点上的地面入射太阳总辐射辐照度;数据集中的气温、气压、比湿、风速驱动数据采用了 2421 个国家级自动站和业务考核的 29 452个区域自动站自 2008 年 1 月以来地面基本气象要素逐小时观测数据以及相应时期的台站信息(台站经纬度、海拔高度),利用多重网格三维变分方法(STMAS),在 NCEP/GFS(基于美国环境预报中心的全球预报系统,National Centers for Environmental Prediction/Global Forecast System)背景场基础上制作地面基本要素分析场,然后在将经过前处理的NCEP/GFS 背景数据和自动站观测融合。根据汉江流域范围,最终选择了覆盖流域的153 个气象观测站数据,制作气象数据索引表和输入文件,共计 770 个文本文档。

4.1.1.5　水文数据

水文站的日流量数据来源于湖北省水文水资源局,利用 Python 2.7 爬虫程序获取。包括安康站、白河站、黄家港站、皇庄站 2008—2015 年的日径流数据。径流资料主要进行模型参数的敏感性分析和校准及验证。其中安康站和白河站位于汉江流域上游,黄家港站位于汉江流域中游,皇庄站位于中下游的分界处。

4.1.1.6　水库数据

汉江目前已建的梯级水库有 8 级,包括石泉水库、喜河水库、安康水库、蜀河水库、丹江口水库、王甫洲水库、崔家营水库和兴隆水库(图 4-3)。对于在我国普遍存在且对流域水文过程具有重大影响的水利工程如丹江口水库等,若在水文模拟中不予考虑或粗略处理,会产生较大的径流模拟误差,为了提高模型模拟的精度,8 级水库信息被添加到了模型中,水库数据来源于文献和水库调度资料。

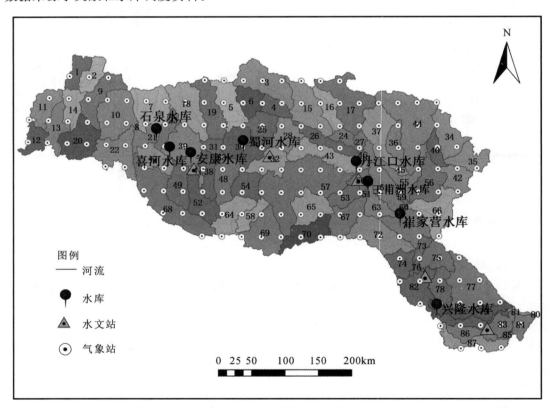

图 4-3　汉江流域气象站点和梯级水库分布图

4.1.2　SWAT 模型构建运行

(1)流域划分。在完成 SWAT 模型数据库的准备工作后,就开始进行模型的数据输入。首先需要建立 SWAT 工程文件,然后依次加载 DEM 数据、流域面状矢量数据、河网数据,并手动添加进出水口,进行子流域的划分并计算子流域和河道参数。具体步骤包括:①DEM 设置;②河网定义与设定;③流域总出口指定及子流域划分;④子流域及相关河段的地形参数计算；⑤添加梯级水库。

（2）水文响应单元分析。① 加载土地利用栅格图并重分类土地利用类型；② 加载土壤栅格图并重分类土壤类型；③ 重分类坡度；④ 叠加土地利用、土壤和坡度层。

（3）气象与水库资料输入。选择实测数据资料，并依次加载事先准备好的相应气象数据测站位置索引表。SWAT 模型可按其空间分布情况将水库信息加入到模型中，通过将坝址设置为子流域出口来实现其分布式模拟。

（4）运行模型。生成研究所需要的模拟数据。

模型对径流量的模拟值和实测值对比如图 4-4 所示。

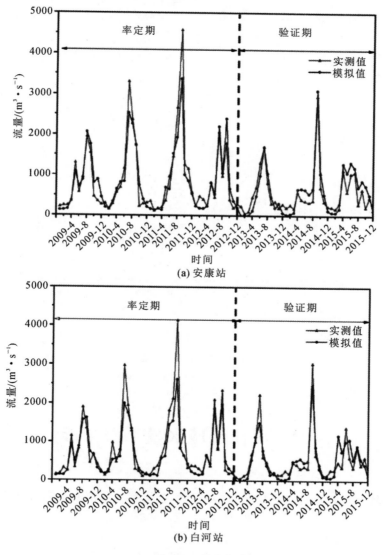

图 4-4　径流量模拟值和实测值对比图
（a）安康站；（b）白河站；（c）黄家港站；（d）皇庄站

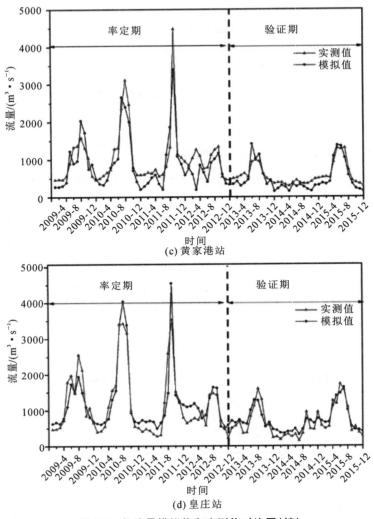

图 4-4　径流量模拟值和实测值对比图(续)

(a)安康站；(b)白河站；(c)黄家港站；(d)皇庄站

4.2　汉江流域水量平衡分析

流域水循环过程对水量水质状况和生态环境的可持续发展具有重要影响,但水量平衡各分量尤其是支出项往往观测较困难(代俊峰 等,2006)。夏智宏等(2009)通过借助 SWAT模型,从模拟结果中提取了流域水量平衡分量数据,对汉江流域 2008—2015 年的年际和年内水量平衡进行了分析,其水量平衡方程如下:

$$PREC = SURQ + PERCOLATE + LATQ + ET + \Delta S \tag{4-2}$$

式中,PREC 为降水量,mm；SURQ 为地表径流量,mm；PERCOLATE 为土壤对地下水补给量,mm；LATQ 为地下侧流量,mm；ET 为实际蒸散发量,mm；ΔS 为土壤含水量变化,mm。

4.2.1　水量平衡分量年际变化

通过借助SWAT模型，从模拟结果中提取了流域水量平衡分量数据，并利用水量平衡方程，计算得出汉江流域2008—2015年的水量平衡分量的计算值（计算结果见表4-4）。

表4-4　汉江流域水量平衡分量组成

年份	降水量/mm	地表径流深/mm	地下侧流量/mm	土壤对地下水补给量/mm	实际蒸散发/mm	土壤含水变化量/mm	年径流量/$10^8 m^3$
2008	727.3	297.4	39.3	102.9	284.7	3.1	462.8
2009	797.3	341.1	43.7	119.8	290.6	2.2	530.8
2010	831.6	386.1	42.0	119.0	286.9	−2.5	600.9
2011	705.2	313.5	40.9	99.0	250.5	1.3	487.9
2012	643.6	274.7	33.8	84.9	250.6	−0.5	427.6
2013	670.7	273.9	36.5	101.6	259.6	−0.9	426.3
2014	783.3	338.1	44.3	128.5	272.4	0.2	526.0
2015	774.6	315.7	41.9	127.1	290.2	−0.3	491.3
平均值	741.7	317.6	40.3	110.3	273.2	0.3	494.2
占降水量的比例/%	100	42.8	5.4	14.9	36.8	0.04	

从表4-5可以看出，2008—2015年汉江流域平均年降水量为741.7mm，地表径流深为317.6mm，地下侧流量为40.3mm，土壤对地下水补给量为110.3mm，实际蒸散发量为273.2mm。降水是流域最重要的水汽来源，其余各分量均为输出项，且各分量占降水量的比例有所不同，其中地表径流占降水输出的42.8%、地下侧流量占5.4%、土壤对地下水补给量占14.9%，而36.8%的降水输出说明蒸散发在流域水量平衡中起到主要作用。流域年径流量与降水量密切相关，平均值为$4.942×10^8 m^3$。

4.2.2　水量平衡分量年内变化

汉江流域2008—2015年1—12月的水量平衡分析结果表明，月平均降水量为61.8mm，地表径流深为26.5mm，地下侧流量为3.4mm，土壤对地下水补给量为9.2mm，实际蒸散发量为22.8mm。降水量、地表径流量和蒸散发量的变化趋势基本相同，均在7月取得最大值，而在1月和12月取得最低值，且降水量和地表径流的变化幅度较大，蒸散发变化相对较平缓。地下侧流量为单峰曲线，从年初开始增加，7月达到最大值后开始减少，而土壤对地下水补给量在7—9月最高，在12月至翌年3月最低。土壤含水量在年内变化很小，变化幅度在12月最大。

通过对汉江流域2008—2015年的水量平衡分量逐年月尺度变化的分析发现（图4-5），月地表径流、月地下侧流量、月土壤对地下水的补给量及月蒸散发量均和月降水量具有较好的一致性，最高值均出现在7—9月，最低值出现在11月至翌年2月；月地下侧流量的变化较为平缓，而土壤含水变化量与月降水量的变化趋势不一致，部分月份呈现出相反的变化趋

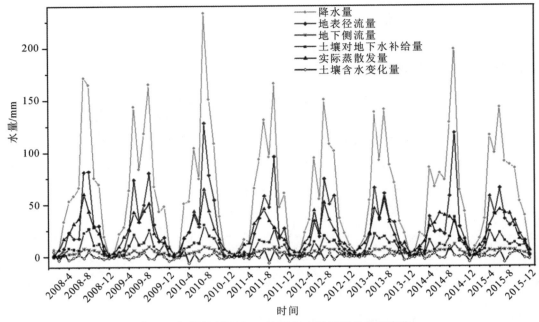

图 4-5　汉江流域 2008—2015 年水量平衡分量月变化

势。通过相关性分析可知，月地表径流量、月地下侧流量、月土壤对地下水的补给量及月蒸
散发量均和月降水量呈现正相关关系，且相关系数 R^2 均大于 0.83（图 4-6）。

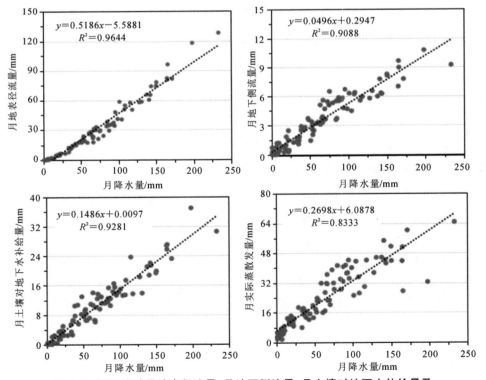

图 4-6　汉江流域月地表径流量、月地下侧流量、月土壤对地下水补给量及
月实际蒸散发量与月降水量之间的相关关系

4.3 不同土地利用覆被下汉江流域径流响应

4.3.1 土地利用覆被情景设定

1980—2015 年,汉江流域土地利用覆被各组分的变化幅度不大,流域以林地、旱地、草地和水田为主,平均面积比例分别为 40.0%、23.1%、19.3% 和 12.4%,其次是水体和建设用地,分别为 2.0% 和 2.6%。与 1980 年相比,2015 年水田、旱地和草地面积分别减少了 1074km^2、810km^2 和 281km^2,而林地、水体和建设用地分别增加了 34km^2、1099km^2 和 1156km^2。一般情况下,土地利用覆被变化通过截留、下渗等环节影响流域产流、汇流能力。

为了比较不同土地利用情景下的径流变化,这里以 2010 年土地利用为基准情景,采用理论与实际相结合的方法,设置了两大类共 6 种情景。

第一类,"耕地开垦"情景。假设随着建设用地和人口的不断增加,林地和草地急剧退化,耕地面积不断扩张以满足农业生产的需要。模拟结果可探讨林地、草地退化对径流的影响,包括以下 4 种情景:①林地转化为耕地;②草地转化为耕地;③林地和草地转化为耕地;④水田转化为旱地。

第二类,"退耕还林"情景。按照国家政策的相关规定"退耕还林还草",设置优化的土地利用模式,使土地朝良性方向发展,包括以下 2 种情景:情景⑤为坡度大于 25°耕地转为林地;情景⑥为山地水田和旱地转为草地。

4.3.2 土地利用覆被变化下的径流响应

根据建立的 6 种土地利用覆被变化情景,在率定好的模型基础上,将不同的情景数据输入 SWAT模型,模拟 2008—2015 年的径流量。从表 4-5 可见,随着林地和草地面积的减少和耕地面积的增加,汉江流域地表径流深增加,地下侧流量、土壤水对地下水补给量及实际蒸散发量均减少,年径流量增加,在情景①和情景②下,年径流量分别增加了 1.64×10^{10} m^3 和 1.41×10^{10} m^3,说明林地和草地均有涵养水源及保持水土的作用,且林地的作用强于草地。水田转化为旱地使径流深增加了 11.3mm,年均径流量增加了 1.76×10^9 m^3。模拟径流最大的是情景③,林地和草地均被开垦为耕地,导致地表径流深增加了 142.1mm,同时地下侧流量、土壤水对地下水补给量和实际蒸散发量分别减少了 21.2mm、94.5mm 和 26.4mm,年径流量增加至 7.154×10^{10} m^3。在情景⑤下,将坡度大于 25°水田和旱地转化为林地,对流域水量平衡的各分量几乎无明显变化,说明该措施不仅能够减少土壤流失,对径流量的影响也很小。而模拟径流最小值出现在情景⑥,将山地水田和旱地转化为草地使径流深减少了 69.3mm,地下侧流量和土壤水对地下水补给量分别增加了 8.0mm 和 44.6mm,实际蒸散发量增加了 16.9mm,年均径流量减少了 1.079×10^{10} m^3。主要是由于耕地上的耕作措施相对较多,加之农作物根系不发达,耕地土壤较为紧密结实,水分入渗率低,土壤保水率高,导致耕地中的地下径流和土壤渗流均小于林地和草地,而地表径流量则大于林地和草地(Githui et al.,2009)。林地和草地面积增加导致植被覆盖度增加,再加上根系较深、叶面截留和蒸散发等环节,影响了流域内的水量平衡,使径流量呈下降趋势。

表 4-5　不同土地利用覆被变化情景下的径流模拟

土地利用情景	降水量/mm	地表径流深/mm	地下侧流量/mm	土壤水对地下水补给量/mm	实际蒸散发量/mm	土壤含水变化量/mm	年径流量/$10^8 m^3$
①	741.7	422.9	26.4	35.4	256.6	0.4	658.2
②	741.7	408.2	25.7	51.5	255.9	0.4	635.3
③	741.7	459.7	19.1	15.8	246.8	0.4	715.4
④	741.7	328.9	39.2	102.0	271.3	0.3	511.9
⑤	741.7	316.8	40.4	110.7	273.4	0.3	493.1
⑥	741.7	248.3	48.3	154.9	290.1	0.3	386.4
基准值	741.7	317.6	40.3	110.3	273.2	0.3	494.2

对于月平均径流量而言,各情景的地表径流量均在7月达到了最大值,与降水量的分布趋势一致,土地利用覆被变化对各月均有影响,其中7—9月径流量最大,土地利用覆被变化对径流量改变的幅度最低,而12月至翌年2月径流量较小,土地利用覆被变化导致的改变幅度最大(图4-7)。其中在①②③的耕地开垦情景下各月径流量呈增加趋势,且情景③下增加幅度最大,比例为34.9%～79.2%;情景④地表径流量增加趋势不明显,比例为2.3%～17.0%;情景⑤各月径流量均有所下降,但下降比例为0～1.2%,几乎与基准期无差异;情景⑥下各月径流量呈现下降趋势,比例为16.3%～47.2%。

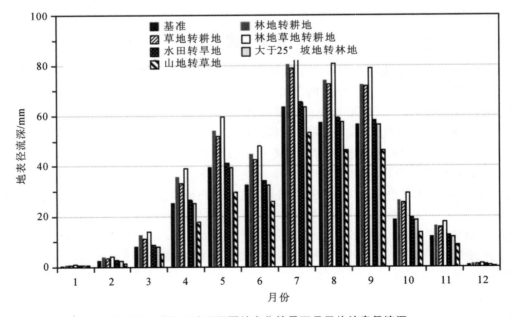

图 4-7　不同土地利用覆被变化情景下月平均地表径流深

4.4 不同气候情景下汉江流域径流响应

4.4.1 气候变化情景设定

气候变化情景设定通常有两种方法：① 增量情景法，即根据区域气候的可能变化，人为设定气候变化的假想情景，给定温度或降水量增减的比例；② 基于大气环流模式（GCM）输出的气候情景。后者虽然能预测气候变化过程，但仍存在很多不确定性，且各种 GCM 模型对气温和降水的预测结果存在较大差异。有研究指出，2020—2030 年，全国平均气温将上升 1.7℃，到 2050 年可能上升 2.2℃，同时很多地区降水将呈现增加趋势（秦大河，2002）；李宏宏（2014）认为未来汉江流域降水的空间分布趋势与历史气候条件下一致，且降水模拟值明显增多，未来气温也有明显的增加趋势，2010—2039 年全流域平均气温将升高 1.3℃。

本研究在以上分析的基础上，采用增量情景法，假定气温和降水变化的 20 种情景（表 4-6），即在研究区 2008—2015 年平均日降水、日气温的基础上，降水变化情景类型为原来基础上的−20%、−10%、0%、10%和20%（正值表示增加，负值表示减少），气温变化情景类型为原来基础上增加 0℃、1℃、2℃、3℃，土地利用覆被变化采用 2010 年的数据，并将降水和气温变化两两组合成 20 种气候变化方案，模拟汉江流域在未来气候情景下的年径流量。然后与初始气候情景下（2008—2015 年）对应的模拟平均值进行比较，得到每种气候情景相对于初始值的变化百分比。

表 4-6　汉江流域气候变化情景类型

降水变化	气温变化			
	+0℃	+1℃	+2℃	+3℃
−20%	情景 1	情景 2	情景 3	情景 4
−10%	情景 5	情景 6	情景 7	情景 8
0	情景 9	情景 10	情景 11	情景 12
10%	情景 13	情景 14	情景 15	情景 16
20%	情景 17	情景 18	情景 19	情景 20

4.4.2 气候波动情景下的径流响应

通过与历史情景的对比分析，可得出如下结论。

（1）不同气候变化情景下年地表径流量变化差异明显，由表 4-7 可以看出，径流量减少最多的气候情景是温度增加 3℃、降水减少 20%的气候变化方案，此时径流量比初始条件下减少了28.8%;而径流量增加最多的气候情景是温度不变、降水量增加20%时的气候变化方案,此时径流比初始条件下增加了31.1%。

表 4-7　不同气候情景下地表径流量变化百分比

降水变化	气温变化			
	+0℃	+1℃	+2℃	+3℃
−20%	−28.3	−28.5	−28.7	−28.8
−10%	−14.1	−14.4	−14.4	−14.7
0	0	0	−0.2	−0.5
10%	15.6	15.3	15.1	15.1
20%	31.1	30.8	30.6	30.7

(2)不同气候条件下,年实际蒸散发量变化没有径流量变化明显,实际蒸散发量减少最多的气候情景是温度不变、降水减少20%时的气候变化方案,此时该值比初始条件下减少了8.1%;而实际蒸散发量增加最多的气候情景是温度增加3℃、降水量增加20%的气候变化方案,此时该值比初始条件下增加了5.6%。(图 4-8)

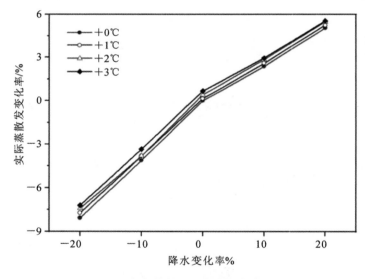

图 4-8　不同气候情景下实际蒸散发变化百分比

(3)区域地表径流量与降水量密切相关,降水量增加会导致地表径流量增加,而降水量减少或温度增加会导致地表径流量减少;且降水对径流量影响要远远大于温度,温度对地表径流量的影响极小,温度增加3℃径流量仅减少0.5%,而降水量增加10%,地表径流量增加15.6%。对实际蒸散发量来说,降水量增加或者温度增加都会导致实际蒸散发量增加。这是由于降水量增加时,水循环过程导致流域来水量增加,从而增加了径流量,而气温升高使流域蒸散发量增加,在总来水量不变的情况下,流域径流量趋于减少。模拟结果表明,流域未来降水量的变化会对区域水资源变化产生重要影响,而气温的增高对水资源的影响不是很明显。

4.5 汉江流域典型降雨-径流模拟

典型降水量水平下流域年产流量是水资源配置的重要依据。本节利用 SWAT 模型模拟了在典型降雨情况下汉江流域的径流情况,对流域水资源合理配置具有重要意义。

4.5.1 降雨典型年确定

基于年降水量频率分析,确定汉江流域的降雨典型年。首先利用适线法,推求不同频率($P=25\%,50\%,75\%$)下的汉江流域全年降雨总量,具体步骤如下:

(1)将 1960—2016 年的年降水量从大到小排序,用公式 $P=m/(n+1)\times100\%$ 计算经验频率,并做出 X_i 与 P 对应的散点图,其中 X_i 为第 i 年的降水量,m 为序号数,n 为总年数。

(2)计算降雨系列的多年平均降水量 $\overline{X}$,根据汉江流域 16 个气象站点的年降水量,利用泰森多边形插值计算得到。

(3)计算各项的模比系数 $K_i=X_i/\overline{X}$,总和应为 n,并计算各项的 K_i-1,总和应为 0。

(4)计算变差系数 $C_v=\sqrt{\sum_{i=1}^{n}(K_i-1)^2/(n-1)}$ 。

(5)根据汉江流域的降雨情况,取偏态系数 $C_s=0.2C_v$,查 P-Ⅲ型曲线离均系数的 ϕ 值表,得到不同频率的 ϕP,并根据 $K_P=\phi P\cdot C_v+1$,$X_P=\overline{X}\cdot K_P$ 得到不同频率下的 X_P 值,并做出多年降雨总量的频率曲线,结果如图 4-9 所示。

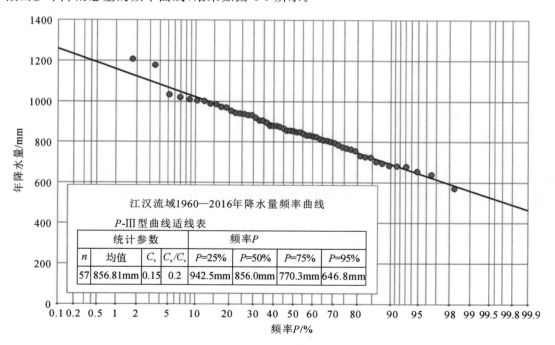

统计参数				频率 P			
n	均值	C_v	C_s/C_v	$P=25\%$	$P=50\%$	$P=75\%$	$P=95\%$
57	856.81mm	0.15	0.2	942.5mm	856.0mm	770.3mm	646.8mm

江汉流域1960—2016年降水量频率曲线

P-Ⅲ型曲线适线表

图 4-9 汉江流域 1960—2016 年降水量频率曲线

分别以频率为 25%、50%、75% 作为汉江流域丰水年、平水年、枯水年的分界点,从图 4-11可见,$P = 25\%$、50% 和 75% 时流域年降水量分别为 942.5mm、856.0mm 和770.3mm。因此,确定典型年如下:

(1)2010 年的年降水量为 943.7mm,与 25% 频率的丰水年的设计降水量 942.5mm 接近,故选择 2010 年作为丰水年的代表年。

(2)2009 年的年降水量为 855.4mm,与 50% 频率的平水年的设计降水量 856.0mm 接近,故选择 2009 年作为平水年的代表年。

(3)2012 年的年降水量为 763.9mm,与 75% 频率的枯水年的设计降水量 770.3mm 接近,故选择 2009 年作为枯水年的代表年。

4.5.2　典型年径流模拟

在已经率定好的 SWAT 模型中,分别以频率为 25%、50% 和 75% 的丰水年、平水年、枯水年三种典型年的降水量为输入,模拟计算典型年的产水量,计算结果如表 4-8 所示。

表 4-8　不同典型年汉江流域产水量

典型年	代表年份	平均地表径流深/mm	产水量/$10^8 m^3$
丰水年(25% 的频率)	2010	386.1	600.9
平水年(50% 的频率)	2009	341.1	530.8
枯水年(75% 的频率)	2012	274.7	427.6

(1)从整个流域月径流量时间变化来看,丰水年全流域产流量为 $6.009\times10^{10} m^3$。径流的年内分配不均匀,7 月径流量最大,2 月径流量最小,具有明显的季节差异,冬季 12 月至翌年 2 月为枯水期,流量较低,夏秋季为汛期,流量较高(图 4-10)。平水年全流域产流量为 $5.308\times10^{10} m^3$。在年内 8 月径流量最大,1 月径流量最小,季节差异明显(图 4-11)。枯水年全流域产流量最低,为 $4.276\times10^{10} m^3$。径流的年内分配不均匀,7 月径流量最大,2 月径流量最小,具有明显的季节差异(图 4-12)。

(2)从各子流域月径流量的空间分布来看,各典型年趋势基本相同,整体表现为河网干流沿线径流量最大,其次是支流沿线;距离河流越远,地表径流量相对越小;总的趋势是汉江流域南岸地表径流大于北岸。主要原因跟地貌和土地利用类型有关,汉江流域地势西北高东南低,西北部多为中低山区,土地利用覆被以林地和草地为主,涵养水源的能力较强,尤其是上游北部,大量的林草地分布使该地区地表径流量偏低;向东南降至丘陵平原区,多为水田和旱地,地表产流量较大。

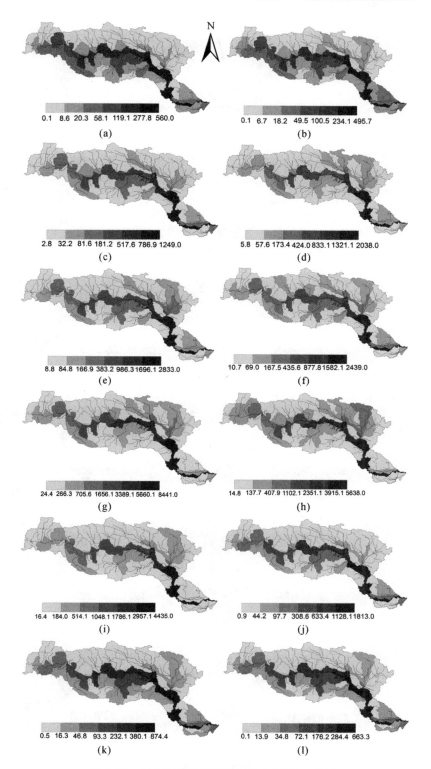

图 4-10 丰水年各月径流空间分布(单位:m³/s)

(a)1 月;(b)2 月;(c)3 月;(d)4 月;(e)5 月;(f)6 月;(g)7 月;(h)8 月;(i)9 月;(j)10 月;(k)11 月;(l)12 月

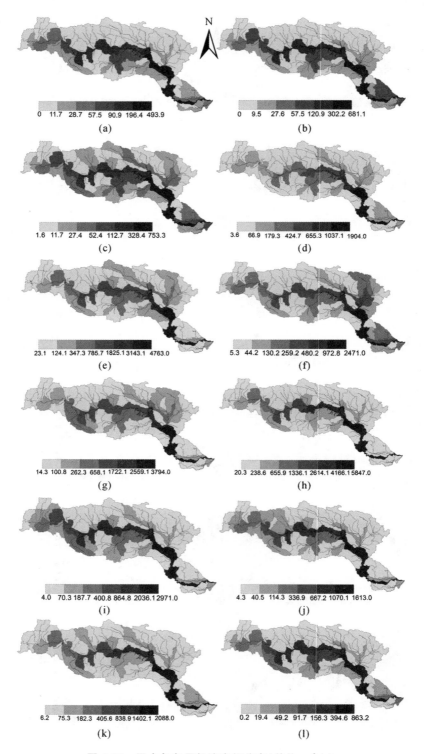

图 4-11 平水年各月径流空间分布（单位：m³/s）

(a)1 月；(b)2 月；(c)3 月；(d)4 月；(e)5 月；(f)6 月；(g)7 月；(h)8 月；(i)9 月；(j)10 月；(k)11 月；(l)12 月

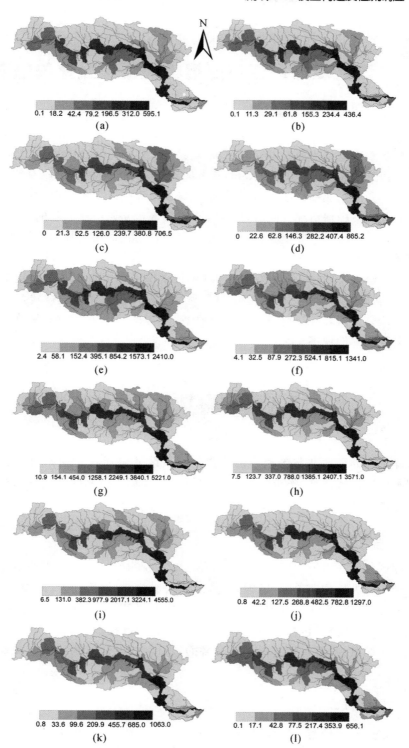

图 4-12　枯水年各月径流空间分布(单位:m³/s)

(a)1 月;(b)2 月;(c)3 月;(d)4 月;(e)5 月;(f)6 月;(g)7 月;(h)8 月;(i)9 月;(j)10 月;(k)11 月;(l)12 月

第五章

汉江流域丹江口库区植被覆盖变化与响应

区域植被覆盖变化是当前全球变化研究的热点内容之一,其对气候变化和人类活动的响应已引起国内外学者的广泛关注(Nemani et al.,2003;Ma et al.,2012;马明国 等,2006)。丹江口库区位于我国东亚季风区,区域气候受全球变化影响发生不同程度的波动,进而影响库区植物生长及植被覆盖情况。同时,丹江口水库是南水北调中线工程的水源地,近年来强烈的人为干扰,如水库蓄水、工程建设、移民安置、城镇扩张、退耕还林和植树造林等活动,对库区植被覆盖和生态环境产生巨大的扰动和威胁。然而,目前对丹江口库区植被分布的宏观特征及变化趋势尚不明晰,有必要对该区域植被状况及相关地理要素进行全面调查与深入分析。因此,科学评估近年来气候变化和人类活动对丹江口库区植被覆盖变化的影响具有重要的理论研究价值,同时对保障南水北调中线工程的输水安全和工程效益以及区域生态环境质量具有重要的现实意义。

5.1 丹江口库区概况

丹江口库区地处鄂西北与豫西南的交界。行政区域包括湖北省十堰市所属的丹江口市、郧县(现郧阳区)、郧西县、张湾区、茅箭区和河南省南阳市所属的淅川县和西峡县共7个县(市、区),总面积 $1.8×10^4 km^2$ 左右。

5.1.1 地质地貌

丹江口库区位于我国地形第二级阶梯和第二、三级阶梯的过渡带,横跨秦岭褶皱系和扬子准地台两个一级大地构造单元,断裂发育,地质构造复杂,褶皱强烈,地表岩层松散,岩石主要由片麻岩、砂页岩、石灰岩等组成。区域内地貌类型复杂,可分为四种主地貌类型和两种副地貌类型,主地貌类型包括丘陵、低山、中山和高山,海拔多在 500~800m,副地貌类型为河谷平地和山间盆地,具有峡谷与盆地交替的特点。区内常见的地质灾害有崩塌、滑坡、泥石流等。

5.1.2 气候特征

丹江口库区位于我国南北气候过渡地带的秦巴山气候区,具有四季分明、雨量充沛、光照充足等北亚热带大陆性季风气候特征。由于受到地形和季风影响,降雨时空分布不均,由南向北递减,丰水年降水量高达 1500mm,枯水年降水量只有 500mm,年均降水量 830mm;多年平均气温为 12~16℃,年日照总时数为 1500~1980h,无霜期年均 225~255d。

5.1.3 土壤植被

土壤类型主要有水稻土、山地棕壤、黄棕壤、石灰土、潮土、紫色土等,坡地以黄棕壤为主,水田以水稻土为主,土层厚度为 20～40cm,坡耕地土层厚度一般不足 30cm。成土母质多样,大部分土壤抗蚀能力较弱,加上该区降雨时空分配不均、雨量集中易形成暴雨,使水动力作用增强,因此在雨滴溅蚀作用下,土壤极易发生解体和位移,并随地面径流流失。

植被区划,属北亚热带常绿阔叶混交林地带,实际分布以夏绿阔叶、针叶林及针阔叶混交为主,植物种类繁多,生物多样性丰富。常见的乔木有马尾松、侧柏、杉木、棕榈、枇杷、杨、柳、榆、槐、楝和稀有树种官桂、三尖杉、刺楸、刺黄连、香果树、银杏、樟、青檀等,灌木有酸枣、冬青、胡枝子、荆条、黄栌、锦鸡儿等。藤本植物有野蔷薇、青藤、猕猴桃等。草本植物有白草、白茅、龙须草等。区内植被分布不均,中山区森林覆盖率较高,部分地方存在原始森林,低山丘陵区森林覆盖率较低。

5.1.4 河流水系与水库水质

丹江口库区流域水系发达,河流众多,均属于长江的第一大支流汉江水系。河流均由北向南流向丹江口水库,主要河流有丹江、鹳河、淇河、滔河等,大部分河道深,坡降大,水流湍急。部分小河道属于季节性河流,汛期洪水陡涨陡落,春季则枯水甚至断流。

丹江口水库现状水质符合地表水水环境质量标准Ⅱ类标准,能满足各类功能用水的要求。库区水质没有出现明显的分层现象,干支流入库污染物量主要受降雨-径流大小影响,丰水期水质较平水期和枯水期略差。主要污染物为有机物,污染源有生活污水、工业污水、农业污水、地表径流污染和地下水污染。丹江口水库水质现为中营养状态,但氮、磷浓度已达中营养化标准的上限。尤其是局部库湾,加高大坝后,库内水流变缓,水体交换性能变差,加上被淹没土地中营养物质的溶出,可能增加水体中氮、磷的含量,促进氮、磷等营养元素的富集,进而造成局部库湾水体的富营养化。

5.2 数据源与方法

5.2.1 数据源及预处理

数据资料包括 MODIS 和 Landsat 遥感影像、高程数据、气象数据、土地利用数据等。

(1)MODIS 遥感影像。选用 2000—2015 年 MODIS NDVI 产品 MOD13A3(h27v05),空间分辨率为 1km,时间分辨率为 1 月,共 191 景,来源于美国航空航天局(National Aeronautics and Space Administration,NASA)陆地数据分发中心(Land Process Distributed Active Archive Center,LPDAAC,https://lpdaac.usgs.gov/)。MOD13A3 数据已进行水、云、气溶胶等处理,质量可靠,被广泛用于植被覆盖变化研究。预处理流程:利用 MRT(MODIS Reprojection Tools)进行格式和投影转换,然后乘以转换系数得到 NDVI(归一化差值植被指数,normalized difference vegetation index)的真实值,再基于研究区矢量(来源于国家基

础地理信息中心,http://ngcc.sbsm.gov.cn/)截取子区,最后得到近16年来丹江口库区月均 NDVI 数据集,并以此合成年均 NDVI 数据。

(2)Landsat 遥感影像。包括 2000 年 Landsat TM 数据(行列号-年月日:125037-20000615、125038-20000615、126037-19990924)和 2015 年 Landsat OLI 数据(行列号-年月日:125037-20150414、125038-20150414、126037-20151014),空间分辨率为30m,来源于美国地质调查局 USGS(United States Geological Survey,http://earthexplorer.usgs.gov/)。影像时相为 4—6 月或 9—10 月,此时段植被覆盖较好,且避开了枯水期和洪水期。这些影像经几何纠正和大气校正后转为 Albers 投影,并用研究区矢量截取子区。

(3)高程数据。SRTM(Shuttle Radar Topography Mission)DEM UTM 数字高程产品,空间分辨率为 90m,数据时期是 2000 年,来源于中国科学院计算机网络信息中心地理空间数据云平台(http://www.gscloud.cn)。

(4)气象数据。包括 2000—2013 年郧西站和西峡站逐年平均气温和平均降水量数据,来源于中国气象局气象数据中心(http://data.cma.cn/)。

(5)土地利用数据。包括野外采样数据(2011 年 3 月和 9 月)和土地利用分类数据(1990年、1995 年、2000 年、2005 年和 2010 年),可为本研究土地利用分类及其精度验证提供野外样点。

5.2.2　植被覆盖度及趋势分析

植被覆盖度指植被(包括叶、茎、枝)在地面上垂直投影面积占统计区总面积的百分比(Gitelson et al.,2002),是衡量地表植被状况的重要指标之一。通常可应用混合像元分解模型估算植被覆盖度,该方法假设遥感影像的像元信息由纯植被和纯土壤组成,则混合像元的 NDVI 值可用纯植被像元和纯土壤像元 NDVI 值的加权平均来表达,计算公式如下:

$$\text{NDVI} = f_v \cdot \text{NDVI}_{veg} + (1 - f_v) \cdot \text{NDVI}_{soil} \tag{5-1}$$

式中,NDVI 为混合像元的植被指数值;f_v 为植被覆盖度;NDVI_{veg} 为纯植被像元的植被指数值;NDVI_{soil} 为纯土壤像元的植被指数值。因此,植被覆盖度的计算公式可表达为:

$$f_v = (\text{NDVI} - \text{NDVI}_{soil})/(\text{NDVI}_{veg} - \text{NDVI}_{soil}) \tag{5-2}$$

理论上,NDVI_{soil} 趋于 0,NDVI_{veg} 趋于 1;实际上,受土壤和植被类型以及叶绿素含量等因素的影响,不同区域、不同影像的 NDVI_{soil} 和 NDVI_{veg} 存在一定的变异(贾坤 等,2013)。在无大量实测数据参考的情况下,NDVI_{soil} 和 NDVI_{veg} 通常可分别根据给定置信区间内的最小值和最大值来取值(李京忠 等,2016)。本研究选择累积百分数 5% 和 95% 作为置信区间,即分别取累积百分数 5% 和 95% 对应的 NDVI 值为 NDVI_{soil} 和 NDVI_{veg},最后可通过式(5-2)计算得到历年植被覆盖度。

同时,采用泰尔森(Theil-Sen)斜率估计法(Sen,1968)分析近 16 年来丹江口库区植被覆盖度的时空变化趋势,该方法的优点是样本无须服从特定分布,且不受异常值干扰,已广泛应用于长时间序列变化趋势分析。Theil-Sen 斜率的计算公式为:

$$\text{TS}_{slope} = \left(\frac{x_j - x_i}{j - i}\right)\text{median} \tag{5-3}$$

式中,TS_{slope} 为植被覆盖度的变化趋势;median 为中位数函数;i、j 为时间序数(序列长度为 n,$i < j \leqslant n$);x_i、x_j 分别为第 i、j 时间(年份)的植被覆盖度。当 $\text{TS}_{slope} > 0$ 时,表明植被覆

度呈增加趋势;当 $TS_{slope}<0$ 时,表明植被覆盖度呈减少趋势;当 $TS_{slope}=0$ 时,表明趋势不明显。此外,通过 Mann-Kendall 统计检验法(Kendall,1948)对变化趋势的显著性进行检验,并根据检验结果将变化趋势分为如下五个等级:极显著增加($TS_{slope}>0$,$p<0.01$);显著增加($TS_{slope}>0$,$0.01<p<0.05$);无显著变化($p>0.05$);显著减少($TS_{slope}<0$,$0.01<p<0.05$);极显著减少($TS_{slope}<0$,$p<0.01$)。

5.2.3 土地利用/覆被分类

基于 2000 年和 2015 年 Landsat TM/OLI 影像获取丹江口库区土地利用/覆被变化状况,主要步骤如下:

(1)分类系统。结合丹江口库区土地利用/覆被现状,参照我国现行土地利用分类体系标准,将库区土地利用/覆被类型分为五大类,分别为林地、灌草地、农业用地、建设用地和水体。

(2)辅助分类数据。包括前文所述的库区野外采样数据和土地利用分类数据。

(3)分类方法。面向对象决策树分类法、面向对象法能有效利用影像的光谱、空间和纹理等信息,减少由于对象过于破碎而产生的"同物异谱""同谱异物""椒盐"等现象,有利于提高遥感信息提取的精度。决策树分类法参考胡砚霞等(2013)的研究。

(4)精度验证。上述辅助分类数据也可为分类结果的精度验证提供野外样本点。

(5)分类后处理。分类后影像经拼接后转化为矢量数据,在 ArcMap 平台中对计算机误分的图斑经目视解译修改分类编码或图斑边界,弥补计算机自动分类的不足,确保土地利用/覆被结果的精度。

5.3 丹江口库区植被覆盖时空变化

5.3.1 丹江口库区多年平均植被覆盖情况

根据 2000—2015 年植被覆盖度数据,得到丹江口库区及各县(市、区)16 年间平均植被覆盖度分布情况(图 5-1)。从空间分布上看,东北部伏牛山区、西部秦岭山区和西南部武当山区平均植被覆盖度较高;水库沿线及周边低海拔丘陵、冲积平原区平均植被覆盖度较低。

将平均植被覆盖度图层与高程图层进行 GIS 空间叠加分析,结果显示:中山区(海拔≥1000m)平均植被覆盖度最高,达 82.9%;低山区(500m≤海拔<1000m)平均植被覆盖度为78.2%;丘陵区(200m≤海拔<500m)平均植被覆盖度为 49.7%;平原区(海拔<200m)平均植被覆盖度最低,仅 24.7%。总体上,植被覆盖度随海拔高度升高而增加。

从各县(市、区)情况来看,张湾、茅箭区平均植被覆盖度最高,达 77.9%;郧西县和西峡县平均植被覆盖度较高,分别为 69.0%和 67.9%;郧阳区和丹江口市平均植被覆盖度相当,分别为 60.4%和 59.2%;淅川县平均植被覆盖度最低,仅 34.9%(由于该县丘陵和平原面积比例较大,分别达 42.6%和 46.3%)。

5.3.2 丹江口库区植被覆盖时空变化趋势

(1)时间变化趋势。2000—2015 年丹江口库区植被覆盖度呈增加的趋势,增速为

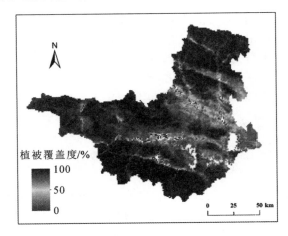

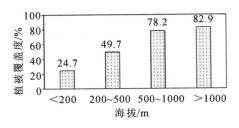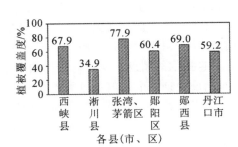

图 5-1 2000—2015 年丹江口库区及各县(市、区)平均植被覆盖度分布情况

4.73%/10a(p<0.001)。从各县(市、区)情况来看,除张湾、茅箭区和西峡县植被覆盖度呈减少的趋势外(减速分别为 1.53%/10a 和 3.81%/10a,p<0.05),其他区域植被覆盖度均呈增加的趋势:郧西县和丹江口市植被覆盖度增速最大,分别达 7.52%/10a(p<0.001)和 7.49%/10a(p<0.001),郧阳区和淅川县增速分别为 7.24%/10a(p<0.001)和 5.85%/10a(p<0.001)。(图 5-2)

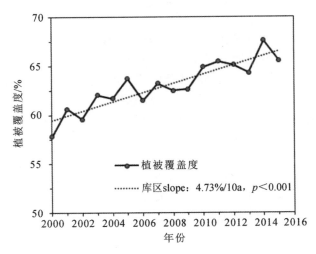

图 5-2 2000—2015 年丹江口库区及各县(市、区)植被覆盖度的时间变化趋势

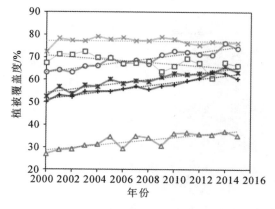

○— 郧西县slope：7.52%/10a，*p*<0.001

—+— 丹江口市slope：7.49%/10a，*p*<0.001

□— 西峡县slope：−3.81%/10a，*p*<0.05

△— 淅川县slope：5.85%/10a，*p*<0.001

×— 张湾、茅箭区slope：−1.53%/10a，*p*<0.05

＊— 郧阳区slope：7.24%/10a，*p*<0.001

图 5-2　2000—2015 年丹江口库区及各县（市、区）植被覆盖度的时间变化趋势（续）

（2）空间变化趋势。为检测丹江口库区植被覆盖度的空间变化趋势，本节以年为单位计算了 2000—2015 年丹江口库区植被覆盖度的 Theil-Sen 趋势，并对其进行了 Mann-Kendall 检验。结果表明，近 16 年来丹江口库区植被覆盖度整体上呈增加趋势，其中呈增加和减少趋势的区域面积分别占 11382km²（63.49%）和 6544km²（36.51%）。具体地：①就增加趋势而言，1886km²（10.52%）的区域呈显著增加，5454km²（30.42%）的区域呈极显著增加，这些地区主要分布于库周丘陵和平原地带，此区域为生态建设重点区域，植树造林、封山育林、退耕还林以及水土保持等工程实施后，植被覆盖度得到显著增加；②就减少趋势而言，917km²（5.12%）的区域呈显著减少，882km²（4.92%）的区域呈极显著减少，这些地区主要分布于西北部伏牛山区以及建成区周边；③8788km²（49.02%）的区域变化不显著。（图 5-3）

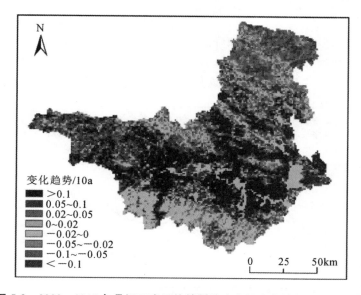

变化趋势/10a

■ >0.1
■ 0.05~0.1
■ 0.02~0.05
0~0.02
−0.02~0
−0.05~−0.02
■ −0.1~−0.05
■ <−0.1

0　　25　　50km

图 5-3　2000—2015 年丹江口库区植被覆盖度空间变化趋势及其显著性

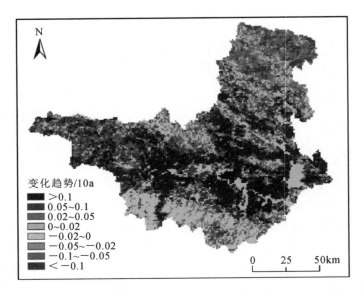

图 5-3　2000—2015 年丹江口库区植被覆盖度空间变化趋势及其显著性(续)

5.4　丹江口库区植被覆盖时空变化响应分析

5.4.1　植被覆盖对气候变化的响应

受全球气候变化影响,区域气温和降水会发生不同程度的变化,进而影响植物的生长活动。多年气象观测数据显示,2000—2013 年,丹江口库区平均气温呈弱升高的趋势,升速为 $0.188℃/10a(p<0.05)$;平均降水量呈弱减少的趋势,减速为 $58.508mm/10a(p<0.05)$。(图 5-4)

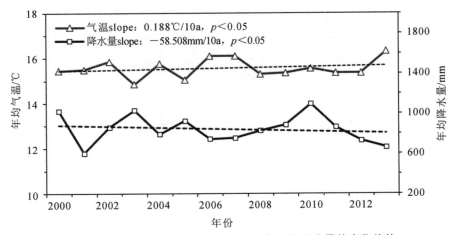

图 5-4　2000—2013 年丹江口库区年均气温和降水量的变化趋势

采用偏相关分析法探索植被覆盖变化与气候变化的关系。为保证结果的可信度,从站点尺度进行分析,具体操作步骤如下:①取气象站(郧西站、西峡站)周边 3km 缓冲区内平均植被覆盖度作为该站点植被覆盖度值;②对历年植被覆盖度、气温和降水量数据进行去趋势处理,并分别计算植被覆盖度与气温和降水量的偏相关系数。结果显示,郧西站植被覆盖度与气温和降水量的偏相关系数分别为 0.054($p=0.861$)和 0.060($p=0.846$),且均未通过 0.05 水平上的显著性检验;西峡站植被覆盖度与气温和降水量的偏相关系数分别为 -0.239($p=0.431$)和 0.051($p=0.869$),也均未通过 0.05 水平上的显著性检验。上述结果表明,丹江口库区植被覆盖对气候变化的响应不显著。

5.4.2　植被覆盖对人类活动的响应

人类活动对植被覆盖的影响,既有正面效应(如植树造林、退耕还林等),也有负面效应(如城市扩张、森林破坏等),以下将从土地利用/覆被变化和历年造林状况两个方面对此问题进行分析。

受人类活动影响,土地利用/覆被会产生一定的变化,植被覆盖度也将发生相应的变化,如林地转变为建设用地或水体,植被覆盖度将减少;农业用地或灌草地转变为林地,植被覆盖度将增加。本研究基于 2000 年和 2015 年丹江口库区土地利用/覆被变化及转移矩阵(图 5-5、表 5-1)探讨近 16 年来其植被覆盖变化的原因。总体上,丹江口库区林地、建设用地和水体的面积呈增加的趋势,灌草地和农业用地的面积呈减少的趋势。

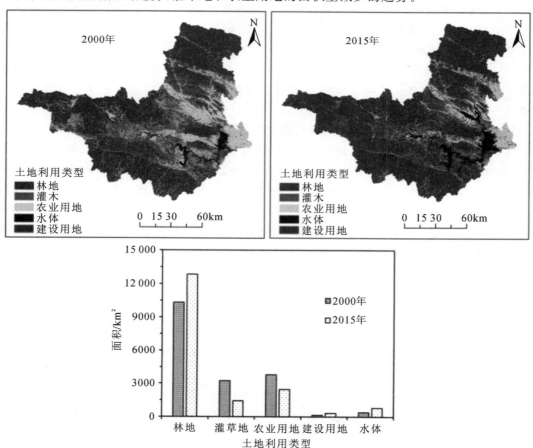

图 5-5　2000 年和 2015 年丹江口库区土地利用变化及统计结果

汉江流域水文情势变化
与生态过程响应研究

表 5-1　2000 年和 2015 年丹江口库区土地利用转移矩阵　　　　单位:km²

2000 年土地利用类型	2015 年土地利用类型					
	林地	灌草地	农业用地	建设用地	水体	合计
林地	9877.61	1915.46	1074.43	20.12	8.55	12896.17
灌草地	184.10	602.10	585.50	3.52	2.52	1377.74
农业用地	184.60	534.70	1739.91	17.10	4.02	2480.33
建设用地	40.24	79.48	136.32	62.88	6.54	325.46
水体	37.73	88.53	258.55	59.36	402.41	846.58
合计	10324.28	3220.27	3794.71	162.98	424.04	17926.28

注:表中数据说明,如林地的变化,2015 年林地面积为 12896.17km²,具体与 2010 年林地面积为 10324.28km² 相比,净增加 2 571.89km²。

　　从表 5-1 可以看出丹江口库区土地利用变化情况。相较于 2000 年,2015 年丹江口库区林地面积净增加 2571.89km²,其中 1915.46km² 由灌草地转入,1074.43km² 由农业用地转入,少量林地转变为其他类型;建设用地面积净增加 168.80km²,其中 136.32km² 由农业用地转入,79.48km² 由灌草地转入,少量建设用地转变为其他类型;水体面积净增加 834.44km²,其中 258.55km² 由农业用地转入,88.53km² 由灌草地转入。丹江口库区土地利用变化类型以灌草地转变为林地最多(净变化 1731.36km²),其次为农业用地转变为林地(净变化 889.83km²),以及农业用地转变为水体(净变化 254.53km²)和农业用地转变为建设用地(净变化 119.22km²),这些土地利用/覆被变化主要受造林、退耕还林、水库蓄水以及建设活动的驱动。(图 5-6)

　　植树造林是提高植被覆盖度的一项重要措施。本研究基于《中国林业统计年鉴》统计丹江口库区各县(市、区)逐年造林面积,发现库区造林工作主要经历了两个高峰期,分别为 2002—2005 年段和 2011—2014 年段,并以 2002 年造林面积最多(其中新造林 3.8×10⁴hm²,封山育林 2.93×10⁴hm²,且以丹江口市最为突出)(图 5-7)。此间,南水北调中线工程于 2002 年开工,2014 年正式通水,丹江口库区先后实施了生态环境建设工程(如退耕还林工程、植树造林工程、封山育林工程等)和水土保持工程,以及一系列生态环境综合整治项目。从植被覆盖度遥感监测结果来看,丹江口库区植被覆盖度呈稳步增加的趋势,一定程度上表明上述工程和项目的实施起到了积极作用。

　　结合库区各县(市、区)土地利用/覆被变化(图 5-6)和历年造林状况(图 5-7、图 5-8)分析发现。

　　(1)淅川县和丹江口市土地利用变化情况类似,均表现为灌草地、农业用地转变为林地、水体,其中林地面积增加较多,水体面积增加较少,植被覆盖度都呈增加的趋势,主要受益于造林活动。具体地,2002—2014 年,淅川县新造林 8.47×10⁴hm²、封山育林 3.24×10⁴hm²;丹江口市新造林 4.03×10⁴hm²、封山育林 2.83×10⁴hm²。

　　(2)张湾、茅箭区土地利用变化主要是灌草地转变为建设用地、林地,其中林地面积略有增加,建设用地面积增加较多,植被覆盖度呈减少的趋势,主要受城镇化的影响。此外,此区由于属十堰市辖区,可供造林区域有限,历年造林面积均低于其他县(市、区)。

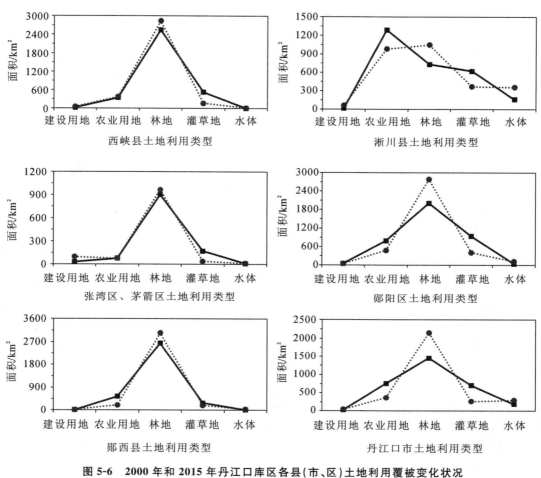

图 5-6 2000 年和 2015 年丹江口库区各县(市、区)土地利用覆被变化状况

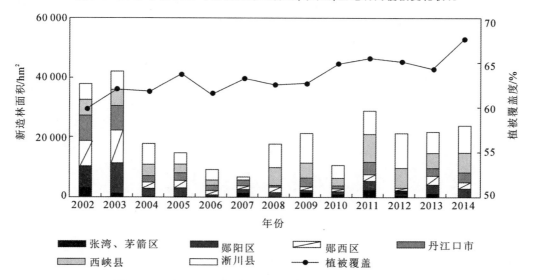

图 5-7 2002—2014 年丹江口库区各县(市、区)新造林状况

汉江流域水文情势变化
与生态过程响应研究

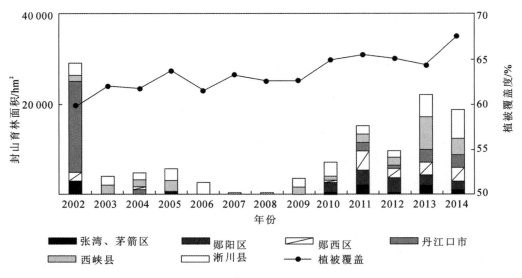

图 5-8   2002—2014 年丹江口库区各县(市、区)封山育林状况

(3)郧阳区土地利用变化主要为农业用地、灌草地转变为林地,植被覆盖度呈增加的趋势,主要受植树造林驱动。具体地,2002—2014 年,郧阳区新造林 $3.82 \times 10^4 \mathrm{hm}^2$、封山育林 $1.42 \times 10^4 \mathrm{hm}^2$。

(4)郧西县土地利用变化主要是农业用地转变为林地,植被覆盖度呈增加的趋势,退耕还林是其主要原因。具体地,2002—2014 年,郧西县新造林 $3.91 \times 10^4 \mathrm{hm}^2$、封山育林 $1.57 \times 10^4 \mathrm{hm}^2$。

(5)西峡县土地利用变化主要为灌草地转变为林地,但植被覆盖度却呈减少的趋势,且该县平均植被覆盖度较高,出现此现象是由于 2011—2014 年造林高峰期间中幼龄林比例大(如该县 2011 年中幼龄林比例高达 79%)。具体地,2002—2014 年,西峡县新造林达 $6.08 \times 10^4 \mathrm{hm}^2$、封山育林达 $2.49 \times 10^4 \mathrm{hm}^2$。

第六章
汉江流域丹江口库区土壤侵蚀及其风险评估

　　土壤侵蚀指地表土壤及母质在水力、风力等外营力作用下所发生的位移、搬运和堆积的全部过程,是发生在特定时空条件下的土体迁移过程,受到多种自然要素和人类活动的综合影响,是世界范围内最重要的土地退化问题。土壤侵蚀蚕食和破坏土壤资源,使土层变薄,使土壤肥力和质量迅速下降。此外,它常造成下游水库泥沙淤积,房屋、道路和沟渠等基础设施遭到损害,从而威胁人类安全。严重的水土流失破坏了宝贵的水土和生物资源,引起气候、自然、生态环境的恶化,阻碍了社会经济的发展。中国是世界上水土流失最严重的国家之一,土壤侵蚀一直是我国的首要生态环境问题,国家已将水土保持作为长期坚持的一项基本国策和生态建设的基础工程。随着全球人口的增长、资源的开发、经济的发展,人类对环境的影响日益深刻和广泛,使得人类与自然的关系更复杂,矛盾更尖锐。我国年均土壤侵蚀总量 4.52×10^9 t,主要江河的多年平均土壤侵蚀模数为 3400t/(km² · a),部分区域土壤侵蚀模数甚至超过 3×10^4 t/(km² · a),土壤侵蚀强度远高于土壤容许流失量。因此,对土壤侵蚀进行适当评估,了解其空间分布以及侵蚀程度,及时得到侵蚀发生的时空分布,对于以监测、预防、治理为目的的区域土壤侵蚀调查具有重要意义。

　　现有的土壤侵蚀评估方法包括定性的判断和定量的计算。定性方法包括目视判读、指标综合、影像分类等方法;定量方法包括侵蚀模型方法,侵蚀模型可以分为经验统计模型和物理过程模型以及分布式模型、数字高程模型方法、核示踪和神经网络、GIS 等其他方法和技术。定量模型往往仅适用于特定区域,特定尺度和特定过程,而且需要确切的参数作为数据输入,较难推广,但仍然是今后研究重点之一。定性方法相对具有更大的灵活性,容易结合各种遥感数据对土壤侵蚀进行评价,虽然不能给出具体的侵蚀量,但在特定情况(如确定土壤侵蚀区域的优先治理次序)下并不需要知道确切的侵蚀量或侵蚀率,只需要知道从高到低的侵蚀风险,所以定性的方法仍然被广泛地使用。特别是指标综合方法,因其受人为因素干扰较少,并且与遥感和 GIS 技术结合可以快速高效地进行土壤侵蚀监测,而被广泛使用。遥感可以提供大区域同质数据,是进行环境和灾害动态监测的有效技术手段,而侵蚀退化标志如地表裸露程度、地形地貌、植被覆盖度和土地覆被变化等能够被遥感所记录和获取。因此自 20 世纪 70 年代以来,遥感技术就被应用于土壤侵蚀调查。

　　丹江口库区是我国南水北调中线工程的主要水源区和主要淹没区,区域横跨秦岭褶皱系和扬子准地台两个一级大地构造单元,断裂发育,地质构造与地貌类型复杂,主地貌类型包括丘陵、低山、中山和高山,副地貌类型为河谷平地和山间盆地,褶皱构造和断层岩性破碎松散,涵养水分能力差;成土母质多样,大部分土壤抗蚀能力较弱,加上降雨时空分配不均、雨量集中易形成暴雨,使水动力作用增强,土壤极易发生解体和位移,并随地面径流流失;山高坡陡,切割深,易发生径流冲刷。库区内既有亚热带常绿阔叶林,又有温带落叶阔叶林、针叶混交林,植被分布不均,且以中幼林为主,林种结构不协调,荒山面积大,森林覆盖率较低,水土涵养能力较弱(图 6-1)。库区人多耕地少,土地大多被过度开发,毁林开荒、破坏植被、陡坡耕种等不合理的土地利用方式以及忽视水土保持的开发建设项目等人为因素影响,造成生态环境的进一步破坏,导致库区成为土壤侵蚀易发生区,水土流失严重,且土壤侵蚀主要是水力侵蚀,占99%以上,侵蚀类型以面蚀、沟蚀为主,生态安全程度较低。丹江口水库的安全运行对生态环境有较高要求,库区的土壤侵蚀必将带来一系列危害,威胁南水北调中线工程的安全运行。库区的生态环境问题尤其是土壤侵蚀成为影响水库水质和调水工程成败的重要因素,建立运用遥感影像分析库区土壤侵蚀的流程、结合 GIS 技术对库区土壤侵蚀分布与强度的动态变化进行高效、准确、定期的定量分析,不但是水源区土壤侵蚀评价、治理、预测的重要依据,还对保证库区土地资源的持续利用和南水北调的水安全和工程效益有着重要意义。因此,本研究目的是综合遥感与 GIS 技术评估丹江口库区土壤侵蚀防风险,基于其空间分布及动态变化趋势确定优先治理区域,从而辅助管理部门确定侵蚀控制区域、启动治理工程、设置治理措施,为南水北调中线工程生态建设以及库区社会经济可持续发展提供科学依据。

图 6-1　丹江口库区典型区域土壤侵蚀情况

6.1　数据源与研究方法

6.1.1　数据源

(1)遥感影像数据,包括覆盖丹江口库区的一景环境与灾害监测预报小卫星 HJ-1B CCD2 影像和三景美国陆地资源卫星 Landsat TM5 影像。其中,HJ-1B 数据获取时间是 2010 年 6 月 17 日,三景 Landsat TM5 的获取时间分别是 2004 年 5 月 17 日(125/37 和 125/38)和 2004 年 6 月 25 日(126/37)。

影像经过几何校正、辐射校正、大气校正、镶嵌、裁剪等预处理。其中,环境与灾害监测预报小卫星星座 A、B 星(HJ-1A/1B 星)于 2008 年 9 月 6 日成功发射,HJ-1A 星搭载了 CCD 相机和超光谱成像仪(HSI),HJ-1B 星搭载了 CCD 相机和红外相机(IRS)。在 HJ-1A 星和 HJ-1B 星上装载的两台 CCD 相机设计原理完全相同,以星下点对称放置,平分视场、并行观测,联合完成对地刈幅宽度为 700km、地面像元分辨率为 30m、4 个谱段的推扫成像。此外,在 HJ-1A 星装载的一台超光谱成像仪,可完成对地刈宽为 50km、地面像元分辨率为 100m、110～128 个光谱谱段的推扫成像,具有±30°侧视能力和星上定标功能。在 HJ-1B 星上还装载有一台红外相机,可完成对地幅宽为 720km、地面像元分辨率为 150m/300m、近短中长 4 个光谱谱段的成像。各载荷的主要参数如表 6-1 所示。

表 6-1 HJ-1A/B 星各载荷的主要参数

平台	有效载荷	波段号	光谱范围/μm	空间分辨率/m	幅宽/km	侧摆能力	重访时间/d	数传数据率/Mbps
HJ-1A 星	CCD 相机	1	0.43~0.52	30	360(单台),700(两台)	—	4	120
		2	0.52~0.60	30				
		3	0.63~0.69	30				
		4	0.76~0.90	30				
	超光谱成像仪	—	0.45~0.95(110~128 个光谱谱段)	100	50	±30°	4	
HJ-1B 星	CCD 相机	1	0.43~0.52	30	360(单台),700(两台)	—	4	60
		2	0.52~0.60	30				
		3	0.63~0.69	30				
		4	0.76~0.90	30				
	红外相机	5	0.75~1.10	150(近红外)	720	—	4	
		6	1.55~1.75					
		7	3.50~3.90					
		8	10.5~12.5	300(10.5~12.5μm)				

(2)DEM 数据,来源于美国航天局(NASA)与日本经济产业省(Ministry of Economy, Trade and Industry,METI)共同推出的全球 ASTER GDEM 数据。覆盖范围为北纬 83°到南纬 83°,基本的单元按 1°×1°分片,其空间分辨率 1rad/s(约 30m),垂直精度 20m,水平精度 30m。DEM 格式为 GeoTIFF,参考大地水准面 WGS84/EGM96(赵国松 等,2012)。

(3)野外实地调查数据。本研究分别在 2010 年 3 月、2011 年 3 月和 9 月进行了 3 次野外考察,调查丹江口库区的土地覆盖类型。库区主要植被类型包括:常绿/落叶阔叶林、常绿针叶林(马尾松和杉木林)、落叶阔叶灌木林、灌木园地(柑橘)、旱地、草地、少量针阔叶混交林等,如图 6-2 所示。

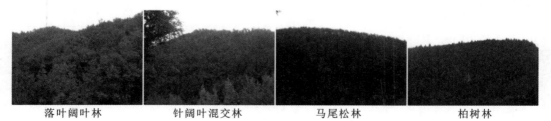

落叶阔叶林　　　针阔叶混交林　　　马尾松林　　　柏树林

图 6-2 丹江口库区主要土地覆被类型

| 果园 | 旱地 | 梯田 | 水田 |
| 杉木林 | 杨树林 | 草地 | 灌丛 |

图 6-2　丹江口库区主要土地覆被类型(续)

6.1.2　土壤侵蚀分级方法

土壤侵蚀主要依赖于地形、植被覆盖、土壤纹理、降雨强度和径流、土地覆盖等。水蚀被认为是由于降雨与径流导致的表层土的流失,其侵蚀强度可以用土壤侵蚀模数来测定。侵蚀风险则可以由侵蚀强度来评估。影响侵蚀风险的因素主要包括坡度、植被覆盖度与土地利用,因此侵蚀风险可定义为区域环境变化在这些因子上的响应。

本研究以预处理后的 HJ、TM 影像和 DEM 为主要数据源,参考水利部 2008 年 1 月颁布的《土壤侵蚀分类分级标准》(SL 190—2007),根据土地利用、坡度和植被覆盖度指标评估丹江口库区土壤侵蚀风险。其中,坡度由 DEM 计算而来,2004 年和 2010 年土地利用和植被覆盖度分别由 HJ 和 TM 影像解译反演获得。在研究中,将水力侵蚀度分为微度侵蚀、轻度侵蚀、中度侵蚀、强度侵蚀、极强度侵蚀和剧烈侵蚀 6 个等级,分级参考指标见表 6-2,各土壤侵蚀平均侵蚀模数如表 6-3 所示。

表 6-2　土壤侵蚀风险分级分类标准

土地利用类型		地面坡度/(°)					
		<5	5~8	8~15	15~25	25~35	>35
非耕地 (基于植被 覆盖度)/%	>75	微度	微度	微度	微度	微度	微度
	60~70	微度	轻度	轻度	轻度	中度	中度
	45~60	微度	轻度	轻度	中度	中度	强度
	30~45	微度	轻度	中度	中度	强度	极强度
	<30	微度	中度	中度	强度	极强度	剧烈
坡耕地		微度	轻度	中度	强度	极强度	剧烈

注:参考中华人民共和国水利行业标准《土壤侵蚀分类分级标准》(SL 190—2007),依据研究区实际,增加了微度分类。

表 6-3　水土流失强度等级划分

侵蚀等级	平均土壤侵蚀模数/$[t/(km^2 \cdot a)]$
微度	＜500
轻度	500～2500
中度	2500～5000
强度	5000～8000
极强度	8000～15000
剧烈	＞15000

注:参考中华人民共和国水利行业标准《土壤侵蚀分类分级标准》(SL 190－2007)。

6.1.3　坡度计算

地形是土壤侵蚀模型中一个重要的地表特征,坡度对地表径流和土壤侵蚀有显著影响。本研究坡度由 DEM 数据计算得到,利用 ArcGIS 采用拟合曲面法求解。拟合曲面法一般采用二次曲面,即 3×3 窗口(图 6-3),每个窗口中心为一个高程点,点 e 的坡度计算公式如下:

$$\mathrm{slope\_degrees} = \frac{\mathrm{ATAN(rise\_run)} \times 180}{\pi} \tag{6-1}$$

$$\mathrm{rise\_run} = \sqrt{\mathrm{slope_{we}}^2 + \mathrm{slope_{sn}}^2} \tag{6-2}$$

$$\mathrm{slope_{we}} = \frac{(e_8 + 2e_1 + e_5) - (e_7 + 2e_3 + e_6)}{8\mathrm{cellsize}} \tag{6-3}$$

$$\mathrm{slope_{sn}} = \frac{(e_7 + 2e_4 + e_8) - (e_6 + 2e_2 + e_5)}{8\mathrm{cellsize}} \tag{6-4}$$

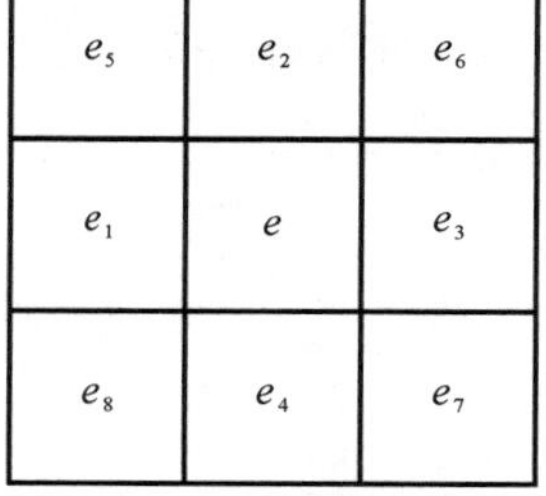

图 6-3　3×3 窗口计算点的坡度

式中,$\mathrm{slope_{we}}$ 为 X 方向上的坡度;$\mathrm{slope_{sn}}$ 为 Y 方向上的坡度。根据中华人民共和国水利行业标准《土壤侵蚀分类分级标准》(SL 190—2007),丹江口库区坡度按照 5°、8°、15°、25°和 35°为边界划分制作专题图,如图 6-4 所示。

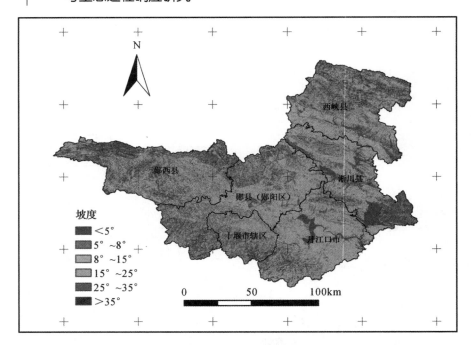

图 6-4　丹江口库区坡度分类图

6.1.4　土地利用

土地利用与人类活动密切相关,是影响土壤侵蚀的主要因素之一。相关研究表明,在使用高分辨率影像分类时,面向对象方法比基于像元方法得到的分类结果精度更高。因此,基于实地调查建立研究区的土地利用解译标志,利用面向对象分类软件 eCognition 对研究区2004 年 Landsat TM5 和 2010 年 HJ-1B 影像进行分类。土地利用结果分为 9 类:林地、灌丛、草地、耕地、果园、建设用地、水体、湿地和未利用地,各类别含义如表 6-4 所示。根据野外观测验证,土地利用分类的精度达到 90%。采用人工目视解译对错误分类的对象进行修订,最终分类结果如图 6-5 所示。在土壤侵蚀风险评估中,将土地利用分类结果重新划分为4 个主要的土地利用类型:耕地、非耕地、水体与建设用地,其中水体与建设用地直接确定为无土壤侵蚀风险,耕地与非耕地按照《土壤侵蚀分类分级标准》(SL 190—2007)进行评估。

表 6-4　丹江口库区土地利用分类系统

一级类型	二级类型	编码	含义
建设用地	建设用地	10	包括城镇、工业用地、交通用地和农村居民点等
农业用地	耕地	21	包括旱地、水田、灌溉耕地等
	果园	22	以经营为目的的果树园地
草地	灌丛	31	草地中覆盖度 5%~40%、高度<2m 的灌丛
	草地	32	覆盖度>5%,以草本植物为主的各类草地
林地	林地	40	郁闭度>30%、高度>2m 的天然林或人工林
水体	水体	50	包括河流、沟渠、湖泊、水库等
湿地	湿地	60	指狭义上的湿地(美国鱼类和野生生物保护机构的定义),主要是周期性为水面覆盖的自然植被
未利用地	未利用地	70	包括裸岩、滩地、裸土地等

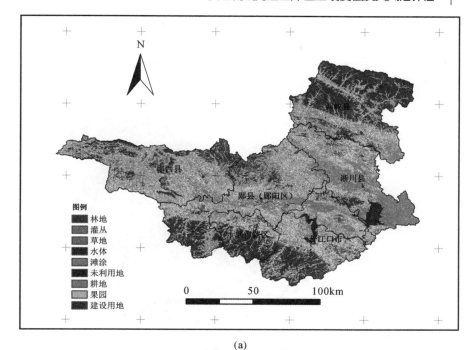

(a)

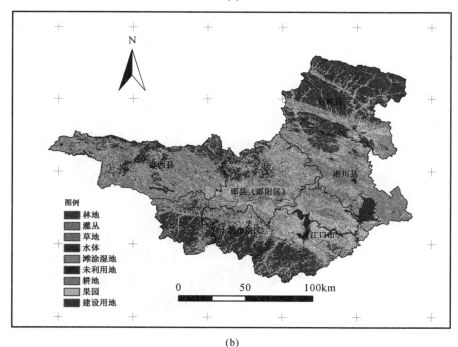

(b)

图 6-5　丹江口库区土地利用分类结果

(a)2004 年；(b)2010 年

6.1.5　植被覆盖度

依据第五章植被覆盖度的计算方法对丹江口库区 2004 年和 2010 年植被覆盖度进行了

估算。将植被覆盖度以 30%、45%、60% 和 75% 为间隔划分不同等级,制作研究区植被覆盖
专题图,如图 6-6 所示。

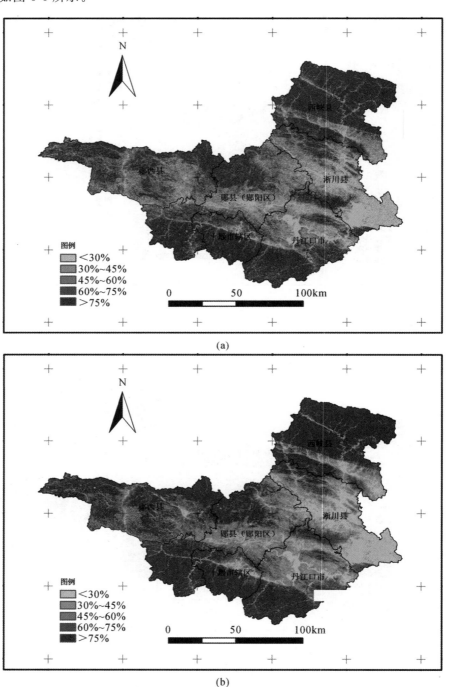

(a)

(b)

图 6-6　丹江口库区植被覆盖度估算结果

(a)2004 年;(b)2010 年

6.2 丹江口库区土壤侵蚀状况

6.2.1 土壤侵蚀风险评估

丹江口库区坡度＜5°(平缓坡)、5°～8°(中等坡)、8°～15°(斜坡)、15°～25°(陡坡)、25°～35°(急坡)、＞35°(急陡坡)的区域分别占总面积的 8.66%、8.57%、20.89%、30.29%、21.28%和 10.31%。库区 2004 年植被覆盖度＜15%、15%～30%、30%～45%、45%～60%、60%～75%、＞75%的区域分别占总面积的 19.82%、11.75%、12.46%、12.95%和 43.02%。2010 年的各植被覆盖度等级分别占总面积的 16.10%、11.63%、13.67%、16.52%和 42.08%。将坡度等级图、土地利用/覆被图和植被覆盖图叠合,依据水力侵蚀强度分级标准,对库区土壤侵蚀进行判读获得库区 2004 年和 2010 年土壤侵蚀风险。(图 6-7)

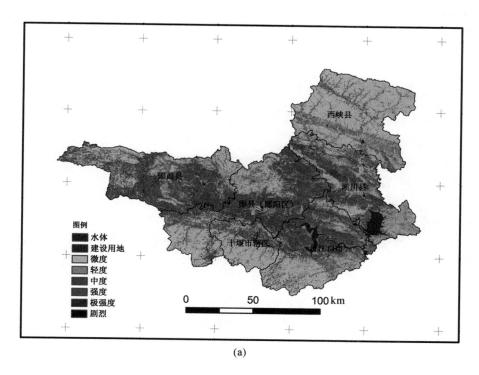

图例
■ 水体
■ 建设用地
▨ 微度
▨ 轻度
▨ 中度
▨ 强度
■ 极强度
■ 剧烈

0 50 100 km

(a)

图 6-7 丹江口库区土壤侵蚀风险

(a)2004 年;(b)2010 年

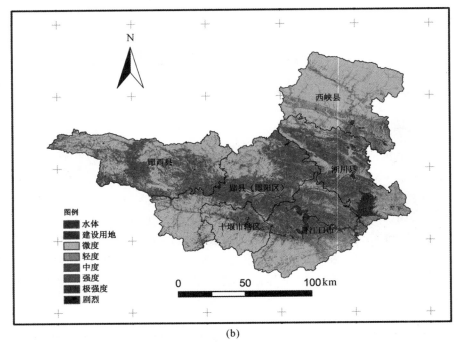

(b)

图 6-7　丹江口库区土壤侵蚀风险(续)

(a)2004 年；(b)2010 年

6.2.2　土壤侵蚀风险比较

对同一地区不同时期的土壤侵蚀调查结果进行动态分析，可以揭示不同侵蚀等级在时空上的变化情况。HJ-1B 与 Landsat TM 空间分辨率相同，光谱范围与 TM 前 4 个波段相同。2004 年和 2010 年的影像获取日期为植被生长季节的 5 月或 6 月。因此，这两期土壤侵蚀风险结果被认为具有可比性。通过计算两个时期不同的侵蚀等级区域，并对区域动态变化进行对比分析，可以从宏观的角度分析整个侵蚀风险的趋势。2004 年与 2010 年研究区各土壤侵蚀风险等级对比如表 6-5 所示。侵蚀等级大于轻度的被认为是土壤侵蚀区域。从计算结果中我们可以看到侵蚀等级恶化、不变、好转的区域分布情况以及面积大小，同时也可以了解到极度恶化区域的分布位置及其面积，从而可以针对不同的情况提出不同的治理措施。

从表 6-5 可以看出丹江口库区侵蚀面积从 5751.04km² (占研究区总面积的 32.1%)减少到 4557.08km² (占研究区总面积的 25.43%)，侵蚀状况有所好转。从各侵蚀等级看，强度、极强度和剧烈侵蚀区域面积均有较明显的减小，分别从 1654.35km² (占研究区总面积 9.230%)、603.36km² (占研究区总面积 3.366%)和 142.92km² (占研究区总面积 0.797%)减小到 809.95km² (占研究区总面积 4.519%)、194.10km² (占研究区总面积 1.083%)和 32.85km² (占研究区总面积 0.183%)。轻度和中度侵蚀区域的面积均有所增加，分别从 2339.49km² (占研究区总面积 13.052%)和 3350.41km² (占研究区总面积 18.692%)增加到 3332.05km² (占研究区总面积 18.590%)和 3520.18km² (占研究区总面积 19.640%)。这些结果表明，丹江口库区侵蚀面积总体呈下降趋势，侵蚀状况有所改善。

表 6-5 丹江口库区 2004 年和 2010 年各土壤侵蚀风险等级比较

土壤侵蚀风险等级	2004 年土壤侵蚀风险		2010 年土壤侵蚀风险	
	面积/km²	百分比/%	面积/km²	百分比/%
微度	9833.45	54.862	10 034.83	55.986
轻度	2339.49	13.052	3332.05	18.590
中度	3350.41	18.692	3520.18	19.640
强度	1654.35	9.230	809.95	4.519
极强度	603.36	3.366	194.10	1.083
剧烈	142.92	0.797	32.85	0.183

  将 2004 年和 2010 年两期侵蚀风险监测成果进行叠加分析,得到 2004 年与 2010 年各侵蚀等级转化情况,见表 6-6。对角线值之和为未变化区域占总面积的百分比。侵蚀风险增加和减少的百分比分别位于对角线的上下。如表 6-6 所示,未变化区域占总面积的 57.91%、退化区占总面积的 16.17%、改良区占总面积的 25.92%。表明丹江口库区土壤侵蚀情况总体有所改善。侵蚀等级越低,未改变区域面积越大,说明侵蚀风险越低的区域状态越稳定。表中的每一行表示从 2004 年到 2010 年各侵蚀等级转化占总面积的百分比。侵蚀等级由剧烈向微度、轻度和中度转化的百分比分别为 0.18%、0.02% 和 0.30%,侵蚀等级由微度向中度、强度、极强度和剧烈转变的百分比分别为 4.03%、0.54%、0.16% 和 0.05%。

表 6-6 丹江口库区 2004 年与 2010 年各侵蚀等级转移矩阵   单位:%

2004 年侵蚀等级	2010 年侵蚀等级					
	微度	轻度	中度	强度	极强度	剧烈
微度	43.61	6.42	4.03	0.54	0.16	0.05
轻度	4.90	5.00	2.84	0.30	0.03	0.00
中度	5.10	4.97	7.19	1.26	0.17	0.02
强度	1.51	1.86	3.85	1.72	0.29	0.02
极强度	0.63	0.34	1.46	0.56	0.34	0.04
剧烈	0.18	0.02	0.30	0.15	0.09	0.05

6.3 土壤侵蚀转化趋势分析

  将"微度""轻度""中度""强度""极强度""剧烈"土壤侵蚀风险赋值,并对 2004 年和 2010 年两期侵蚀风险进行运算,获取库区每个像元侵蚀等级转化情况,构建库区侵蚀风险等级变化。根据 2004 年和 2010 年的侵蚀风险结果,得到了侵蚀等级转化趋势图(图 6-8),各转化趋势的面积如表 6-7 所示。从表 6-7 可以看出,研究区侵蚀等级以不变为主,占总面积的 57.91%。改良级侵蚀总面积大于退化级侵蚀总面积,说明研究区土壤侵蚀状况有所改善。但仍然有 2897.60km²(占总面积 16.166%)的区域,其土壤侵蚀等级呈恶化趋势。虽然绝大部分恶化现只是 1~2 个等级。恶化一级和恶化二级的面积占恶化区域的 95.04%。其中,恶化一级面积为 1943.50km²,占恶化区域的 67.07%;恶化二级面积为 810.52km²,占恶化区域的 27.97%。但是也需要在制订治理政策时尤其考虑。

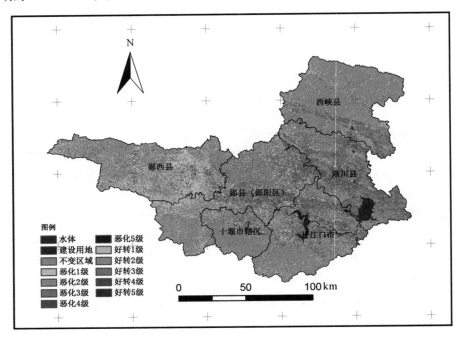

图 6-8　丹江口库区 2004 年和 2010 年侵蚀等级转化趋势

表 6-7　丹江口库区 2004 年和 2010 年土壤侵蚀转化各等级面积

恶化等级	面积/km²	百分比/%	好转等级	面积/km²	百分比/%
恶化一级	1943.50	10.843	好转一级	2575.50	14.369
恶化二级	810.52	4.522	好转二级	1535.01	8.564
恶化三级	106.29	0.593	好转三级	386.08	2.154
恶化四级	29.40	0.164	好转四级	117.58	0.656
恶化五级	7.89	0.044	好转五级	31.73	0.177
合计	2897.60	16.166	合计	4645.90	25.920

6.4　区域水土保持治理优先级确定

　　侵蚀地区水土保持治理优先级确定是管理部门制定区域水土保持政策的重要依据。不同的治理优先级代表了侵蚀区域需要治理的迫切程度。因此,确定保护优先级不仅需要考虑侵蚀现状,而且需要考虑侵蚀转化趋势。本研究结合当前侵蚀风险及其转化趋势来确定治理优先级别。考虑到侵蚀风险的变化,意味着当前侵蚀等级相同的地区不一定具有相同的治理优先级。对于未发生侵蚀的地区,根据侵蚀现状确定治理的优先级。对于退化或改良地区的侵蚀情况,根据侵蚀恶化或改善的趋势确定治理的优先级。如果侵蚀恶化或改善趋势明显,该地区的治理优先级将会提高或降低。按上述思路,根据 2004 年与 2010 年的侵蚀风险评估结果制定研究区水土保持治理优先级别,如图 6-9 所示。各优先级别的面积如表 6-8 所示。

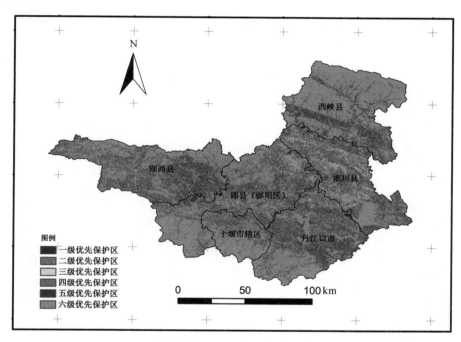

图 6-9　丹江口库区水土保持治理优先级别

表 6-8　丹江口库区水土保持治理各优先等级面积

优先保护区等级	面积/km²	百分比/%
一级优先保护区	164.79	0.919
二级优先保护区	1144.97	6.388
三级优先保护区	2221.78	12.396
四级优先保护区	3023.26	16.867
五级优先保护区	1339.69	7.474
六级优先保护区	10029.48	55.956

表 6-8 显示,前两个治理优先级几乎覆盖了所有严重侵蚀和侵蚀风险显著增加的区域,总面积为 1309.76km²,占丹江口库区总面积的 7.307%。这两个级别需要在未来的治理项

目中首要重点关注,采取适当策略对其土壤侵蚀状况进行控制及改善。第三、四级覆盖了侵蚀状态稳定和转化轻微的区域,占丹江口库区总面积的 29.263%,这些地区在未来的项目中只需要少量资金用于控制水土流失。最后两个级别为侵蚀风险低的地区,总面积 11369.17km²,占库区总面积的 63.43%。只要发展强度是合理的,这些地区就不需要格外控制土壤侵蚀。管理部门可以根据保护等级的高低确定治理区域,合理地分配资金,使治理政策更有目的性、针对性,从而节约治理成本。

第七章

汉江流域丹江口库区生态环境质量评价

南水北调是我国一项具有战略意义的工程。中线工程可以从根本上缓解京、津等华北地区水资源危机,对改善供水区生态环境和投资环境,推动我国中部地区的经济发展具有重要意义。但同时,中线工程跨长江、淮河、黄河、海河四大流域,调水将改变流域间水资源的自然分布,加之工程施工、移民等诸多因素的作用,将对水源区、受水区和输水区沿线的生态环境,特别是水源区的生态环境带来长期的甚至是永久的不容忽视的影响,保证丹江口水库一库清水,关系到南水北调中线工程的输水安全和工程效益。因此,对库区的生态环境质量进行综合定量评价,可为工程生态建设以及库区社会经济可持续发展提供一定的科学依据。

遥感和GIS技术为生态环境质量评价提供了理想的数据源和极为有效的研究工具。在区域尺度上,遥感技术可以快速、客观、重复地提供大量的地面信息。遥感信息的运用解决了生态环境质量评价中指标难获取的问题,而GIS则可以提供与之相关的空间分析和数据管理技术,二者相辅相成。这里以遥感数据为基础,结合DEM数据、气象数据以及其他辅助数据,综合考虑库区的土地资源、植被状况、土壤侵蚀状况,建立生态环境质量评价指标体系,对丹江口库区的生态环境质量进行定量评价。

7.1　生态环境评价因子

这里以库区生态环境质量综合评价为目标,选取地形地貌、水热状况、土地覆盖与植被指数以及土壤侵蚀四类因子,建立丹江口库区生态环境质量综合评价指标体系。

(1)地形地貌因子。库区地形起伏较大,最高海拔为2200m。为了从宏观上掌握海拔高度的变化,根据一定的阈值(低海拔处高差200m,高海拔处高差400m)对DEM进行重分类,共分为8级(图7-1)。坡度由DEM数据计算得到。依据第六章坡度计算方法,利用ArcGIS,采用拟合曲面法,计算得到的坡度如图6-4所示。

(2)水热气象因子。适宜的水和热量是一切生物生存繁衍的根本条件,基本上决定了一个区域的生态环境状况。这里所使用的水热气象数据来源于中国气象科学数据共享服务网提供的中国地面气候资料数据集。收集分布在丹江口库区及其周边(范围为北纬30°~35°,东经106°~115°)50余个气象台(站)数据,去掉异常值和缺值的台(站),实际参与空间插值的气象站点为44个,数据年限为1959—2008年。水热气象数据包括每日平均气温、20时至次日20时累计降水量、平均相对湿度和太阳总辐射量等。依据水热气象数据源,首先计算各个站点年均气温、年平均降水量、≥0℃积温、≥10℃积温,计算公式如下:

$$T_a = \frac{1}{12}\sum_{i=1}^{12} T_i D_i \qquad (7\text{-}1)$$

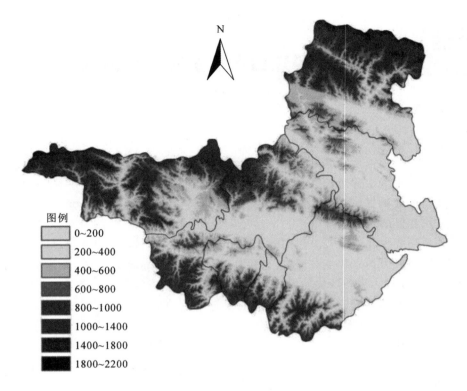

图 7-1　研究区 DEM 重分类等级

$$P_a = \sum_{i=1}^{12} P_i \qquad\qquad (7\text{-}2)$$

$$T_{(>0)} = \sum_{i=1}^{12} D_i T_{i(>0)} \qquad\qquad (7\text{-}3)$$

$$T_{(>10)} = \sum_{i=1}^{12} D_i T_{i(>10)} \qquad\qquad (7\text{-}4)$$

式中，D_i 为每月天数；T_i 为月均温度；P_i 为月降水。

在以上数据基础上，计算库区降水、气温、$\geqslant 0\,℃$ 积温和 $\geqslant 10\,℃$ 积温的多年平均值。

基于 ArcGIS 将经过预处理的气象数据转为站点的图层，然后转换成 Albers 等积投影。在 ArcGIS 和地统计学软件的支持下，基于 Co-Kriging 空间插值方法生成丹江口库区及周边空间分辨率为 30m 的多年平均温度、降水量和积温的空间分布。利用丹江口库区边界矢量图进行掩膜处理后得到库区 1959—2008 年的多年平均气温、多年平均降水量、$\geqslant 0\,℃$ 积温、$\geqslant 10\,℃$ 积温和湿润系数。本研究采用修正的谢良尼诺夫公式计算湿润系数。

湿润系数＝（全年 $\geqslant 10\,℃$ 期间降水量）/0.16×（全年 $\geqslant 10\,℃$ 积温）

由于研究区为山区，其气象指标在很大程度上受到地形的影响。因此，提取研究区的水热因子需要考虑地形的作用。利用 DEM、以海拔高度每上升 100m 气温降低 0.6℃ 的温度递减率为依据，对多年平均气温、$\geqslant 0\,℃$ 积温、$\geqslant 10\,℃$ 积温进行了 DEM 校正。其中 $\geqslant 0\,℃$ 积温和 $\geqslant 10\,℃$ 积温的 DEM 校正是根据 DEM 校正后的各气象站点的月平均气象数据插值后计算得到的。与直接插值相比，经过 DEM 校正的数据与实际情况更为相符。图 7-2、图 7-3、图 7-4、图 7-5 和图 7-6 分别为库区多年平均降水空间分布图、多年平均气温空间分布图、多年平均≥0℃积温图、多年平均≥10℃积温图和多年平均湿润系数图。

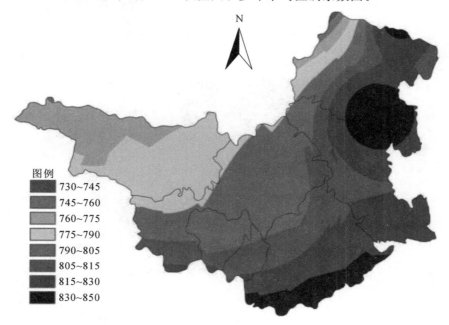

图 7-2   库区多年平均降水空间分布图(单位:mm)

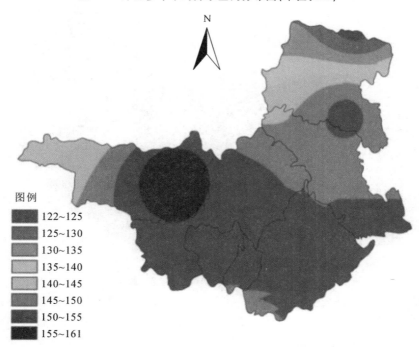

图 7-3   库区多年平均气温空间分布图(单位:0.1°)

汉江流域水文情势变化
与生态过程响应研究

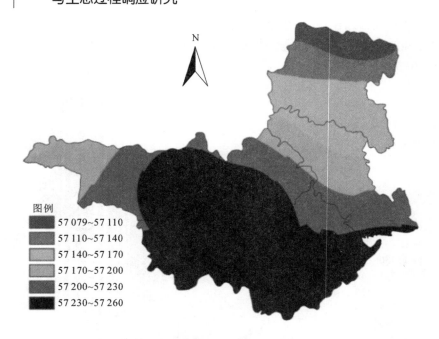

图 7-4 库区多年平均≥0℃积温图(单位:0.1°)

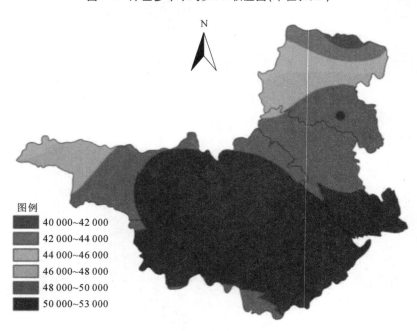

图 7-5 库区多年平均≥10℃积温图(单位:0.1°)

　　(3)土地覆盖与植被覆盖指数因子。土地覆盖是生态环境研究和分析的空间信息基础数据,它应充分反映地表自然资源和人类活动的数量和空间分布状况。植被覆盖指数反映地表植被覆盖状况和衡量地表水土流失状况的一个最重要的指标,是计算土壤侵蚀的必要参数。用遥感进行土地覆盖现状调查,就是从遥感对地面实况的模拟影像中提取遥感信息、反演地面原型的过程。植被覆盖指数的提取是遥感监测地面植物生长和分布的一种方法。

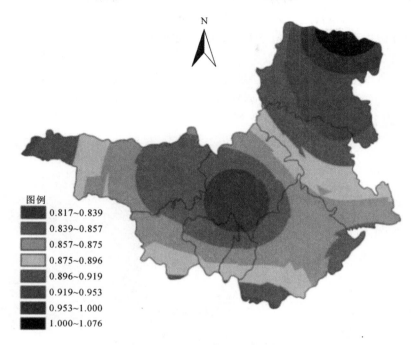

图 7-6   库区多年平均湿润系数图

图例
- 0.817~0.839
- 0.839~0.857
- 0.857~0.875
- 0.875~0.896
- 0.896~0.919
- 0.919~0.953
- 0.953~1.000
- 1.000~1.076

这里依据第五章相关计算方法,得到丹江口库区土地利用/覆被图和库区植被覆盖指数分级图。

(4)土壤侵蚀因子。土壤侵蚀指地表土壤及母质在水力、风力等外营力作用下所发生的位移、搬运和堆积的全部过程,是我国乃至全球面临的重大环境问题。利用遥感调查土壤侵蚀分级,主要是通过植被覆盖度、坡度、植被结构、地表组成物质、海拔高度、地貌类型等间接指标进行综合分析而实现,这些间接指标均可以通过遥感影像、地形图结合相关成果资料如土地利用等判读分析而获取。

以预处理后的 TM 影像和 DEM 数据为主要数据源,参考《土壤侵蚀分类分级标准》(SL 190—2007),根据土地利用类型、坡度和植被覆盖度指标将水力侵蚀度分为轻度侵蚀、中度侵蚀、强度侵蚀、极强度侵蚀和剧烈侵蚀五个等级,分级参考指标见表 7-1。

表 7-1   土壤侵蚀强度分级

土地利用类型	林草覆盖率/%	坡度/(°)				
		5~8	8~15	15~25	25~40	>40
耕地		轻度	中度	强度	极强度	剧烈
除上述外土地利用类型	<30	中度	中度	强度	极强度	剧烈
	30~45	轻度	中度	中度	强度	极强度
	45~60	轻度	轻度	中度	中度	强度
	60~75	轻度	轻度	轻度	中度	中度

采用多因素综合法,选取土地利用类型、植被覆盖度和坡度三个因子,对研究区土壤侵蚀状况进行监测。将坡度等级图、土地利用/覆被图和植被覆盖图叠合,依据水力侵蚀强度

分级标准,对库区土壤侵蚀进行判读获得库区土壤侵蚀强度。从图7-7中可以看出,库区中北部中低山丘陵中强度侵蚀区,包括丹江、郧县(现郧阳区)和郧西县,土壤侵蚀多在中度以上,侵蚀类型以面蚀为主,主要分布在坡耕地、荒山荒坡和疏残幼林地以及开发建设项目施工过程中的裸露地上,以25°以上坡耕地侵蚀最为严重。主要因为该区域母岩以页岩和石灰岩为主,成土速度慢,已成土壤土层薄,抗蚀能力弱。十堰市所辖张湾、茅箭两区,土壤侵蚀以轻度、中度为多,侵蚀类型以沟蚀为主,主要分布在河流阶地、冲洪积扇以及深厚的残坡积层上。

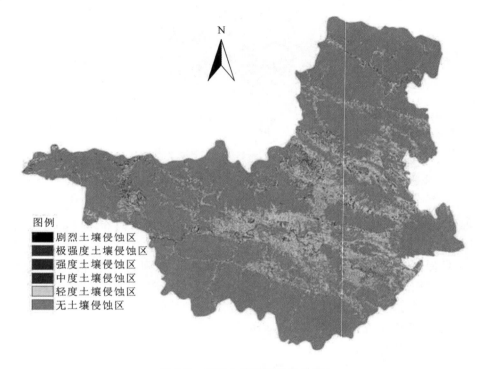

图 7-7　库区土壤侵蚀强度分布

7.2　生态环境评价模型

7.2.1　数据标准化与权重

评价指标确定以后,由于各指标性质不同,量纲各异,随自然生态环境变化的方向也不一致,真实数据差异很大。为此,需要通过标准化处理形成无量纲的数据结果。本研究采用极差标准化进行数据变换。原则上规定,对于分级后的评价指标,凡是具有积极环境意义的级别,要保证在其所属专题要素中具有较大的标准化值,反之亦然。例如,一般认为较大的森林覆盖率比较小的森林覆盖率有利于区域生态环境,即具有较大的标准化值;同样,较低的水土流失强度,具有较大的标准化值。各个参评因子数据经标准化处理后是一组反映其

属性特征的数值,均居于 0～10。所用处理公式如下:

具有积极健康意义:

$$\phi_{ij} = 10 \times (X_{ij} - X_{j\min})/(X_{j\max} - X_{j\min}) \qquad (7\text{-}5)$$

具有消极健康意义:

$$\phi_{ij} = 10 \times (X_{j\max} - X_{ij})/(X_{j\max} - X_{j\min}) \qquad (7\text{-}6)$$

在本研究的评价指标中,具有积极健康意义的有多年平均气温、多年平均降水量、≥0℃积温、≥10℃积温、湿润系数、土地覆盖、植被覆盖指数等;消极健康意义的指标有海拔、坡度以及土壤侵蚀。

在生态环境质量评价中,对指标权重的不同赋值会直接影响评价结果,因此,在同一个可比的范围内,往往根据若干个条目或因素对生态环境质量的贡献程度不同而设定不同的比重,它反映的是评价指标间的相对重要程度,贡献程度大的条目或因素其权重值越高,反之就越低。确立合理指标体系之后,采用合适的评价方法对评价结果也具有举足轻重的影响。在生态环境评价中,如何将多指标综合为一个综合评价指数是较难解决的问题。如何确定植被覆盖度、土地利用类型、年积温、年降水、海拔、坡度等因子在生态环境质量评价中的权重,是生态环境质量评价结果好坏的关键。

为了使评价结果更加准确和客观,多种数理统计以及其他确定权重的理论与方法被引进生态环境质量评价实践中,目前常用的定权方法大体上可分为两类。一类是主观赋权。这类赋权法多数采取综合咨询评分的定性方法确定权重,然后对无量纲的数据进行综合,如模糊综合评判法、综合指数法、层次分析法、功效系数法等。另一类是客观赋权法,即根据指标数据之间的相关关系或各项指标值的变异程度来确定权重,如主成分分析法、因子分析法等。主成分分析法是利用线型相关系数来计算各参评因子的贡献率,对高维变量进行最佳综合与简化,同时也客观地确定各个指标的权重,避免主观随意性,而综合评价的焦点正是如何科学、客观地将一个多目标问题综合成单指标形式。因此,在保证数据信息损失最小的前提下,经线性变换和舍弃小部分信息,以少数的综合变量取代原始采用的多维变量的主成分分析法是一种较好的评价方法。本研究正是应用主成分分析法来计算各参评因子的权重。

在 MATLAB 的支持下,首先将平均气温、降水量、年积温、湿润系数进行主成分计算,生成水热状况指数;将海拔、坡度进行主成分计算,生成地形地貌指数;然后将水热状况指数、土壤侵蚀指数、地形地貌指数、土地覆盖指数进行主成分分析计算库区生态环境质量综合指数。根据因子矩阵,利用式(7-7)计算各参评指标的公因子方差。

$$H_j = \sum_{k=1}^{m} \lambda_i k^2 \qquad (7\text{-}7)$$

式中,j 为原指标个数;k 为主成分分数;m 为主成分总个数($m=4$)。

再采用式(7-8)对各指标的公因子方差进行归一化处理,即可得到各指标的权重系数。

$$W_j = \frac{H_j}{\sum\limits_{j=1}^{4} H_j} \qquad (7\text{-}8)$$

提取的各因子的权重系数如表 7-2 所示。

表 7-2　各指标权重系数

评价因子	权重
地形地貌	0.243
水热状况	0.169
土壤侵蚀	0.327
NDVI	0.261

7.2.2　生态环境质量综合评价模型

采用多级加权求和的方法来实现区域生态环境质量的定量化评价,其结果代表环境评价综合指数。计算模型如下:

$$P_i = \sum_{j=1}^{n} F_{ij} \cdot W_j \tag{7-9}$$

式中,P_i 为 i 评价指标的评分值;F_{ij} 为 i 评价指标中 j 评价因子的值;W_j 为评价因子的权重。则某区域生态环境质量总评价值:

$$P = \sum_{i=1}^{m} P_i \cdot W_j \tag{7-10}$$

式中,W_j 为 j 评价指数的权重值;m 是参与评价的指数数量。

7.3　生态环境质量综合评价

7.3.1　生态环境质量分级评价

将研究区各生态环境因子代入生态环境质量综合评价模型,得到丹江口库区综合环境指数。综合环境指数越高,则环境质量越好。将综合环境指数归一化为 0~10,并将其划分为五级:一级(优良),综合环境指数为 9~10;二级(较好),综合环境指数为 8~9;三级(一般),综合环境指数为 7~8;四级(较差),综合环境指数为 6~7;五级(差),综合环境指数为 5~6;六级(恶劣),综合环境指数为<5。

库区自然生态环境质量综合评价结果见图 7-8,各个自然综合指数等级占总面积的比例如图 7-9 所示。其中,三级区位于平均值范围段,占有的面积比例最大,为 46.70%;其次是二级区分布面积也比较大,占 32.76%,这两者的总和占到库区总面积的79.46%,说明库区生态环境质量多数居于一般和良好的水平。质量差的环境区(生态环境质量综合评价指数<6)和质量最好的环境区(生态环境质量综合评价指数>9)所占的面积比例都较小,前者为 10.06%,后者为 10.48%。

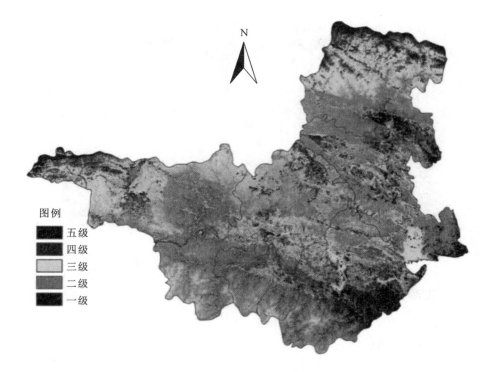

图 7-8 丹江口库区自然生态环境质量综合评价结果图

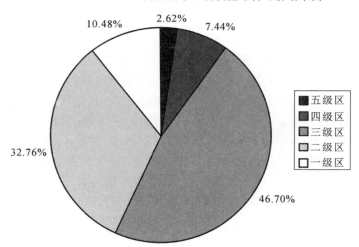

图 7-9 各个自然综合指数等级占总面积的比例

7.3.2 生态环境质量垂直地带性分布特征

丹江口的地形起伏,丘陵、山地、河谷平地和山间盆地交错,气候垂直变化以及人类活动程度的不同,使得区域自然生态环境具有垂直地带性分布的特点。图 7-10 显示,中高海拔区(1000~2200m)的环境质量最差,质量差的环境区占 44.19%,其中环境质量最差的五级所占的面积比例为 6.01%,分布在研究区的北部地区。200m 以下的平缓河谷区域环境质量最好,环境质量优良的占 21.52%,环境质量最差的五级所占的面积比例为 1.29%。

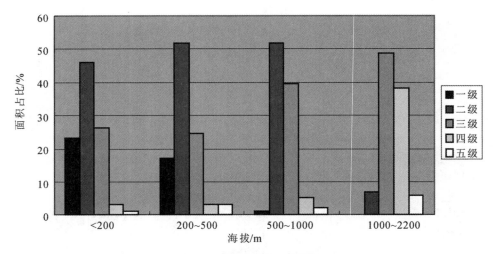

图 7-10 不同海拔区生态环境质量等级分布图

7.3.3 生态环境质量水平差异特征

库区地形此起彼伏,气象条件也有区域差异,人类活动强度因人口分布不均而不同。因此,库区生态环境存在明显的空间差异。

从县域来看,丹江口市和十堰市郊区的环境质量较好,郧县(现郧阳区)和淅川县环境质量居中,西峡县和郧西县环境质量较差。

从乡镇来看,西峡县太平镇、桑坪镇、寨根乡、米坪镇、军马河乡、二郎坪乡、陈阳坪乡,郧西县湖北口回族乡、关防乡、上津镇、店子镇、六郎乡、景阳乡,郧县(现郧阳区)白浪镇、刘洞镇,淅川县大石桥乡等 16 个乡镇的环境质量较差,环境质量较差的土地面积占总面积的 1/3以上,综合环境指数在 7.5 以下,主要分布在库区的北部地区和西部。

丹江口市土关垭镇、浪河镇、丁家营镇、蒿坪镇、三官殿、盐池河乡、六里坪镇、官山镇、武当山,淅川县九重镇、厚坡镇、毛堂乡,西峡县丹水镇、田关乡、五里桥乡、回车镇、阳城镇、丁河镇,十堰市辖区鸳鸯乡、方滩乡、黄龙镇、张湾区、柏林镇、茅塔乡、西沟乡,郧西县观音镇、城关镇等 27 个乡镇的环境质量较好,环境质量较好的土地面积占总面积的 2/3,综合环境指数在 8.5 以上,主要分布在研究区的东部。其他 49 个乡镇的环境质量总体上一般,环境质量一般的土地面积占总面积 80% 以上,综合环境指数介于 7.5~8.5,主要分布在研究区的中部。

7.4 影响生态环境质量的主要因素

首先,山高坡陡,植被覆盖度低,降水集中,水土流失较严重。

丹江口库区处于秦巴山区的东段,丘陵山地面积大,占总面积的 85% 以上,海拔多在500m 以上。山区坡陡沟深,坡度在 25° 以上的坡地占到丘陵山地总面积的 52%。地表岩层松散,成土母质多为易风化的片麻岩、花岗岩、石灰岩和砂页岩等组成,一旦遭遇强度大的降水,极易造成严重的水土流失。

库区植被覆盖度不高,虽然林业用地占总土地面积的64％,但森林覆盖率不到30％。区内植被分布不均,中山区森林覆盖率较高,部分地方存在原始森林,低山丘陵区森林覆盖率较低,部分山区特别是丘陵地区植被稀疏,土壤凝固力差,极易造成水土流失,在库区可以见到不少已经"石漠化"的山头。

库区降水季节分配严重不均,夏季降水量占全年的70％以上,每年5—9月暴雨频繁且强度较大,为水土流失提供了动力因素。严重的水土流失,带来大量泥沙和砾石在库底淤积,减少库容;同时入库泥沙中携带大量化肥、农药、重金属等危害水质的物质,因此水土流失严重影响工程的安全运行并降低工程效益。

其次,库区经济落后,人均耕地少,农村产业结构单一,收入来源少,破坏植被现象常见。

丹江口库区不仅耕地数量少,耕地质量也不高,当地人说"山高坡陡石头多,田少地瘦土层薄"。库区人均地区生产总值、人均财政收入、人均粮食产量、农村居民人均收入等指标都远低于全国平均水平,7个县(市、区)中的郧西县、郧县(现郧阳区)、丹江口市、淅川县均为国家级贫困县,库区总体上属于贫困地区。

由于库区农业生产水平低,收入少,农村居民又不能从农业之外的产业中找到摆脱贫困的出路,就只好把矛头转向林地,不断地伐木毁草,不断地开辟土地又不断抛荒。同时木材采伐利用过度而缺乏计划性,对再生林的培养缺乏更新性,使得高覆盖度的森林面积不断减少,疏林草地荒地面积扩大,部分地区地表裸露,从而提供了大量易流失的泥沙,水土保持能力下降,加剧水土流失。

最后,生态意识淡漠,生态环境保护基础较差,环境的监管和执法力度不够。

当地一些部门单位和居民的生态环境保护意识淡漠,在建设、生产和生活中不注意保护生态环境。比如肆意开山炸石、任意弃渣置物、废水和污水不经适当处理就直接排入河流和水库;开荒种植作物或栽种果树,致使坡地地表土层裸露,不采取防止水土、化肥和农药流失的措施。由于没有环保的积极性和自觉性,即使花大力气采取一些生态环境保护与恢复措施,该环境也还会再度被破坏。

由于长期对生态环境保护重视不够,生态环境保护基础较差,参与库区生态环境管理的各个部门和团体之间缺乏有效的沟通,没有形成库区生态环境全方位的管理系统,没有建立环境监测全面立体的综合体系,缺乏有关生态环境方面的信息,环境决策缺乏必要的信息技术支持。同时缺乏完整的环境监管体系和强有力的执法队伍,环境的监管和执法力度不够,致使一些环境问题不能得到及时有效的处理和整治,使得生态环境趋于恶化。

第八章

汉江中下游水生植物多样性及演替

　　水生植物是河流生态系统的重要组成部分,是水体生态系统的初级生产者,在调节水生生态系统物质循环、净化水体、为水生动物提供食物和栖息地等诸多方面具有重要作用。近年来自然因素和人类干扰导致水生植物固有的生存环境丧失,如河流挖沙破坏了河床原有的形态,大坝建设导致水位和水环境的急剧变化及水污染和水体富营养化等,这些人类干扰因素的存在改变了河流等水体的自然演变过程,造成水生植物种类、数量和群落结构的显著变化,导致水生生态系统结构简化。

　　汉江自丹江口水库以下至钟祥碾盘山为中游,碾盘山至武汉汉口龙王庙为下游。汉江每一段流经区域都有着自身独特的河流水文、地质地貌和生态环境特征。汉江自丹江口市开始转向东南流,从钟祥以下便进入无较大支流加入的江汉平原。汉江自潜江江段开始河流流向由向东南转向基本曲折东流,在武汉汉江江口汇入长江。在汉江中下游汇入干流的主要支流有夹河、丹江、唐白河、汉北河、南河、蛮河等。

　　丹江口水库位于河南省和湖北省、汉江上游与中游交界处,是我国南水北调中线工程的主要水源地。随着南水北调工程进展的逐步推进,汉江的下泄流量、流速、水位、河道宽度以及局部小生境等水文情势和流域特征都会发生明显变化,从而进一步对水生植物的生长、分布、繁殖和扩散产生较大的影响。目前国内关于汉江流域生态环境的调查研究特别是对汉江中下游水生植物多样性方面的研究很少。因此,在南水北调中线工程具体实施以后,对汉江中下游水生植物的群落调查与多样性研究具有非常重大的意义。通过对汉江中下游12个典型江段水生植物的本底调查,能够为研究大中型水利工程对河流水生植物生长、分布规律和群落多样性的影响提供参考依据。并且可以揭示汉江中下游水生植物的生态功能,对于正确评价汉江中下游栖息地质量、合理评估汉江中下游水环境承载力等提供帮助。为汉江中下游南水北调实施后生态环境影响评价以及河流生态系统健康评价提供基础资料。

8.1　研究方法

8.1.1　样地样带选取与设置

　　根据汉江干流的河谷形态、水文特征以及地貌类型,在汉江中游至下游选择12个代表性江段,中游为丹江口、江家洲(谷城)、张湾(襄阳)、钱营(襄阳)、窑湾(宜城)、皇庄(钟祥),下游为沙洋(荆门)、泽口(潜江)、岳口(天门)、仙桃、蔡甸(武汉)、宗关(武汉)。(图8-1)

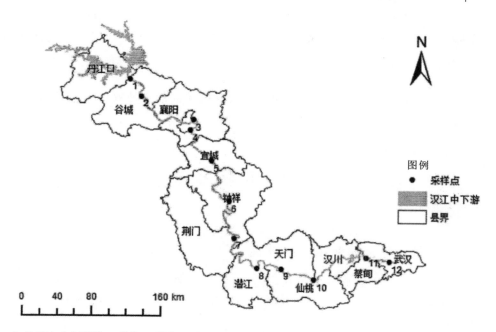

1.丹江口;2.江家洲;3.张湾;4.钱营;5.窑湾;6.皇庄;7.沙洋;8.泽口;9.岳口;10.仙桃;11.蔡甸;12.宗关

图 8-1 汉江中下游水生植物样点分布示意图

8.1.2 水生植物多样性及群落调查采样方法

2013 年 9—10 月和 2014 年 6 月对所选 12 个典型断面的沿岸带和江面的 5 种生活型水生植物进行调查采样,依据 Cook(1990)对水生植物的定义,本研究所调查的水生植物包括挺水植物、漂浮植物、浮水植物、沉水植物和湿生植物。

根据所选江段河岸带的面积大小以及生境的复杂程度来确定调查的样带与样方的数量。沿岸带采用平行 5 次重复随机小样方的取样方法进行取样,其高度在 2m 以上、1~2m 和 1m 以下的植物群落样方采样,面积分别设置为 2m×2m、1m×1m 和 0.5m×0.5m,每个群落调查最少不低于 3 个样方;样方间距离根据群落面积和植株大小确定。浅水区及江面水生植物群落调查采用收割法,在江面上使用 0.5m×0.5m 的采草器进行采样,将样方内的植物全部连根拔起,在水中洗净之后进行称重(湿重)。

主要调查的内容包括水生植物种类、生物量、分布面积、优势种、伴生种、多度、盖度、高度、群落结构和人为干扰情况。其中多度采用目测法,根据 Braum-Blanguet 的六级制进行分级。

8.1.3 多样性分析方法

α-多样性指数是用于测量群落内生物种类数量以及生物种类间相对多度的一种测量。α-多样性用香农-威纳指数(Shannon-Wiener index)测定,是用来描述种的个体出现的紊乱和不确定性。不确定性越高,多样性也就越高。

$$\alpha = -\sum P_i \ln(P_i) \tag{8-1}$$

式中,P_i 为属于种 i 的个体在全部个体中的比例。

通常 β- 多样性表示为群落相似性指数或是同一地理区域内不同生境中生物物种的周转率。不同生境间或某一生态梯度上不同地段间生物种类的相似性越差，β- 多样性越高。β- 多样性根据 Wilson 公式计算：

$$\beta = (g+l)/2a \qquad\qquad (8-2)$$

式中，g 为沿生境梯度增加的物种数目；l 为沿生境梯度失去的物种数目；a 为样方内的平均物种数目。

8.2　汉江中下游水生植物多样性及区系特征

8.2.1　汉江中下游水生植物多样性

2013—2014 年两次调查显示汉江中下游水生植物物种多样性较高，共有 69 种，隶属于 28 科 49 属；按生活型划分，可分为挺水植物 16 种、浮叶植物 4 种、沉水植物 12 种、漂浮植物 6 种、湿生植物 31 种。

从多度看，以喜旱莲子草（*Alternanthera philoxeroides*）最高，其次是芦苇（*Phragmites australis*）、水毛花（*Scirpus triangulatus*）、竹叶眼子菜（*Potamogeton malaianus*）、穿叶眼子菜（*Potamogeton perfoliatus*）、双穗雀稗（*Paspalum paspaloides*）、穗状狐尾藻（*Myriophyllum spicatum*）和南荻（*Triarrhena lutarioriparia* var. *gongchai*）。

就出现频率而言，喜旱莲子草出现频率最高，在 9 个江段均有出现，其次是芦苇、穗状狐尾藻、水毛花、双穗雀稗、金鱼藻（*Ceratophyllum demersum*）、水鳖（*Hydrocharis dubia*）和竹叶眼子菜。

从物种的生物量来看，芦苇、穿叶眼子菜、喜旱莲子草、微齿眼子菜（*Potamogeton maackianus*）、罗氏轮叶黑藻（*Hydrilla verticillata* var. *rosburghii*）和南荻占群落生物量的比例较高。优势种除了分布在汉江中游的穿叶眼子菜和竹叶眼子菜等沉水植物外，芦苇、南荻和喜旱莲子草也成为汉江下游优势物种。

8.2.2　汉江中下游水生植物区系分析

汉江中下游水生植物种类组成丰富，共有水生维管束植物 28 科 49 属 69 种。其中，蕨类植物 3 科 3 属 4 种、单子叶植物 8 科 26 属 36 种、双子叶植物 17 科 20 属 29 种。与湖北省水生植物种类组成比较，汉江中下游水生维管束植物分别占湖北省水生植物科属种数量的 60.87%、52.13% 和 36.70%。

根据中国植被编辑委员会（1980）、Cook 等对植物分布区的划分标准，1999 年调查汉江干流水生植物属的分布区类型有 8 个，其中世界性分布属有 21 个，占总属数的 58.33%，热带性质的属有 5 个，占总属数的 13.89%，温带性质的属有 7 个，约占总属数的 19.44%。

2013 年汉江调查发现的水生植物分属 8 个分布区，但与之前调查的 8 个分布区有所不同，此次新增加了热带亚洲至热带非洲分布区，减少了热带亚洲和热带美洲间断分布区。此次调查世界性分布属有 23 个，世界性分布属数最多，占整个区系的 46.93%，是组成该植物区系的主体,说明汉江中下游是一个较为开放的区域,地理异质性较低,多为世界广布种。世界性分布属的比例较之前有明显下降,说明汉江所处地理环境的异质性有所增强。热带性质的属有 8 个,温带性质的属有 16 个,相较之前调查,热带性质的属增加 3 个,温带性质的属增加了 9 个,温带性质分布型的植物较多,占到整个区系的 36.73%,是该植物区系的重要组成部分,显示出汉江中下游带有明显的温带性质,并且温带属性进一步加强。寒带性质分布型缺失,以及热带性质分布型植物较少,仅占整个区系的 16.33%,说明汉江中下游与寒带疏远,但是与热带植物则有较近的亲缘关系,显示该区域处于温带向热带过渡地区的特点。

8.2.2.1 世界性分布型

世界性分布属是一些世界的广布成分。汉江中下游水生植物有世界性分布属共 23 属,占汉江水生种子植物总属数的 46.93%(表 8-1)。常见的有眼子菜属(*Potamogeton*)、香蒲属(*Typha*)、芦苇属(*Phragmites*)和蓼属(*Persicaria*)。

表 8-1　汉江中下游水生(湿生)植物属的分布区类型

编号	分布区类型	属数	占湿地总属数比例/%
1	世界性分布	23	46.93
2	泛热带分布	3	6.12
3	热带亚洲和热带美洲间断分布	0	0
4	旧世界热带分布及其变型	2	4.08
5	热带亚洲至热带大洋洲分布及其变型	1	2.04
6	热带亚洲至热带非洲分布及其变型	2	4.08
7	热带亚洲分布及其变型	0	0
8	北温带分布及其变型	10	20.41
9	东亚和北美洲间断分布及其变型	2	4.08
10	旧世界温带分布及其变型	6	12.24
11	温带亚洲分布	0	0
12	地中海区、西亚至中非分布及其变型	0	0
13	中亚分布及其变型	0	0
14	东亚分布及其变型	0	0
15	中国特有分布	0	0
合计	—	49	100

8.2.2.2 热带性质分布型

热带性质分布型主要指分布在南、北两半球热带地区的植物种,在汉江中下游属此分布型的有 4 个类型,分别是泛热带分布型、旧世界热带分布及其变型、热带亚洲至热带大洋洲分布及其变型和热带亚洲至热带非洲分布及其变型。在该区系热带性质分布型共有 8 属,占整个区系总属数的 16.32%。常见的有苦草属(*Vallisneria*)、水鳖属(*Hydrocharis*)、黑藻属(*Hydrilla*)、芒属(*Miscanthus*)。

(1)泛热带分布包括遍布于东、西两半球热带地区的属,有些属延伸到亚热带甚至温带。

本区泛热带分布属共 3 属,占汉江水生种子植物总属数的 6.12%。

(2)旧世界热带分布及其变型指在亚洲、非洲和大洋洲热带地区分布的一些属。在调查区域,旧世界热带分布及其变型分布属共 2 属,占汉江水生种子植物总属数的 4.08%,包括苦草属和水鳖属。

(3)热带亚洲至热带大洋洲分布及其变型包括在旧大陆热带分布区东翼分布的一些属,但不包括非洲大陆分布的种类。在汉江水生种子植物中,热带亚洲至热带大洋洲分布及其变型分布属仅有黑藻属。

(4)热带亚洲至热带非洲分布及其变型在汉江流域中下游区域,热带亚洲至热带非洲分布及其变型分布属共 2 属,占汉江水生种子植物总属数的 4.08%,分别为禾本科芒属和豆科野大豆。

8.2.2.3　温带性质分布型

温带性质分布型主要指分布在欧洲、亚洲和北美洲温带地区的植物种,在汉江中下游,此分布型有 3 个类型,分别是北温带分布及其变型、东亚和北美间断分布及其变型和旧世界温带分布及其变型。在该区系温带性质分布型共有 18 属,占整个区系总属数的 36.73%。常见的有蒿属(*Artemisia*)、菱属(*Trapa*)、慈姑属(*Sagittaria*)、菖蒲属(*Acorus*)、菰属(*Zizania*)和水芹属(*Oenanthe*)等。

(1)北温带分布及其变型指分布于欧洲、亚洲和北美洲温带地区的属,在汉江共有 10 属,占汉江中下游水生种子植物总属数的 20.41%。常见的有蒿属和慈姑属等。

(2)东亚和北美间断分布及其变型指间断分布于东亚和北美温带及亚热带地区的一些属。汉江水生种子植物中有 2 个属属于东亚和北美间断分布及其变型分布属,占汉江水生种子植物总属数的 4.08%。其中菖蒲属和菰属在本区挺水植被中占有重要地位,在汉江丹江口江段较常见,成为群落的建群种。

(3)旧世界温带分布及其变型。本区域共有 6 属属于旧世界温带分布及其变型,占总属数的 12.24%,主要有菱属和水芹属等。

总之,汉江流域水生植物种类较丰富,本次调查共采集到水生植物 28 科 49 属 69 种。可能的原因是水环境的相对同质性而导致生境异质性不高。在本区水生植物区系中,世界性分布型占优势(46.93%),北温带分布及其变型(20.41%)和旧世界温带分布及其变型(12.24%)均占较高比例。北温带分布及其变型与旧世界温带分布及其变型共占本区水生植物区系分布属的 32.65%。同时,汉江流域水生种子植物属泛热带分布类型及热带分布类型占据比例均较小,本区域水生植物区系具有明显的北温带的性质。同时,本区系共有 8 种区系成分,各种地理成分相互渗透,显示出该地区植物区系地理成分的复杂性。

8.3　汉江中下游水生植物多样性的时空格局

8.3.1　汉江中下游水生植物季节变化格局

8.3.1.1　丹江口江段水生植物季节变化

2013 年 10 月的调查表明,丹江口江段秋季水生植物群落主要为微齿眼子菜+竹叶眼子菜＋双穗雀稗群落,群落生物量鲜重为6722.5g/m²。该群落以沉水植物最多,包括眼子菜属植物和金鱼藻等,挺水植物次之,主要有双穗雀稗、芦苇、菖蒲(*Acorus calamus*)等,而漂浮植物物种较少,主要为满江红,同时伴生少量的湿生植物。群落数量特征分析表 8-2 中,微齿眼子菜、竹叶眼子菜、双穗雀稗是该江段秋季水生植物群落的主要优势种,其重要值分别为24.57％、13.13％和 11.60％。

表 8-2　2013 年丹江口江段秋季水生植物群落数量特征　　　　单位:％

种类	相对盖度	相对多度	相对频度	重要值
微齿眼子菜	22.26	46.62	4.82	24.57
竹叶眼子菜	16.01	18.04	2.34	13.13
双穗雀稗	8.94	18.04	4.82	11.60
喜旱莲子草	13.82	0.60	7.15	7.19
芦苇	6.83	4.51	4.82	5.39
菖蒲	6.83	3.01	4.82	4.89
穿叶眼子菜	5.52	3.76	4.82	4.70
金鱼藻	4.39	1.05	7.15	4.20
罗氏轮叶黑藻	3.06	2.25	4.82	3.38
满江红	1.02	0	4.82	1.95
蓖齿眼子菜	0.20	0	4.82	1.67
穗状狐尾藻	0	0	4.82	1.61
水蓼	0	0	4.82	1.61
菱蒿	0	1.80	2.34	1.38
小叶眼子菜	0.40	1.35	2.34	1.36
菰	0.40	0	2.34	0.91
酸模	0	0.30	2.34	0.88
狭叶香蒲	0.20	0	2.34	0.84
黑藻	0.20	0	2.34	0.84
酸模叶蓼	0	0	2.34	0.78
水毛花	0	0	2.34	0.78
水鳖	0	0	2.34	0.78
水芹	0	0	2.34	0.78
葎草	0	0	2.34	0.78
救荒野豌豆	0	0	2.34	0.78
凤仙花	0	0	2.34	0.78
紫茉莉	0	0	2.34	0.78

2014 年丹江口江段春季水生植物群落主要为穿叶眼子菜＋微齿眼子菜群落,生物量鲜重为 11908g/m²。该群落以沉水植物为主,以穿叶眼子菜和微齿眼子菜为优势种,其重要值分别为 24.97% 和 21.44%,伴生有春季常见沉水植物菹草($Potamogeton\ crispus$),伴生的挺水植物种类相对丰富,以芦苇和菰($Zizania\ latifolia$)、菖蒲为亚优势类群,漂浮和浮叶植物种类相对较少,以水鳖重要值较高,为 6.86%。(表 8-3)

表 8-3　2014 年丹江口江段春季水生植物群落数量特征　　　　单位:%

种类	相对盖度	相对多度	相对频度	重要值
微齿眼子菜	13.12	25.83	25.36	21.44
罗氏轮叶黑藻	0.64	1.28	3.57	1.83
穿叶眼子菜	15.67	16.77	42.48	24.97
金鱼藻	2.81	2.07	5.36	3.41
菹草	8.92	9.73	5.36	8.00
蓖齿眼子菜	6.37	11.16	1.79	6.44
水鳖	10.83	7.97	1.79	6.86
酸模	0.25	0.32	3.57	1.38
香蒲	7.64	5.26	5.36	6.09
菖蒲	12.74	2.71	3.57	6.34
菰	11.46	5.74	1.79	6.07
芦苇	9.55	11.16	3.57	8.09

8.3.1.2　江家洲江段水生植物季节变化

2013 年秋季的调查表明,江家洲江段群落主要为眼子菜属＋罗氏轮叶黑藻组成的沉水植物群落,该群落优势种主要为竹叶眼子菜、蓖齿眼子菜($Potamogeton\ pectinatus$)、穿叶眼子菜和罗氏轮叶黑藻,其重要值分别为 21.31%、14.80%、12.16% 和 13.22%;该群落亚优势种为沉水植物穗状狐尾藻、微齿眼子菜和金鱼藻,伴生种主要为漂浮植物如水鳖、满江红和浮萍等;沿岸带生长一些苔草属等挺水植物(表 8-4)。该群落生物量鲜重高达 13876.5g/m²。

表 8-4　2013 年江家洲江段秋季水生植物群落数量特征　　　　单位:%

种类	相对盖度	相对多度	相对频度	重要值
竹叶眼子菜	22.09	31.71	10.13	21.31
蓖齿眼子菜	15.48	22.79	6.13	14.80
穿叶眼子菜	12.80	13.54	10.13	12.16
罗氏轮叶黑藻	12.94	12.47	14.26	13.22
穗状狐尾藻	11.49	6.95	8.13	8.86
微齿眼子菜	8.87	6.78	10.13	8.59
金鱼藻	8.27	5.76	8.13	7.39

种类	相对盖度	相对多度	相对频度	重要值
水鳖	3.01	0	4.14	2.38
轮藻	1.05	0	4.14	1.73
满江红	0.60	0	4.14	1.58
紫萍	0.45	0	4.14	1.53
稀脉浮萍	0.45	0	4.14	1.53
苦草	0	0	4.14	1.38
菹草	0	0	4.14	1.38
喜旱莲子草	1.20	0	2.00	1.07
双穗雀稗	0.30	0	2.00	0.77

2014年春季,江家洲江段主要水生植物群落是微齿眼子菜+竹叶眼子菜为优势种形成的沉水植物群落,其中竹叶眼子菜和微齿眼子菜生物重要值分别为29.12%和24.21%;穗状狐尾藻为群落亚优势种,伴生有菹草、罗氏轮叶黑藻、金鱼藻等(表8-5)。该群落生物量鲜重达7675.3g/m²。

表8-5 2014年江家洲江段春季水生植物群落数量特征　　　　　单位:%

种类	相对盖度	相对多度	相对频度	重要值
竹叶眼子菜	31.28	35.23	20.85	29.12
穿叶眼子菜	27.69	12.26	15.38	18.44
水蓼	0.51	0.36	3.85	1.57
罗氏轮叶黑藻	1.79	2.55	7.69	4.01
微齿眼子菜	16.15	38.88	17.61	24.21
菹草	0.69	0	7.69	0.49
小叶眼子菜	0.61	0	3.85	1.49
金鱼藻	1.54	2.19	7.69	3.81
穗状狐尾藻	18.46	7.80	11.54	12.60
篦齿眼子菜	1.28	0.73	3.85	1.95

8.3.1.3　张湾江段水生植物季节变化

2013年秋季,张湾江段的主要湿生植物群落有两大类。一类为靠近岸边的水域群落结构以苦草(*Vallisneria natans*)+槐叶萍(*Salvinia natans*)为优势种的水生植物群落,其重要值分别为12.80%和10.84%;伴生沉水植物罗氏轮叶黑藻、菹草和穗状狐尾藻等。另一类为靠近江州水域以满江红单优种类的漂浮植物群落,满江红(*Azolla imbricata*)重要值为18.43%,在沿岸带伴生芦苇、菖蒲及木贼等挺水植物(表8-6)。该江段水生植物群落平均生物量鲜重为3366.8g/m²。

表 8-6　2013 年张湾江段秋季水生植物群落数量特征　　　单位:%

种类	相对盖度	相对多度	相对频度	重要值
满江红	2.27	47.90	5.12	18.43
苦草	19.15	11.58	7.67	12.80
槐叶萍	3.97	12.97	15.58	10.84
喜旱莲子草	14.18	0.74	10.23	8.38
罗氏轮叶黑藻	9.93	1.85	10.23	7.34
二角菱	7.37	4.82	5.12	5.77
竹叶眼子菜	9.93	1.57	5.13	5.54
水鳖	5.67	7.41	2.56	5.21
双穗雀稗	5.67	3.89	5.12	4.89
南荻	6.38	2.69	2.56	3.88
菹草	4.96	1.30	5.12	3.79
芦苇	7.09	1.39	2.56	3.68
穗状狐尾藻	1.42	0.37	5.12	2.30
菖蒲	0.14	0.09	5.12	1.78
木贼	0		5.12	1.71
艾	0.71	1.39	2.56	1.55
萎蒿	0.71	0.28	2.56	1.18
金鱼藻	0.42	0.18	2.56	1.05

2014 年春季该江段水生植物群落主要为喜旱莲子草单优种类的群落,其重要值达 24.55%,亚优势种为竹叶眼子菜,重要值为 14.14%(表 8-7)。伴生有挺水植物芦苇、南荻、狭叶香蒲;沉水植物菹草和穗状狐尾藻。群落生物量鲜重达到 33500g/m² 。

表 8-7　2013 年张湾江段春季水生植物群落数量特征　　　单位:%

种类	相对盖度	相对多度	相对频度	重要值
狭叶香蒲	14.07	8.86	2.44	8.46
芦苇	14.56	4.73	4.88	8.06
皱叶酸模	1.04	0.44	4.88	2.12
苦草	0	1.01	4.88	1.96
雀稗	0	1.01	4.88	1.96
喜旱莲子草	14.17	44.61	14.88	24.55
双穗雀稗	0	0.50	2.44	0.98
竹叶眼子菜	24.24	8.42	9.76	14.14
荇菜	0	0	2.44	0.81

续表

种类	相对盖度	相对多度	相对频度	重要值
菱	4.44	2.51	14.63	7.19
穗状狐尾藻	5.93	1.03	7.32	4.76
菹草	8.15	2.95	4.88	5.32
水鳖	0	0	2.44	0.81
浮萍	0.74	14.77	2.44	5.98
满江红	0	0	2.44	0.81
黑藻	0	0	2.44	0.81
南荻	8.89	2.81	2.44	4.71
艾	2.96	5.32	2.44	3.57
木贼	0.44	1.03	2.44	1.30
救荒野豌豆	0	0	2.44	0.81
水芹	0	0	2.44	0.81

8.3.1.4 钱营江段水生植物季节变化

钱营江段常见植物为芦苇、苦草、牛鞭草(*Hemarthria sibirica*)、乌蔹莓(*Cayratia japonica*)。在 2013 年秋季,钱营江段水生植物群落主要为挺水植物芦苇群落和沉水植物苦草群落,群落的物种组成简单,物种较少。其中挺水植物以芦苇为优势种,重要值为 43.98%,伴生种为牛鞭草和乌蔹莓;沉水植物群落为以苦草为优势种的纯群落,重要值为 35.05%(表 8-8)。该江段两个群落平均生物量鲜重较高,达 6750g/m²。

表 8-8　2013 年钱营江段秋季水生植物群落数量特征　　　　单位:%

种类	相对盖度	相对多度	相对频度	重要值
芦苇	48.0	58.93	25	43.98
苦草	48.0	32.14	25	35.05
牛鞭草	2.4	7.14	25	11.51
乌蔹莓	1.6	1.77	25	9.46

2014 年春季,钱营江段主要为湿生植物群落,优势群落为蒌蒿(*Artemisia selengensis*)群落,以蒌蒿为单优种,重要值为 52.01%(表 8-9),伴生狗牙根(*Cynodon dactylon*)、皱叶酸模(*Rumex crispus*)、艾(*Artemisia argyi*)等,群落生物量鲜重为 800g/m²。

表 8-9　2014 年钱营江段春季水生植物群落数量特征　　　　单位:%

种类	相对盖度	相对多度	相对频度	重要值
救荒野豌豆	1.72	0.83	9.50	4.02
艾	8.69	1.65	4.76	5.03

续表

种类	相对盖度	相对多度	相对频度	重要值
小蓬草	8.19	10.05	9.50	9.25
狗牙根	12.09	29.45	4.76	15.43
皱叶酸模	21.72	11.57	9.50	14.26
萎蒿	47.59	46.45	61.98	52.01

8.3.1.5　窑湾江段水生植物季节变化

窑湾江段群落的物种区系组成丰富度仅次于丹江口江段,有 25 种植物。在 2013 年 10 月的调查中,该江段主要群落为沉水植物罗氏轮叶黑藻群落,重要值为 19.60%(表 8-10);伴生沉水植物菹齿眼子菜、菹草及竹叶眼子菜等;漂浮植物有荇菜(*Nymphoides peltatum*),在水陆交错区伴生生长较多如水毛花、芒、水蓼等挺水或湿生植物。其群落生物量鲜重为 4258g/m²。

表 8-10　2013 年窑湾江段秋季水生植物群落数量特征　　　　　　单位:%

种类	相对盖度	相对多度	相对频度	重要值
罗氏轮叶黑藻	20.65	29.06	9.09	19.60
水毛花	8.23	13.54	4.55	8.77
蓖齿眼子菜	7.19	11.96	2.27	7.14
荇菜	10.33	4.84	4.55	6.57
水蓼	4.84	7.26	6.82	6.31
狭叶香蒲	6.53	7.69	4.55	6.26
竹叶眼子菜	11.76	0	4.55	5.44
芒	7.84	3.85	4.55	5.41
南荻	7.19	5.13	3.18	5.17
菹草	1.31	4.70	4.55	3.52
飘拂草	3.92	0	4.55	2.82
双穗雀稗	3.27	0	4.55	2.61
金鱼藻	0.65	1.71	4.55	2.30
狗牙根	1.96	0	4.55	2.17
穗状狐尾藻	0.65	1.28	4.55	2.16
小叶眼子菜	0.65	2.14	2.27	1.69
牛筋草	0.65	2.14	2.27	1.69
愉悦蓼	0.65	2.14	2.27	1.69
香丝草	0	1.28	2.27	1.18

续表

种类	相对盖度	相对多度	相对频度	重要值
绵毛酸模叶蓼	0.26	0.85	2.27	1.13
假俭草	1.05	0	2.27	1.11
狗尾草	0	0.43	2.27	0.90
小茨藻	0	0	2.27	0.76
喜旱莲子草	0	0	2.27	0.76
球穗扁莎	0	0	2.27	0.76
香附子	0	0	2.27	0.76
扁穗莎草	0	0	2.27	0.76
白茅	0	0	2.27	0.76

在 2014 年春季的调查中发现,窑湾江段优势群落为萎蒿群落,萎蒿为优势种,重要值为 43.91%,亚优势种为狭叶香蒲(幼苗)、狗牙根和小蓬草(*Conyza canadensis*),重要值分别为 20.56%、10.67% 和 11.58%(表 8-11);伴生种有水蓼(*Polygonum hydropiper*)、五节芒 (*Miscanthus floridulus*)等;群落生物量鲜重为 800g/m²。

表 8-11　2014 年窑湾江段春季水生植物群落数量特征　　　　　单位:%

种类	相对盖度	相对多度	相对频度	重要值
狭叶香蒲	24.75	19.51	17.41	20.56
小蓬草	9.30	10.12	15.31	11.58
狗牙根	5.38	11.52	15.11	10.67
五节芒	13.11	1.06	3.71	5.96
假俭草	1.64	10.02	3.71	5.12
水蓼	0.98	2.41	3.71	2.37
萎蒿	44.92	45.69	41.11	43.91

8.3.1.6　皇庄江段水生植物季节变化

在 2013 年秋季的调查中,皇庄江段群落主要有水毛花+喜旱莲子草群落、苦草+金鱼藻+菱群落,水毛花和喜旱莲子草的重要值分别为 26.77% 和 15.27%,伴生种为莎草科植物;苦草+金鱼藻+菱群落中 3 个优势物种重要值分别为 14.80%、13.73% 和 12.43%(表 8-12),伴生种包括穗状狐尾藻、竹叶眼子菜和篦齿眼子菜等。群落平均生物量鲜重为 4578g/m²。

表 8-12　2013 年皇庄江段秋季水生植物群落数量特征　　　　　单位:%

种类	相对盖度	相对多度	相对频度	重要值
水毛花	19.21	52.00	9.09	26.77

续表

种类	相对盖度	相对多度	相对频度	重要值
喜旱莲子草	28.16	4.00	13.64	15.27
苦草	13.16	17.60	13.64	14.80
金鱼藻	13.16	14.40	13.64	13.73
菱	24.21	4.00	13.64	12.43
水鳖	0.79	4.00	9.09	4.63
水蓼	0.53	1.60	9.09	2.23
穗状狐尾藻	0.26	1.60	4.55	2.14
竹叶眼子菜	0.53	0.60	4.55	1.89
球穗扁莎	0	0	4.55	1.52
扁穗莎草	0	0	4.55	1.52
飘拂草	0	0	4.55	1.52
蓖齿眼子菜	0	0	4.55	1.52

2014 年春季的调查发现,皇庄江段主要为金鱼藻＋穗状狐尾藻群落,两个优势种重要值分别为 25.94％和 19.96％;亚优势种为菹草和苦草,其重要值为 12.86％和 12.70％(表8-13);伴生的种类有漂浮植物浮萍,在沿岸带分别有挺水植物水毛花和喜旱莲子草;该江段平均生物量鲜重为 2100g/m²。

表 8-13　2014 年皇庄江段春季水生植物群落数量特征　　　　单位:％

种类	相对盖度	相对多度	相对频度	重要值
金鱼藻	29.82	19.85	28.16	25.94
二角菱	0.90	1.79	8.16	3.62
苦草	14.42	15.52	8.16	12.70
罗氏轮叶黑藻	0.36	2.10	6.12	2.86
穗状狐尾藻	24.41	20.75	14.72	19.96
菹草	15.95	14.48	8.16	12.86
喜旱莲子草	4.23	11.19	4.08	6.50
水毛花	9.91	14.33	4.08	9.44
蓖齿眼子菜	0	0	4.08	1.36
浮萍	0	0	2.04	0.68
罗氏轮叶黑藻	0	0	2.04	0.68
小蓬草	0	0	2.04	0.68
竹叶眼子菜	0	0	2.04	0.68
水鳖	0	0	6.12	2.04

8.3.1.7 沙洋江段水生植物季节变化

2013年10月的调查发现,下游沙洋江段群落的物种组成较中游其他江段的群落简单,物种数较少,仅有10种。沙洋江段主要水生植物群落为紫萍(*Spirodela polyrhiza*)单优势群落,重要值为43.96%(表8-14);亚优势种为喜旱莲子草和金鱼藻;该群落生物量鲜重为4070g/m²。从生物量所占比例看,优势种浮萍生物量并不占优势,该群落生物量主要来源于金鱼藻。从群落结构来看,该江段主要为浮水型。

表 8-14 2013年沙洋江段秋季水生植物群落数量特征 单位:%

种类	相对盖度	相对多度	相对频度	重要值
紫萍	32.35	80.00	19.52	43.96
喜旱莲子草	25.35	1.12	14.28	13.58
金鱼藻	14.82	2.08	14.28	10.39
水鳖	6.35	5.92	4.28	5.52
穗状狐尾藻	6.30	1.60	14.28	7.39
罗氏轮叶黑藻	9.88	1.76	9.52	7.20
竹叶眼子菜	3.20	5.60	9.52	6.11
槐叶萍	0.71	1.60	4.55	2.29
愉悦蓼	0.47	0.32	4.55	1.78
菰	0.47	0.16	4.55	1.73

在2014年5月的调查中,沙洋江段优势群落为水鳖＋金鱼藻群落类型,优势种为水鳖和金鱼藻,重要值分别为18.16%和18.19%;亚优势种类较多,包括喜旱莲子草、罗氏轮叶黑藻和穗状狐尾藻,重要值分别为15.66%、13.69%和13.95%;伴生种为沉水植物菹草、篦齿眼子菜、浮叶植物菱、挺水植物菰和漂浮植物槐叶萍(表8-15)。该群落生物量鲜重为4000g/m²。

表 8-15 2014年沙洋江段春季水生植物群落数量特征 单位:%

种类	相对盖度	相对多度	相对频度	重要值/%
喜旱莲子草	19.47	11.19	16.33	15.66
菰	0.35	0.75	2.78	1.29
水鳖	14.69	23.13	16.67	18.16
金鱼藻	14.16	22.39	19.44	18.19
槐叶萍	1.78	0	2.78	1.52
菹草	8.85	5.22	10.67	8.25
菱	0	0	2.78	0.93
竹叶眼子菜	7.08	7.46	8.33	7.62
穗状狐尾藻	18.58	14.93	8.33	13.95
罗氏轮叶黑藻	15.04	14.93	11.11	13.69
篦齿眼子菜	0	0	2.78	0.93

8.3.1.8　泽口江段水生植物季节变化

2013 年 10 月的调查发现泽口江段的物种组成是下游 6 个江段中最高的,有 18 种。芦苇在该江段随处可见,为常见种,水生植物主要群落为挺水植物水毛花＋牛鞭草＋芦苇＋南荻群落和穗状狐尾藻＋欧菱群落。该江段重要值最高的植物为水毛花,其值为 13.89%,其次为牛鞭草、芦苇和南荻,重要值分别为 11.76%、11.70% 和 10.09%。沉水植物重要值较高的为穗状狐尾藻和欧菱(*Trapa litwinowii*),其值分别为 9.41% 和 7.88%(表 8-16)。该江段水生植物群落平均生物量鲜重为 2264g/m²。

表 8-16　2013 年泽口江段秋季水生植物群落数量特征　　　　　　单位:%

种类	相对盖度	相对多度	相对频度	重要值
水毛花	10.40	25.61	5.67	13.89
牛鞭草	5.60	21.05	8.62	11.76
芦苇	11.04	9.82	14.23	11.70
南荻	15.20	12.28	2.80	10.09
穗状狐尾藻	9.44	10.17	8.62	9.41
小蓬草	13.60	6.67	5.81	8.69
欧菱	15.36	2.46	5.81	7.88
狭叶香蒲	11.20	5.96	5.81	6.65
愉悦蓼	1.12	2.11	5.81	3.01
节节草	0.80	1.05	5.81	2.55
双穗雀稗	0.64	0.70	5.81	2.38
喜旱莲子草	0.32	0.35	5.81	2.16
假俭草	1.60	0	2.80	1.47
水蓼	0.80	0.70	2.80	1.43
葎草	0.80	0.35	2.80	1.32
慈姑	0.32	0.70	2.80	1.27
浮萍	0.16	0	2.80	0.99
黄花狸藻	0	0	2.80	0.93
水鳖	0	0	2.80	0.93
满江红	1.60	0	2.80	1.47
菹草	0	0	2.80	0.93

2014 年春季调查泽口江段水生植物优势群落为挺水植物芦苇群落和沉水植物穗状狐尾藻＋菹草群落,芦苇群落以芦苇为单优种,其重要值为 17.75%,亚优势种为南荻和狭叶香蒲,伴生种为水芹(*Oenanthe javanica*)、双穗雀稗和水毛花等挺水或湿生植物。沉水植物穗状狐尾藻＋菹草群落优势种为穗状狐尾藻和菹草,其重要值分别为 18.50% 和 16.03%,伴

生漂浮植物浮萍、浮叶植物菱等伴生种(表8-17)。该江段水生植物群落平均生物量鲜重为 6364g/m²。

表8-17 2014年泽口江段春季水生植物群落数量特征　　　单位:%

种类	相对盖度	相对多度	相对频度	重要值
芦苇	18.59	20.15	14.50	17.75
水芹	1.09	1.39	5.26	2.58
小蓬草	0.47	0.59	7.90	2.99
穗状狐尾藻	23.72	19.60	12.18	18.50
南荻	13.18	8.51	2.60	8.10
狭叶香蒲	10.85	13.82	7.90	10.86
葎草	1.55	1.19	2.60	1.78
乌蔹莓	0.78	0.40	2.60	1.26
双穗雀稗	0.78	9.90	10.50	7.06
水毛花	9.30	6.53	2.60	6.14
菹草	19.69	17.92	10.50	16.03
槐叶萍	0	0	2.60	0.87
问荆	0	0	2.60	0.87
菱	0	0	5.26	0.87
狗牙根	0	0	2.60	0.87
水鳖	0	0	2.60	0.87
浮萍	0	0	2.60	0.87
喜旱莲子草	0	0	2.60	0.87

8.3.1.9　岳口江段水生植物季节变化

2013年秋季的调查结果表明,岳口江段水生植物主要为双穗雀稗＋假俭草(Eremoch-loa ophiuroides)群落,其中双穗雀稗的相对盖度最高,为29.11%,牛鞭草的相对多度最大,为30.31%,从重要值来看双穗雀稗和假俭草重要值较高,分别为23.45%和20.92%,为群落优势种;群落亚优势种为牛鞭草和芦苇,这两者的重要值分别为18.48%和12.69%;群落伴生有狭叶香蒲和较多莎草科植物(表8-18)。该群落生物量鲜重为1380g/m²。

表8-18 2013年岳口江段秋季水生植物群落数量特征　　　单位:%

种类	相对盖度	相对多度	相对频度	重要值
双穗雀稗	29.11	26.25	15	23.45
假俭草	21.52	26.25	15	20.92
牛鞭草	10.13	30.31	15	18.48
芦苇	18.99	9.07	10	12.69

种类	相对盖度	相对多度	相对频度	重要值
狭叶香蒲	13.92	3.10	5	7.34
愉悦蓼	3.80	1.91	5	3.57
水毛花	1.27	1.91	5	2.73
喜旱莲子草	0.76	0.72	5	2.16
稗	0.51	0.48	5	2.00
飘拂草	0	0	5	1.67
碎米莎草	0	0	5	1.67
莎草	0	0	5	1.67
萎蒿	0	0	5	1.67

2014 年春季,岳口江段主要为湿生植物双穗雀稗的群落,江中没有沉水和浮叶植物出现,在双穗雀稗的群落中,以双穗雀稗为优势种,其重要值为 44.01%,亚优势种为小蓬草,重要值为 21.58%,伴生芦苇、救荒野豌豆(Vicia sativa)、葎草(Humulus japonicus)和喜旱莲子草等挺水和湿生植物(表 8-19),该群落类型平均生物量鲜重为 3390g/m²。

表 8-19 2014 年岳口江段春季水生植物群落数量特征　　　　　　单位:%

种类	相对盖度	相对多度	相对频度	重要值
芦苇	19.18	6.69	12.22	12.70
双穗雀稗	32.88	76.92	22.22	44.01
救荒野豌豆	12.74	3.01	19.10	11.62
小蓬草	29.17	13.34	22.22	21.58
葎草	6.03	0.67	3.03	3.24
喜旱莲子草	0	0	3.03	1.01
水芹	0	0	3.03	1.01
木贼	0	0	3.03	1.01
齿果酸模	0	0	3.03	1.01
狗牙根	0	0	3.03	1.01
水蓼	0	0	3.03	1.01
野大豆	0	0	3.03	1.01

8.3.1.10 仙桃江段水生植物季节变化

2013 年秋季,仙桃江段主要挺水植物群落为芦苇＋南荻群落,群落物种组成较为简单,种类较少,植物群落以芦苇和南荻为优势种外,两者重要值之和为 42.98%;群落亚优势种为牛鞭草和葎草等湿生植物,其余为伴生种(表 8-20),该群落平均生物量鲜重为 1175g/m²,群落中芦苇和南荻的生物量最大,占群落总生物量的 62.6%。

表 8-20　2013 年仙桃江段秋季水生植物群落数量特征　　　　单位：%

种类	相对盖度	相对多度	相对频度	重要值
芦苇	22.61	33.33	13.45	23.13
南荻	28.28	24.64	6.63	19.85
牛鞭草	13.04	28.98	6.63	16.22
葎草	8.26	5.80	20.08	11.38
酸模叶蓼	23.91	1.45	6.63	10.66
节节草	0	0	13.45	4.48
艾	1.30	2.90	6.63	3.61
小蓬草	2.17	1.45	6.63	3.42
马唐	0	1.45	6.63	2.69
野大豆	0.43	0	6.63	2.35
萎蒿	0	0	6.63	2.21

　　2014 年春季，仙桃江段以湿生植物小蓬草＋芦苇＋南荻群落为优势群落，3 种优势种的重要值分别为 28.99％、25.36％和 25.09％，其余物种均为伴生种（表8-21），该群落平均生物量鲜重为 4225g/m²，以芦苇和南荻的生物量所占比例最大，达 70.6％。

表 8-21　2014 年仙桃江段春季水生植物群落数量特征　　　　单位：%

种类	相对盖度	相对多度	相对频度	重要值
小蓬草	28.57	38.12	20.27	28.99
南荻	28.57	19.85	26.84	25.09
萎蒿	4.08	3.96	3.13	3.72
葎草	1.22	2.97	6.25	3.48
芦苇	32.65	19.31	24.13	25.36
水蓼	2.51	7.89	6.25	5.56
喜旱莲子草	2.51	7.89	3.13	4.51

8.3.1.11　蔡甸江段水生植物季节变化

　　在蔡甸江段，两次调查表明春秋季主要物种组成基本相似，江中没有真性水生植物，但江面上有漂流而下的大薸（*Pistia stratiotes*）、凤眼蓝（*Eichhornia crassipes*），来源不明。该江段沿岸植物群落主要为沿岸的湿生植物群落。在该江段主要群落为以假俭草为优势种组成的群落，群落中的假俭草在相对盖度、相对多度、相对频度都居于首位，重要值为39.12％（表8-22）；群落中亚优势种为南荻、牛鞭草、苔草和喜旱莲子草等。该江段群落平均生物量鲜重为 4992g/m²，但是优势种假俭草生物量在群落中并不占据优势，群落生物量占绝对优势的是南荻，占总生物量的 69.3％。

表 8-22　2013 年蔡甸江段秋季水生植物群落数量特征　　　　　　单位:%

种类	相对盖度	相对多度	相对频度	重要值
假俭草	28.26	67.36	21.74	39.12
牛鞭草	21.74	5.22	14.04	13.67
苔草	14.13	8.61	13.04	11.93
南荻	17.39	10.44	4.35	10.73
喜旱莲子草	13.70	5.22	8.70	9.21
蒌蒿	2.17	1.31	8.70	4.06
叶下珠	1.09	0.78	4.35	2.07
蓼子草	1.09	0.52	4.35	1.99
苘麻	0.43	0.52	4.35	1.77
狗牙根	0	0	4.35	1.45
救荒野豌豆	0	0	4.35	1.45
稗	0	0	4.35	1.45
愉悦蓼	0	0	4.35	1.45

8.3.1.12　宗关江段水生植物季节变化

宗关江段由于城市江堤固化,水生生境人为干扰强烈,调查中未发现水生或湿生植物。

8.3.2　汉江中下游水生植物空间格局

调查分析表明汉江中下游水生植物 α-多样性在汉江中下游各江段表现出不规则变化趋势,呈上升—下降—上升—下降—上升—下降趋势(图 8-2)。中游江段的 α-多样性整体保持在较高的水平,下游江段的 α-多样性则呈现出波动幅度较大的特点,潜江泽口以下江段的 α-多样性呈现出明显的下降趋势。汉江中下游 α-多样性的 3 个峰值出现在谷城江家洲、宜城窑湾和潜江泽口江段,而 3 个谷值则出现在襄阳钱营、荆门沙洋和武汉宗关江段。其中在宜城窑湾最高,为 0.92 尼特/个体;在武汉宗关最低,为 0 尼特/个体。这说明了在江家洲、窑湾、泽口 3 个江段的水环境状况较好,具有良好的生境,而在下游的江段区域水环境受到影响,人为干扰严重。武汉宗关地区河岸均已硬化,筑有水泥堤坝,河道底质为泥质,由于河道航运干扰较大,基本无湿地植物分布。

调查分析表明汉江中下游各江段水生植物种差异较大,β-多样性指数表现出下降—上升—下降—上升—下降的趋势,汉江中下游全流域的波动幅度较大。(图 8-3)

2013 年的调查显示在汉江中下游各江段沿水平梯度(距离)变化中,丹江口和钱营的 β-多样性值最高($\beta=1$)。宜城窑湾、潜江泽口和天门岳口的 β-多样性值较高,均高于 0.8。宗关江段的 β-多样性值最低,为 0。说明丹江口江段、钱营江段、泽口江段、岳口江段、窑湾江段的生境异质性程度高,水生植物生境不稳定,而江家洲江段、沙洋江段、宗关江段水生植物生境较稳定,异质性较低。同时说明物种替代速率与环境异质性程度的变化保持一致,即随着异质性程度增高,物种替代速率加快。

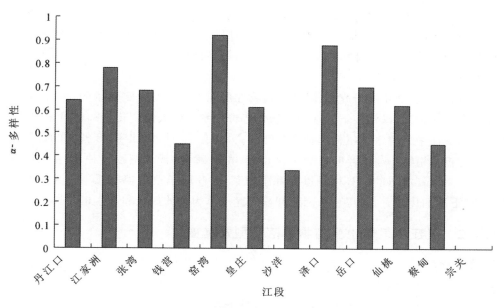

图 8-2 汉江中下游各江段水生植物 α-多样性

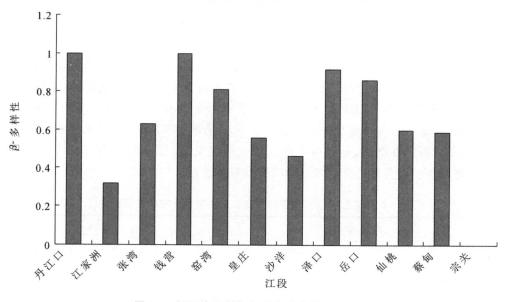

图 8-3 汉江中下游各江段水生植物 β-多样性

8.4 汉江中下游水生植物多样性与群落时空演替及影响因素

8.4.1 汉江中下游水生植物多样性与优势种变化

2002 年汉江中下游共有水生植物 18 科 22 属 34 种,以禾本科(Gramineae)、莎草科

(Cyperaceae)、眼子菜科(Potamogetonaceae)、水鳖科(Hydrocharitaceae)的种类较多。那个时期优势种主要为微齿眼子菜、竹叶眼子菜、菹齿眼子菜和穗状狐尾藻等。汉江中游以罗氏轮叶黑藻、穿叶眼子菜、微齿眼子菜等沉水植物为优势种;汉江下游以香蒲、芦苇等挺水植物为优势种。(吴中华 等,2002)

此次调查与2002年的研究相比,水生植物在属和种上均有一定数量的变化。除水生植物多样性发生变化外,汉江中下游水生植物优势种也发生较大的变化。2013年和2014年两次调查显示汉江中下游水生植物物种多样性较高,共有69种,隶属于28科49属;按生活型划分可分为挺水植物16种、浮叶植物4种、沉水植物12种、漂浮植物6种、湿生植物31种。本次调查显示汉江中游的优势种是以穿叶眼子菜、竹叶眼子菜和穗状狐尾藻为主的沉水植物,而汉江下游的优势种是以芦苇、南荻和喜旱莲子草为主的挺水和湿生植物。

8.4.2 汉江中下游水生植物群落类型及其变化

2002年徐新伟等(2002)研究显示汉江中下游水生植物的群丛类型主要包括挺水植物群丛和沉水植物群丛两大类,共10个群丛。其中挺水植物群丛3个、沉水植物群丛7个。该时期主要优势群丛是竹叶眼子菜群丛、菹齿眼子菜+竹叶眼子菜群丛、菹齿眼子菜+穿叶眼子菜群丛、香蒲+芦苇群丛和喜旱莲子草群丛。(表8-23)

早期研究表明汉江中下游主要水生植物群丛类型不同,汉江中游水生植物群丛丰富,以沉水植物群丛占优,其群丛类型较多,优势群丛为穿叶眼子菜+罗氏轮叶黑藻+微齿眼子菜群丛和菹齿眼子菜+穿叶眼子菜群丛,生物量分别达到2100g/m²和12025g/m²。群落物种丰富,主要以罗氏轮叶黑藻、穿叶眼子菜、菹齿眼子菜和微齿眼子菜为建群种,盖度大,分布江段长;而下游江段群丛类型较单一,主要为挺水植物群丛,优势群丛为芦苇+香蒲群丛,群丛生物量为2025g/m²,其盖度及分布面积均较小,以香蒲、芦苇等为建群种,香蒲、芦苇及喜旱莲子草的单优群丛在潜江、仙桃等下游江段比较常见;汉江下游江段沉水植物仅见金鱼藻、穗状狐尾藻等少数几种适合较深水位的耐污群落类型。(表8-23)

表8-23 汉江中下游不同时期各江段主要水生植物群落分布

采样点	2002年			2013—2014年		
	主要群落类型	生物量/(g·m⁻²)	盖度/%	主要群落类型	生物量/(g·m⁻²)	盖度/%
丹江口	穿叶眼子菜+罗氏轮叶黑藻+微齿眼子菜群丛;竹叶眼子菜群丛	2100	95	穿叶眼子菜+微齿眼子菜群丛;竹叶眼子菜+穗状狐尾藻群丛	9320	85
老河口	狭叶香蒲+芦苇群丛;菹齿眼子菜+竹叶眼子菜群丛	1575	90	—	—	—
谷城	—	—	—	竹叶眼子菜+穿叶眼子菜群丛	12 128	100

采样点	2002 年			2013—2014 年		
	主要群落类型	生物量/ $(g \cdot m^{-2})$	盖度 /%	主要群落类型	生物量/ $(g \cdot m^{-2})$	盖度 /%
襄阳	蓖齿眼子菜＋穿叶眼子菜群丛； 竹叶眼子菜＋水鳖群丛	12 025	70	槐叶萍＋苦草群丛； 喜旱莲子草群丛； 萎蒿群丛	7789	75
宜城	—	—	—	罗氏轮叶黑藻＋蓖齿眼子菜群丛	7680	70
钟祥	—	—	—	水毛花＋喜旱莲子草群丛； 二角菱＋苦草＋金鱼藻群丛	8156	90
沙洋	—	—	—	紫萍群丛； 水鳖＋金鱼藻群丛	2717	70
潜江	狭叶香蒲＋芦苇群丛； 竹叶眼子菜＋穗状狐尾藻群丛	2025	40	水毛花＋牛鞭草群丛； 芦苇＋南荻群丛； 穗状狐尾藻＋菹草群丛	3825	77
天门	—	—	—	双穗雀稗＋假俭草群丛； 芦苇＋双穗雀稗群丛	3795	85
仙桃	喜旱莲子草群丛	375	90	芦苇＋南荻群丛； 小蓬草＋芦苇＋南荻群丛	4235	68
蔡甸	金鱼藻＋穗状狐尾藻群丛； 喜旱莲子草群丛	57.5	90	假俭草群丛	400	90

2013—2014 年调查发现汉江中下游主要水生植物群丛共有挺水植物群丛、漂浮植物群丛、沉水植物群丛、浮叶植物群丛和湿地植物群丛 5 个群丛类型，19 个群丛。其中挺水植物群丛 3 个，分别为芦苇＋南荻群丛、芦苇＋双穗雀稗群丛和水毛花＋喜旱莲子草群丛；浮叶植物群丛 1 个，为菱＋苦草＋金鱼藻群丛；漂浮植物群丛 3 个，分别为水鳖＋金鱼藻群丛、槐叶萍＋苦草群丛和紫萍群丛；沉水植物群丛 6 个，分别为苦草群丛、竹叶眼子菜＋穿叶眼子菜群丛、穿叶眼子菜＋微齿眼子菜群丛、竹叶眼子菜＋穗状狐尾藻群丛、罗氏轮叶黑藻＋蓖齿眼子菜群丛、穗状狐尾藻＋菹草群丛；湿生植物群丛 6 个，分别是喜旱莲子草群丛、萎蒿群丛、假俭草群丛、小蓬草＋芦苇＋南荻群丛、水毛花＋牛鞭草群丛、双穗雀稗＋假俭草群丛。其主要的优势群丛为穿叶眼子菜＋微齿眼子菜群丛、竹叶眼子菜＋穿叶眼子菜群丛、罗氏轮叶黑藻＋蓖齿眼子菜群丛、水毛花＋喜旱莲子草群丛、喜旱莲子草群丛、芦苇＋南荻群丛、假俭草群丛（表 8-23）。对比此前调查，沉水植物群丛减少 1 个，漂浮植物群丛增加了 3 个，浮叶植物群丛增加了 1 个，湿生植物群丛增加了 6 个。（表 8-24）

表 8-24　汉江中下游水生植物群丛类型及变化

植被类型	2002 年		2013 年	
	群丛数量	占总群丛数量比例/%	群丛数量	占总群丛数量比例/%
沉水植物群丛	7	70	6	31.58
漂浮植物群丛	0	0	3	15.79
浮叶植物群丛	0	0	1	5.26
挺水植物群丛	3	30	3	15.79
湿生植物群丛	0	0	6	31.58
总数	10	100	19	100

本研究结果显示,汉江中下游水生植物群丛类型呈现一定程度的变化,中游江段仍以沉水植物群丛为优势群丛,优势群丛为竹叶眼子菜＋穿叶眼子菜群丛和穿叶眼子菜＋微齿眼子菜群丛,其群落生物量分别为12128g/m² 和9320g/m²,且物种较丰富,分布面积较大。虽然中游江段优势种或建群种仍然以穿叶眼子菜为主,但出现了以竹叶眼子菜为优势种或建群种的沉水植物群丛,微齿眼子菜从优势种或建群种逐渐变为亚优势种或伴生种。虽然汉江下游江段以挺水植物和湿生植物群丛为主,但优势群丛出现变化,优势群丛以水毛花＋喜旱莲子草群丛和芦苇＋南荻群丛为主,群丛生物量分别为8156g/m² 和4235g/m²,群丛组成结构单一,物种较少,分布面积狭小。建群种为喜旱莲子草、芦苇和南荻,主要伴生种有双穗雀稗和假俭草。(表 8-23)

8.4.3　汉江中下游水生植物时空演替的影响因素

水生植物的演替是一个受自然与人为因素共同影响的发展变化过程。汉江中下游水生植物群落演替主要受自然因素和人为因素两方面的影响。自然因素包括水位波动、河流底质、植物的生活史对策和外来物种入侵等;人为因素主要是修筑堤坝和挖沙行为及下游江段水体富营养化等;二者交互作用显著影响汉江中下游水生植物群落的演替。

8.4.3.1　自然因素

水位波动在某种程度上会影响湿地植被的生存环境,从而对其个体生长、形态及群落组成、动态起到一定的影响。河流的水位波动易导致底泥的悬浮,使得水体的浊度、透光率发生改变,从而对水生植物物种的丰富度、多样性等指标产生影响。南水北调开闸调水后,汉江中下游平均径流量变小,流速减慢,径流年内分配趋于均匀化,这使得部分适合激流水生植物如竹叶眼子菜的生存环境丧失。

河流底质是根生水生植物的主要营养源,对根生水生植物营养盐的利用具有深远的影响(Titus,1992)。汉江不同江段底质差异也对水生植物的分布具有至关重要的影响。汉江中游主要是泥沙混合基底,适合沉水植物生长,加上汉江中游水质较好,所以沉水植物群落在中游江段占据优势;汉江下游则主要是软泥基底,水位降低导致基底出露,给湿生和挺水植物提供优良的生境,因此,目前阶段汉江下游江段以湿生和挺水植物占据优势。

河流水质变化也是影响水生植被分布的重要因素,它们直接或间接地影响了植物对资源(N、P、有效光合辐射总量等)的吸收利用,从而影响水生植物的生长、繁殖、分布和演替。由于对水质的适应阈不同,水质变化能导致生物多样性变化、退化和消失。汉江中下游水生植被群落演替与汉江水质变化密切相关,汉江下游城镇和工厂密集分布,向汉江中排放大量的工业废水和生活污水,导致汉江下游水质变差,河道中仅有少量耐污沉水植物如穗状狐尾藻和金鱼藻分布,而对水质耐受范围较大的挺水和湿生植物的分布面积进一步扩大。因此汉江下游富营养化程度加剧也可能是汉江下游一些不耐污沉水植物群落消失的因素之一。

水生高等植物的生活史对策也是造成群落演替的因素之一,汉江中下游的沉水及浮水植物多为偏 k-对策型植物,被破坏后难以恢复,但挺水和湿生植物多为一年生或二年生,偏 r-选择型,非常适合水位波动较大生境,因此中游及下游江段湿生及挺水植物群丛发展较快。

外来入侵种也是汉江中下游水生植物群落演替的重要驱动因素。外来入侵种会严重地影响群落的组成与结构。由于其自身生存能力强,并且缺乏能有效限制其生长的天敌,使得外来入侵种往往能取代本地物种,形成优势群落。汉江中下游主要有喜旱莲子草和小蓬草两种外来入侵种,特别是喜旱莲子草已经成为汉江中下游的优势种,它的蔓延严重破坏水生生态系统的结构和功能,改变水体的理化特征,使河道、湖泊逐渐出现沼泽化。

8.4.3.2　人为因素

人为因素是导致汉江中下游水生植物群落演替的主要因素之一,可分为直接干预和间接干预。直接干预包括沿江开荒、踩踏湿地、机船频繁活动、挖沙、修筑人工堤岸等。这些行为直接改变了水生植物的生存环境,导致水生植物特别是沉水植物生境遭到严重破坏,使得水生植物群落分布面积锐减甚至局部消失。

汉江中下游湿地周边人为活动较为频繁,河道两岸被水利设施占据或使用混凝土固化堤岸,对水生植物赖以生存的水陆交界区域造成较大破坏,直接减少了湿地面积。调查发现汉江中下游存在严重的挖沙行为,这使得沉水植物生长基质受到破坏;同时,挖沙使得河床变深,水质浑浊,导致水体光照强度降低,不利于沉水植物的生长繁殖。

间接干预主要是通过某些活动如工业污水和生活污水的排放、农业面源污染,改变了水体的理化性质,造成了某些生态位较窄、耐受范围小的物种如微齿眼子菜群落衰退甚至局部消失。

第九章

汉江流域典型河段湿地景观与水文响应

湿地景观格局分析主要用于研究湿地景观结构组成特征、空间配置关系与时间过程的关系,从而描述湿地景观的内在规律性。景观指数高度浓缩景观格局信息,反映景观的结构组成和空间配置状况,通过收集和处理湿地数据,建立类型图和数值图图库,进行空间分析和景观指数计算,揭示湿地空间配置以及动态变化趋势,并进一步寻找引起动态变化的驱动因子,已被国内外学者广泛应用于沙地、城郊、三角洲以及湿地等不同类型景观格局演变的量化中。近年来,湿地的生态功能逐渐被人们关注,生态系统服务价值对土地利用格局变化的响应也引起了生态学和地理学界的关注,利用遥感和 GIS 技术的支持对不同时期不同湿地类型的生态系统服务价值进行动态评估已成为湿地生态学研究的热点。

丹江口水库 2013 年 10 月 1 日开始蓄水,南水北调中线工程 2014 年 12 月 12 日正式通水,这对下游湿地生态环境及其结构功能产生不容小觑的影响,汉江中下游的湿地景观格局将随之发生变化。这里选取汉江中游谷城湿地段作为研究区域,揭示该区域湿地类型景观格局的动态演变规律,并对不同时期各湿地类型的生态系统服务价值进行估算,对于定量分析南水北调中线工程修建对下游湿地格局的影响具有重要意义,并为湿地保护决策者提供科学依据。

9.1 典型河段湿地景观格局变化

9.1.1 典型河段概况

谷城湿地位于南水北调中线工程源头——湖北丹江口水库下游的谷城县城关镇以东的后湖地区,汉江中游西岸(图 9-1),隶属于襄阳市。境内有汉水、南河、北河等多条河流,南、北两河自县城东流汇入汉江,谷城湿地正位于南、北两河之间,三面环水。湿地内植被繁茂,鸟类资源丰富,是谷城县一道天然生态屏障,具有防洪蓄水、调节气候、提高县城环境质量、保障城关镇生态安全等多种生态服务功能。南水北调工程的实施,丹江口水库蓄水量的增加,以及工农业生产活动对水资源的利用,加上水资源污染的加剧,对湿地生态系统及其价值造成了影响。本研究选取汉江中游典型河段谷城段河流湿地作为研究区域,具有很强的代表性。

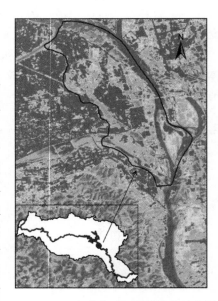

图 9-1　汉江中游典型河段谷城湿地位置

9.1.2 数据源及其处理流程

这里选取 1991 年 6 月、2000 年 6 月、2007 年 6 月的 Landsat7 和 2017 年 8 月 Landsat8 四期遥感影像数据,以及谷城汉江国家湿地公园土地利用类型图。参考谷城汉江的国家湿地公园土地利用类型图,在 ENVI5.1 软件平台的支持下,对其进行增强和融合处理,选用支持向量机的方法对其进行监督分类,最后结合实际调查结果对分类结果不精确的地方进行人工解译,提取河流、坑塘、河漫滩和江心洲及水田五种湿地类型,形成四个时期的湿地类型分布图(图 9-2)。

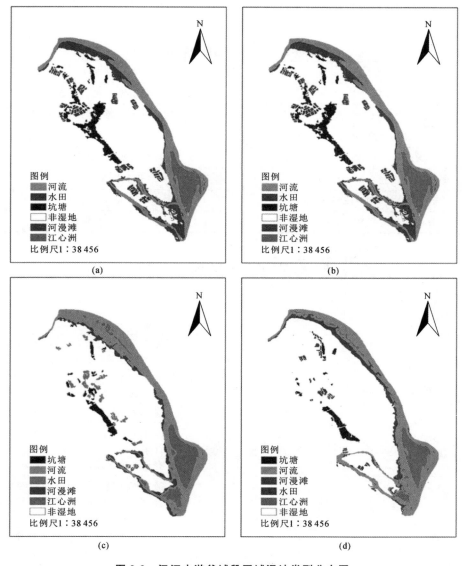

图 9-2 汉江中游谷城段区域湿地类型分布图

(a)1991 年;(b)2000 年;(c)2007 年;(d)2017 年

在 GIS 平台的支持下,对其提取结果进行重分类,得到 Fragstats4 能够识别的栅格图,并将重分类结果导入 Fragstats4,计算相关的景观和斑块两个尺度上的景观指数,根据模型运算结果分析谷城湿地景观格局动态演变情况。

同时对黄家港水文站 1991—2017 年的降水量、径流量、水位进行时间序列分析,以及丹江口水文站的蓄水量与格局指数进行灰色关联度分析。

9.1.3　景观格局指数的选取与计算

Fragstats 可以计算 50 多种景观指标,考虑到研究区面积较大,格局指数的选取仅从景观和景观类型两个层次上选取,在进行景观格局指数选取的时候要综合考虑景观类型与总体上的变化,选取的各指数间的相关性要尽可能的小,这里选取的景观格局指数如表9-1所示,部分景观格局指数计算公式及含义如表 9-2 所示。

表 9-1　所选景观格局指数列表

景观水平	斑块水平
斑块数(NP)	类型斑块面积(CA)
平均斑块面积(AREA_MN)	边缘面积分维数(PAFRAC)
斑块密度(PD)	平均斑块公维度(FRAC-MN)
景观形状指数(LSI)	景观分割度(DIVISION)
景观蔓延度指数(CONTAG)	聚集度指数(AI)
斑块结合度(COHESION)	破碎度(LFI)
香农均匀度指数(SHDI)	香农多样性指数(SHEI)

表 9-2　主要景观格局指数生态学含义

指标名称	计算公式	生态学含义
斑块数(NP)	$NP = P$	表示景观中所有斑块或某一种斑块的数量
斑块密度(PD)	$PD = N/A$	表示每平方千米的缀块数,反映空间异质性和景观破碎化程度
景观形状指数(LSI)	$LSI = 0.25E/\sqrt{A}$	反映景观类型形状的复杂程度,当景观中缀块形状不规则或偏离正方形时,LSI 值增大
景观蔓延度指数(CONTAG)	$CONTAG = \left[1 + \sum_{i=1}^{m} \sum_{j=1}^{n} \frac{P_{ij} \ln(P_{ij})}{2\ln(m)} (100) \right]$	CONTAG 值较小时,表明景观中存在许多小斑块;趋于 100 时,表明景观中有连通度极高的优势斑块类型存在
聚集度指数(AI)	$AI = 2\ln(n) + \sum_{i=1}^{n} \sum_{j=1}^{n} P_{ij} \ln(P_{ij})$	通常用来度量同一类型的缀块聚集程度,但其取值还受到类型总数及其均匀度的影响
香农均匀度指数(SHDI)	$SHDI = -\sum_{i=1}^{m} (P_i \times \ln P_i)$	反映景观异质性,特别对景观中各拼块类型非均衡分布状况较为敏感
香农多样性指数(SHEI)	$SHEI = \dfrac{-\sum_{i=1}^{m} (P_i \times \ln P_i)}{\ln(m)}$	用来比较不同景观或同一景观不同时期的多样性变化

将监督分类结果导入 ArcGIS 进行重分类,得到 Fragstats4 能够识别的栅格图,导入 Fragstats4 进行相关指数的计算。

9.1.4 景观格局动态变化分析

从表 9-3 中可以看出,谷城湿地景观面积从 1991 年的 1045.980hm² 到 2017 年的 858.668hm²,面积减少了 187.312hm²,景观斑块数目也由 1991 年的 38 块增加到 2007 年的 113 块,到 2017 年又减少到 74 块。从景观层面能看出谷城湿地面积正在明显减少,而 2007—2017 这近十年有所增加,说明人类活动对其影响程度增大,斑块破碎化程度增大,但近几年由于湿地公园的建设等湿地保护措施的实施,湿地面积有增加趋势。

表 9-3 汉江谷城湿地景观动态变化分析

年份	总面积 /hm²	斑块数	景观形状 指数	分维数	景观蔓延度 指数	香农均匀度 指数	香农多样性 指数
1991	1045.980	38	2.315	1.531	47.078	1.486	0.923
2000	915.323	94	2.635	1.393	48.753	1.478	0.918
2007	779.063	113	3.130	1.379	53.018	1.273	0.791
2017	858.668	74	2.937	1.461	53.504	1.292	0.803

1991—2017 年,谷城湿地景观的香农均匀度指数由 1.486 降低到 1.292,在景观级别上等于各斑块类型的面积比乘以其值的自然对数之后的和的负值。香农多样性指数能反映景观异质性,特别对景观中各拼块类型非均衡分布状况较为敏感,即强调稀有拼块类型对信息的贡献,这也是与其他多样性指数不同之处。NP 反映景观的空间格局,经常被用来描述整个景观的异质性,其值的大小与景观的破碎度也有很好的正相关性,一般规律是 NP 大,破碎度高;NP 小,破碎度低。NP 对许多生态过程都有影响,从表 9-3 可以看出,NP 呈显著波动上升趋势,反映了研究区景观破碎度增大的趋势。在比较和分析不同景观或同一景观不同时期的多样性与异质性变化时,SHDI 也是一个敏感指标。分析发现,谷城湿地景观斑块破碎度增大,香农多样性却小幅下降,说明该区在人为活动和自然演变双重因素的干扰下,景观斑块增多,但是景观类型变化不大,1991—2017 年,河流、河漫滩、水田、坑塘和江心洲是研究区的主要湿地景观类型。

在斑块水平上,从表 9-4、表 9-5、表 9-6 和表 9-7 可以看出,1991—2017 年河流面积变化不大,水田面积从 1991 年的 85.50hm² 增加到 2017 年的 122.153hm²,说明人类活动对其影响正在加大。河漫滩面积从 1991 年的 189.90hm² 增加到 2000 年的 219.983hm²,2007 年有所降低,到 2017 年为 199.035hm²。从图 9-3 可以看出,面积变化最明显的是坑塘,从 1991 年的 228.51hm² 到 2017 年的 43.043hm²,在城市化和经济快速发展要求的驱使下,谷城湿地景观中坑塘的面积正在逐步减少,形状正开始变得不规则,有破碎化的趋势,自然河流、江心洲、河漫滩的面积都出现减少趋势,江心洲和河漫滩的面积加权平均形状因子指数增大,江心洲在景观中所占比重有所加大。江心洲相对独立,因此得以更多保留,但是从形状指数看其存在破碎化的趋势,说明也正受到人类活动的干扰。

表 9-4　1991 年湿地景观斑块特征统计

景观类型	斑块面积/hm²	斑块数	平均斑块分维度	斑块结合度	景观分割度	聚集度指数	破碎度
河流	399.78	1	1.285	99.422	0.994	88.263	0.923
河漫滩	189.90	10	1.146	95.738	1.000	85.199	0.053
水田	85.50	13	1.174	90.083	1.000	70.294	0.152
坑塘	228.51	9	1.107	96.805	0.999	89.833	0.039
江心洲	142.29	5	1.076	97.497	0.999	95.717	0.035

表 9-5　2000 年湿地景观斑块特征统计

景观类型	斑块面积/hm²	斑块数	平均斑块分维度	斑块结合度	景观分割度	聚集度指数	破碎度
河流	356.265	7	1.119	99.586	0.995	93.322	0.020
河漫滩	219.983	31	1.116	97.310	1.000	90.122	0.141
水田	120.825	24	1.100	97.294	1.000	90.248	0.199
坑塘	83.295	27	1.119	94.030	1.000	81.859	0.324
江心洲	134.955	5	1.104	98.966	0.999	96.926	0.037

表 9-6　2007 年湿地景观斑块特征统计

景观类型	斑块面积/hm²	斑块数	平均斑块分维度	斑块结合度	景观分割度	聚集度指数	破碎度
河流	402.188	8	1.070	99.777	0.994	92.455	0.020
河漫滩	162.653	36	1.085	96.975	1.000	93.358	0.221
水田	134.033	24	1.144	97.843	1.000	87.627	0.179
坑塘	29.183	29	1.077	90.033	1.000	78.144	0.994
江心洲	51.008	16	1.081	94.857	1.000	91.280	0.314

表 9-7　2017 年湿地景观斑块特征统计

景观类型	斑块面积/hm²	斑块数	平均斑块分维度	斑块结合度	景观分割度	聚集度指数	破碎度
河流	436.500	2	1.147	99.792	0.992	93.879	0.005
河漫滩	199.035	22	1.080	97.668	0.999	95.692	0.111
水田	122.153	18	1.164	96.651	1.000	85.434	0.147
坑塘	43.043	15	1.144	92.455	1.000	83.039	0.348
江心洲	57.938	17	1.110	94.618	1.000	88.708	0.298

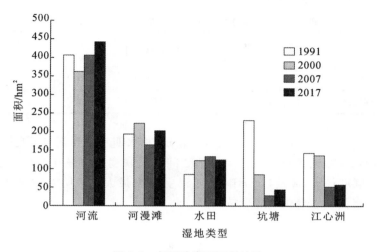

图 9-3　各湿地类型面积统计

9.2　湿地景观指数与水文因子的灰色关联度

考虑一年的水文数据存在偶然性,不能很好地反映研究区时期内的水文状况,因此采用 1983—1991 年、1992—1999 年、2000—2007 年、2008—2017 年四期的降水、流量和水位,以及丹江口水文站的蓄水量与格局指数进行灰色关联度分析。这样能很好地反映一段时期内研究区水文要素的总体状况对景观格局的影响,又降低了某一年水文数据的偶然性。首先对各数列进行无量纲化处理,最后根据公式计算关联度,结果如表 9-8 所示。

表 9-8　水文要素与景观格局指数的关联度

指数	斑块密度	斑块数	景观形状指数	分维数	景观蔓延度指数	香农均匀度指数	香农多样性指数
水位	0.712	0.813	0.676	0.837	0.659	0.685	0.690
流量	0.595	0.679	0.797	0.756	0.807	0.575	0.575

从表 9-8 可以看出,在景观格局指数与径流量的灰色关联度分析中,分维数(FRACT)和斑块数(NP)与水位的关联度最大,景观蔓延度指数(CONTAG)和景观形状指数(LSI)与流量的关联度最大。说明景观分维数与斑块数对水位变化响应敏感,水位变化对分维数和景观破碎化程度影响较明显;香农多样性指数和香农均匀度指数对水位和流量变化都不明显。为了能够更加深入和准确地分析水文要素与景观格局之间关联性,特别提取 1983—2017 年枯水期的水位和流量数据,对枯水期的水文要素和景观格局指数做关联度分析。结果如表 9-9 所示。

表 9-9　枯水期水文要素与景观格局指数的关联度

指数	斑块密度	斑块数	景观形状指数	分维数	景观蔓延度指数	香农均匀度指数	香农多样性指数
水位	0.659	0.813	0.647	0.619	0.821	0.944	0.943
流量	0.812	0.679	0.819	0.812	0.715	0.802	0.806

　　对表 9-8 和表 9-9 关联度指数的对比分析发现,枯水期水文要素与景观格局指数的关联度明显大于年均水位和流量与景观格局指数之间的关联度。与表 9-8 不同的是,枯水期水位和 SHEI 的关联度最大,流量与 SHDI 和 LSI 关联度最大。表明谷城湿地景观格局指数对枯水期水文要素的动态变化响应更敏感。

第十章

汉江流域生态流量及盈缺时空变化

随着社会经济的快速发展,工农业需水量不断增加,加之水资源时空分布不均的现状,水资源短缺问题日趋严重。因此,在工农业用水与生态系统需水矛盾加剧的形势下,准确评估流域生态需水量显得十分重要。流域生态需水研究是合理配置流域水资源、实现流域水环境安全和生态系统健康的根本保证,天然植被生态需水与经济用水优化配置、水库的优化调度、各类水生生物所需的最小流量以及河道最佳需水量的确定都是有待解决的问题。因此,研究流域生态需水量,保证流域生态需水量可以达到一定生态要求,是进行流域水资源合理分配的重要条件,这将对流域生态系统管理和水资源的科学配置具有重要的理论意义和实用价值。

南水北调中线工程是实施我国水资源优化配置,解决北方缺水问题的重大战略工程,但同时也对流域生态系统造成了一定程度的干扰。汉江流域作为南水北调中线工程的水源地,承担着向我国北方缺水地区输送水资源的重任,其生态系统的稳定与健康不仅关系到汉江流域,也关系到南水北调中线工程的正常运行和受水区生态系统的健康发展。随着人类干扰强度的增加,汉江中下游水文情势发生了剧烈变化,加之经济高速发展导致的工农业需水的增加,使得整个流域生态系统的可持续发展受到威胁。在这种人为干扰较大、用水矛盾突出的特殊背景下,定量地评估汉江流域生态需水量对于指导水库调度、实现流域水资源优化配置、减少水资源过剩或不足造成的水旱灾害、达到人类与流域自然生态系统的和谐发展有着十分重大的指导意义。

生态需水量是"为维系生态系统群落基本生存和一定生态环境质量的最小水资源量"(夏军 等,2002)。一般情况下,流域生态需水包括河道外生态需水量和河道内生态需水量两个部分。

河道外生态需水量主要指维持河道外植被群落稳定所需要的水量(张琳 等,2009),一般包括:①天然和人工生态保护植被及绿洲防护林带的耗水量,主要是指地带性植被消耗的降水、非地带性植被通过水利供水工程直接或间接消耗的径流量;②水土保持区进行生物措施治理所需水量;③调水区人民生存和陆生动物生存所需水量;④维持特殊的生态环境系统安全的紧急调水量(生态恢复需水量);⑤维持气候和土壤环境所需水量(苗鸿 等,2003;严登华 等,2001)。

河道内生态需水量是指为改善河道生态环境质量或者维持生态环境质量不进一步下降时河道生态系统在一定水质要求下的最小水量(龙平沅,2006),主要包括以下几个方面:①防止湖泊萎缩、河道断流的最小流量;②防止河道淤积、维持水沙平衡的输沙需水量;③河流保持稀释和自净能力的水量;④保持水生生物生存和栖息地生态平衡所需水量;⑤保证航道通航要求的水量;⑥维持合理的地下水位及水分循环、水量转换的入渗补给水量和蒸发消耗水量。

不同的河流生态系统,生态需水量组成因地理位置、水资源数量和质量及时空分布等因素而有所差别,需要根据区域的实际情况及需水机制制定合理的需水模型。根据流域河流系统及需水的空间位置,计算汉江流域河道外和河道内的生态需水量。

10.1 河道外生态需水

10.1.1 河道外生态需水模型

汉江流域土地覆被以林地、草地和农田(水田和旱地)为主,平均面积比例分别为40.0%、19.3%和35.5%,三者面积之和占汉江流域总面积的94.8%。针对这样的流域尺度,河道外生态需水主要关注的是区域内保护和恢复河道外植被群落及水土保持建设所需水量(柏慕琛,2017;龙平沅,2006),因为植被是生态系统最基本的组成部分,以植被生态需水来反映实际的生态系统需水。综上,对汉江流域河道外生态需水量的计算包括林地、草地、农田和城镇生态需水,用公式表示为:

$$W_e = W_v + W_f + W_c \tag{10-1}$$

式中,W_e 为流域河道外生态需水量;W_v 为植被需水量,包括林地和草地需水量;W_f 为农田需水量;W_c 为城镇需水量。

10.1.2 植被和农田生态需水量

10.1.2.1 生态需水量计算方法

植被生态需水量是指能够满足植被健康生长,并抑制土地生态系统恶化如沙化、荒漠化和水土流失等所需要的水量(张丽 等,2008)。这里对植被和农田生态需水量的计算采用植被蒸散发法,该方法是联合国粮农组织(Food and Agriculture Organization of the United Nations,FAO)推荐的计算参考作物蒸散发潜力的首选方法。计算公式如下:

$$W_{et} = K \cdot ET_0 \cdot A \tag{10-2}$$

式中,W_{et} 为植被的生态需水量,m^3;K 为植被生态需水系数;ET_0 为参考作物蒸散发量,mm;A 为植被类型的面积,m^2。

ET_0 的计算方法详见参考文献(Suleiman et al.,2007)。

10.1.2.2 生态需水量计算过程

这里先根据当地的气候要素,用改进的彭曼方程计算参考作物蒸散发量 ET_0,然后根据植被生长情况和土壤供水情况,确定植被各月的需水系数 K,再计算植被生态需水量 W_{et},最后乘以各植被类型的面积,即可得到该类植被的生态需水量。

(1)汉江流域参考作物蒸散发量(ET_0)的计算。利用汉江流域 18 个气象站(郧西、房县、老河口、枣阳、钟祥、天门、武汉、三门峡、卢氏县、西峡、南阳、略阳、汉中、佛坪、商州、镇安、石泉、安康)的逐日气象资料(如降水量、气温、相对湿度、海拔、风速、日照时间等,数据来源于中国气象数据共享网),如图 10-1 所示,以前文分析的全流域典型水文年为例,采用改进的彭曼方程计算逐日的植被潜在蒸散发,分析各气象站在丰水年、平水年、枯水年逐月参考作物蒸散发量的变化情况。

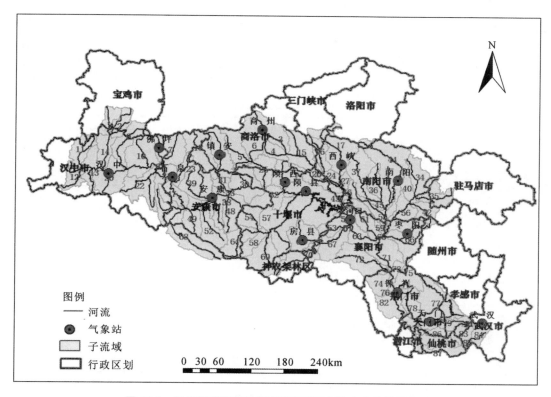

图 10-1　汉江流域行政区划示意图（图中数字为流域编号）

由表 10-1 可知,汉江流域同 1 月的 ET_0 值在空间上差别较大,同一个气象站的不同月份间 ET_0 值也各不相同。总体上来看,在不同的水文年内,各气象站逐月 ET_0 值均在年初和年末最低,在 6 月或 8 月达到最高值,变化趋势一般是 1—6 月逐渐升高,8—12 月逐渐降低。在 18 个气象站中,有 11 个气象站的年 ET_0 值为枯水年＞丰水年＞平水年,空间分布上从西北向东南递增。汉江流域丰水年 ET_0 值在 528.2～966.1mm,平均为 666.2mm;平水年 ET_0 值在 495.4～734.3mm,平均为 633.1mm;枯水年 ET_0 值在 575.6～787.2mm,平均为 665.0mm。

表 10-1　汉江流域各气象站平均 ET_0 逐月分布情况　　　　　　单位:mm

气象站	水文年	植被生长期												合计
		1 月	2 月	3 月	4 月	5 月	6 月	7 月	8 月	9 月	10 月	11 月	12 月	
郧西	丰水年	18.5	15.2	44.3	53.2	77.4	91.7	68.1	98.2	59.9	42.2	23.9	21.1	613.7
	平水年	18.2	19.7	45.5	48.9	82.3	101.1	74.8	75.5	54.4	41.5	19.4	16.9	598.2
	枯水年	15.9	15.3	41.6	59.3	87.5	108.2	73.3	91.6	62.7	40.9	25.0	19.0	640.2
房县	丰水年	22.3	21.9	46.7	55.6	72.8	87.4	69.6	85.3	56.1	40.3	22.7	24.0	604.6
	平水年	21.2	25.2	49.9	55.0	79.5	99.2	76.6	72.0	56.0	40.1	20.6	19.5	614.7
	枯水年	17.2	23.7	39.5	54.2	71.9	89.0	69.1	82.0	58.1	36.1	21.2	18.0	580.1

气象站	水文年	植被生长期												合计
		1月	2月	3月	4月	5月	6月	7月	8月	9月	10月	11月	12月	
老河口	丰水年	23.2	21.0	50.9	58.9	81.9	94.9	72.2	93.7	59.7	48.8	33.0	34.1	672.3
	平水年	25.1	25.2	50.5	60.5	84.6	99.8	81.9	76.9	56.1	50.9	23.4	24.5	659.5
	枯水年	16.4	28.2	42.7	64.0	79.9	100.3	79.8	92.6	67.6	46.8	31.6	25.4	675.2
枣阳	丰水年	26.8	22.1	54.3	60.5	82.9	101.5	73.8	107.5	64.4	51.5	37.6	35.2	718.0
	平水年	27.2	25.8	47.6	62.9	89.2	105.9	83.1	80.4	60.8	48.4	26.3	25.0	682.7
	枯水年	17.9	26.7	45.9	66.7	84.9	105.2	89.5	98.7	71.1	48.3	30.4	23.5	708.7
钟祥	丰水年	28.3	27.9	54.2	59.3	80.3	91.0	81.8	111.8	64.3	55.3	45.8	39.9	739.8
	平水年	29.2	33.6	49.2	59.7	82.2	107.2	93.1	90.9	72.8	57.8	29.3	28.3	733.5
	枯水年	22.1	33.8	45.5	64.3	83.0	101.4	94.8	111.4	83.1	54.8	36.6	27.0	758.0
天门	丰水年	23.3	23.2	49.3	53.5	75.1	88.7	78.9	111.4	61.8	46.6	32.3	30.8	674.8
	平水年	24.4	29.1	43.3	50.7	76.3	93.0	89.5	97.9	70.2	48.1	25.5	22.4	670.6
	枯水年	21.7	34.2	41.9	58.6	82.4	91.7	103.8	114.1	78.3	47.0	30.1	28.9	732.9
武汉	丰水年	22.5	24.8	54.2	59.7	80.4	86.3	87.2	116.6	66.8	48.8	32.2	35.5	715.1
	平水年	24.9	26.5	44.1	59.3	86.9	106.2	94.8	111.0	73.4	56.0	27.6	23.5	734.3
	枯水年	18.6	29.7	37.9	59.4	74.5	86.5	98.8	105.8	70.5	42.8	27.1	24.6	676.9
三门峡	丰水年	27.4	26.3	58.3	66.7	93.4	107.0	79.9	79.9	57.6	42.2	26.6	31.0	696.3
	平水年	25.8	27.8	59.4	75.9	91.3	110.9	92.6	90.5	57.4	43.4	20.4	22.7	718.1
	枯水年	19.8	30.2	51.0	69.1	96.1	109.0	84.1	85.8	61.9	46.7	34.4	26.0	714.1
卢氏县	丰水年	17.6	14.1	42.8	56.1	76.5	89.1	62.3	67.4	50.4	33.0	18.7	18.0	546.0
	平水年	16.9	19.6	49.1	57.6	76.8	86.8	65.0	67.9	47.8	36.0	17.4	14.7	555.6
	枯水年	15.5	16.9	42.0	60.7	81.9	96.9	70.5	76.5	55.6	36.2	23.3	17.7	593.6
西峡	丰水年	28.8	23.7	54.8	65.5	88.2	106.6	76.5	95.4	58.8	51.7	44.6	45.6	740.2
	平水年	29.4	30.0	56.4	69.2	91.6	115.4	79.2	82.2	57.4	60.2	25.9	28.0	725.0
	枯水年	21.3	30.5	50.8	71.9	98.7	120.8	80.8	98.2	73.1	52.9	35.2	23.4	757.7
南阳	丰水年	26.4	24.4	53.9	62.3	87.1	104.0	78.3	89.8	63.4	51.5	33.2	32.4	706.6
	平水年	27.6	27.3	52.5	59.7	88.2	106.6	79.0	80.2	57.7	51.3	21.8	21.1	672.9
	枯水年	19.8	29.8	48.7	69.1	100.1	118.2	91.8	110.2	72.8	57.9	38.7	30.1	787.2
略阳	丰水年	28.2	32.1	51.4	56.1	71.8	71.1	64.2	71.4	51.5	35.4	23.9	23.1	580.2
	平水年	26.7	32.5	52.7	55.9	67.1	88.1	71.6	70.9	46.8	32.1	21.4	25.7	591.5
	枯水年	20.0	32.4	51.5	71.5	70.0	82.9	64.5	81.0	51.5	33.3	29.6	28.3	616.6

气象站	水文年	植被生长期												合计
		1月	2月	3月	4月	5月	6月	7月	8月	9月	10月	11月	12月	
汉中	丰水年	17.1	17.8	41.6	49.1	71.0	79.4	61.1	84.3	58.9	35.7	18.1	18.0	552.0
	平水年	16.7	23.2	43.4	46.6	67.3	82.9	70.0	74.5	51.3	34.6	17.4	15.9	543.8
	枯水年	19.5	26.4	45.3	64.8	75.2	89.3	68.2	92.5	59.0	35.3	21.5	20.3	617.4
佛坪	丰水年	21.0	16.9	41.7	48.5	65.6	72.1	57.8	73.5	51.2	34.2	20.9	24.8	528.2
	平水年	20.2	24.0	45.5	45.4	66.5	77.7	66.1	65.8	48.2	34.1	18.8	18.4	530.7
	枯水年	19.3	27.8	41.2	55.2	69.9	84.5	63.4	76.7	53.9	34.9	24.7	23.8	575.6
商州	丰水年	29.9	27.5	52.2	71.4	77.0	89.4	76.3	86.1	55.8	42.3	33.7	41.9	683.2
	平水年	32.3	31.0	56.4	64.6	79.6	98.9	82.8	68.2	47.3	41.7	23.2	28.1	653.9
	枯水年	22.2	31.0	53.5	77.1	89.6	102.7	77.1	79.7	56.2	41.8	34.2	29.3	694.5
镇安	丰水年	21.8	18.7	49.7	58.4	76.6	83.8	65.5	86.3	57.8	37.9	26.4	25.5	608.7
	平水年	22.5	25.0	52.5	57.5	70.6	93.4	77.7	75.6	52.3	35.1	18.9	18.4	599.5
	枯水年	19.9	22.3	49.9	66.6	76.3	98.5	65.8	82.0	52.9	34.2	23.3	23.0	614.8
石泉	丰水年	18.9	19.4	41.1	46.4	64.7	79.9	59.4	83.7	473.4	34.7	19.9	24.6	549.4
	平水年	17.4	24.7	42.5	43.3	57.4	70.6	59.6	68.3	47.4	31.1	17.0	16.0	495.4
	枯水年	19.2	27.5	45.0	57.3	71.0	88.9	63.5	87.9	51.5	32.6	22.1	19.2	585.9
安康	丰水年	22.4	23.6	49.6	56.3	74.8	93.3	75.0	101.4	66.6	38.4	21.9	21.7	645.0
	平水年	21.3	25.0	50.6	49.7	76.1	95.3	77.9	82.1	60.3	37.6	19.4	20.4	615.7
	枯水年	22.7	28.6	48.9	58.5	78.1	97.1	74.3	93.8	59.8	35.4	22.3	21.7	641.3
平均	丰水年	23.6	22.3	49.5	57.6	77.6	89.8	71.5	91.3	82.1	42.8	28.6	29.3	666.2
	平水年	23.7	26.4	49.5	56.8	78.5	96.6	78.6	79.5	56.5	43.3	21.9	21.6	633.1
	枯水年	19.4	27.5	45.7	63.8	81.7	98.4	78.5	92.3	63.3	42.2	28.4	23.8	665.0

(2)植被生长期各月需水系数 K 的确定。植被需水系数与其生长状况和土壤供水条件等因素有关。对林地和草地来说,冬季(11月至翌年3月)植物生长缓慢,大气蒸发能力较小,因此不考虑冬季的生态需水。参考相关文献(龙平沅,2006)及 FAO-56 推荐的标准作物系数,拟定本研究区内林地、草地和农田的需水系数,如表10-2所示。

表 10-2　汉江流域林地、草地和农田需水系数

植被类型	1月	2月	3月	4月	5月	6月	7月	8月	9月	10月	11月	12月
林地	—	—	—	0.43	0.60	0.78	0.93	0.70	0.53	0.43	—	—
草地	—	—	—	0.43	0.62	0.80	0.95	0.75	0.57	0.43	—	—
农田	0.62	0.62	0.62	0.62	0.62	0.62	0.62	0.62	0.62	0.62	0.62	0.62

（3）各植被类型面积。林地、草地、农田（水田和旱地）和建设用地的面积均由 SWAT 模型划分的子流域中各类型面积统计得到。

（4）植被和农田生态需水量计算，利用泰森多边形法，将 18 个气象站点的 ET_0 值在汉江流域进行插值，然后根据各气象站点覆盖的子流域范围，计算每个子流域的 ET_0 值；若一个子流域被多个气象站覆盖，则该子流域的 ET_0 值为其周围站点 ET_0 值的平均值，然后将得到的每个子流域 ET_0 值乘以前述的植被系数和面积，得到汉江流域林地、草地和农田的生态需水量。

10.1.3　城镇生态需水量

10.1.3.1　生态需水量计算方法

城镇生态需水量是指为了维持城市生态环境质量不再下降或改善城市环境而人为补充的水量，可分为绿地、城市河流和湖泊湿地等生态用水，其中城市河湖生态需水量并入河道内生态需水量计算，因此，汉江流域河道外城镇生态需水量主要计算城镇绿地的生态需水量（王霄，2014），采用需水定额法，计算公式如下：

$$W_i = Z_i \cdot A_i \tag{10-3}$$

式中，W_i 为植被类型 i 的生态需水量，m^3；Z_i 为植被类型 i 的生态用水定额，m^3/hm^2；A_i 为植被类型 i 的面积，hm^2。

10.1.3.2　生态需水量计算过程

根据式（10-3），首先要得到汉江流域城镇绿地的需水定额和城镇绿地的总面积。绿地的需水定额参考武汉市的城镇绿地需水定额，确定为 $5000m^3/hm^2$（张元波 等，2005；王霄，2014），城镇绿地总面积通过 SWAT 模型划分的各子流域中建设用地面积总和乘以绿地率计算，其中绿地率参考《2016 年武汉市绿化状况公报》，定为 34%。然后用两者的乘积计算得到城镇生态需水量。

10.1.4　河道外生态需水量

10.1.4.1　全流域河道外生态需水量计算结果

根据式（10-1），计算可得汉江流域的河道外生态需水量，结果如下：

在丰水年，汉江流域河道外生态需水量为 $4.236 \times 10^{10} m^3$，其中林地生态需水量为 $1.785 \times 10^{10} m^3$，草地生态需水量为 $1.091 \times 10^{10} m^3$，农田生态需水量为 $1.270 \times 10^{10} m^3$，城镇生态需水量为 $9 \times 10^8 m^3$。

在平水年，汉江流域河道外生态需水量为 $4.076 \times 10^{10} m^3$，其中林地生态需水量为 $1.728 \times 10^{10} m^3$，草地生态需水量为 $1.051 \times 10^{10} m^3$，农田生态需水量为 $1.207 \times 10^{10} m^3$，城镇生态需水量为 $9 \times 10^8 m^3$。

在枯水年，汉江流域河道外生态需水量为 $4.313 \times 10^{10} m^3$，其中林地生态需水量为 $1.830 \times 10^{10} m^3$，草地生态需水量为 $1.107 \times 10^{10} m^3$，农田生态需水量为 $1.286 \times 10^{10} m^3$，城镇生态需水量为 $9 \times 10^8 m^3$。（表 10-3）

在水文年内，各月生态需水量在 12 月至翌年 2 月最低，6 月最高，变化趋势一般是从 1—6 月逐渐升高，8—12 月逐渐降低。主要与植被生长节律和气象因素有关。冬季植物生长缓慢,生态需水量少,而4—9月作为植物生长季,需水量大,加上降雨和气温等因素的影响,增加了需水量的动态性和不确定性。

表 10-3　汉江流域不同水文年生态需水量　　　　　　　　　　单位:$10^8\,m^3$

水文年	1月	2月	3月	4月	5月	6月	7月	8月	9月	10月	11月	12月	合计
丰水年	5.3	5.0	10.2	32.4	55.3	78.9	71.3	75.9	51.8	24.7	6.4	6.4	423.6
平水年	5.4	5.8	10.1	31.4	56.4	84.0	77.7	64.0	38.1	24.8	5.0	4.9	407.6
枯水年	4.5	6.0	9.5	35.6	58.3	85.7	77.5	76.0	42.4	24.1	6.2	5.4	431.3

10.1.4.2　各子流域河道外生态需水量计算结果

通过分析不同子流域河道外生态需水量的变化,可以从空间的角度看出汉江流域生态需水量的区域差异。

在丰水年,不同子流域生态需水量差异明显,且在年内处于不断变化之中。从空间分布来看,11月至翌年3月汉江流域整体生态需水量相对较少,其中流域北部和下游地区生态需水量较大,南岸和中游地区需水量相对较小。其中子流域3、14、66和77(图10-1)分别位于陕西省商洛市商州区、河南省南阳市、湖北省枣阳市和湖北省的江汉平原,生态需水量最大,主要是由于这些区域是主要的农业产区,水田和旱地作物需要大量的生长需水。而南岸河网密布,水资源相对较丰富,中游地区丹江口水库也为该区域提供了大量的水资源。

从4月开始,流域整体生态需水量开始逐渐增加,空间分布也逐渐均匀。4—8月空间上需水量最大的是子流域57,位于湖北省西北部的十堰市,十堰市是一座山城,西南部有大巴山、北部有秦岭山脉、中部有武当山,林地面积占全市总面积的68.7%,而该时段为树木的生长期,需水量大,因此该区域生态需水量相对较高。其他区域生态需水也有所增加,空间上差异不是很大。

9月汉江流域需水量有所减少,生态需水较大的地区主要集中在上游陕西省汉中市、湖北省的十堰市和河南省的南阳市,其他地区需水量较8月有所降低,可能是由于气象因素的变化导致潜在蒸散发量下降。10月生态需水量的空间分布上与7月相似,但数值进一步下降。(图10-2)

平水年河道外生态需水量最低(图10-3),枯水年河道外生态需水量最高(图10-4),但在总量上与丰水年差别不大,空间分布上除了9月外,趋势也基本相同,不再一一分析。在平水年和枯水年,9月生态需水量整体上虽有所下降,但分布与4—10月相同,都是十堰市和南阳市相对较高,其他区域差别不大。

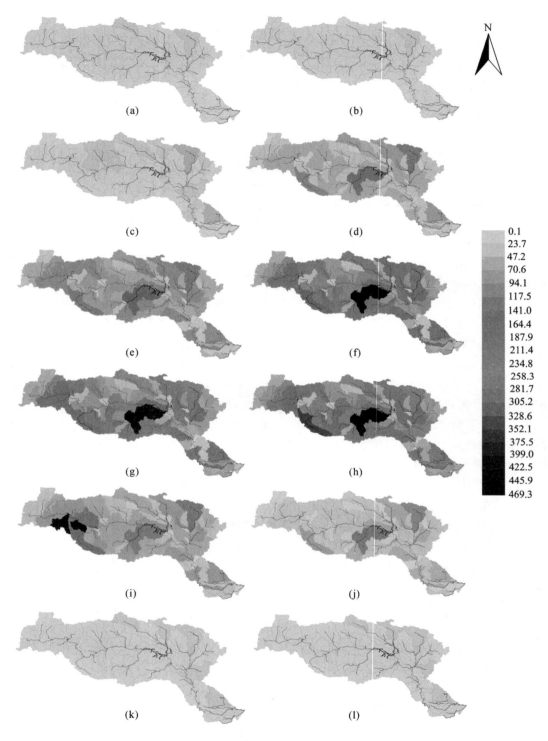

图 10-2　丰水年河道外生态需水量分布图（单位：10^8m^3）

(a)1 月；(b)2 月；(c)3 月；(d)4 月；(e)5 月；(f)6 月；(g)7 月；(h)8 月；(i)9 月；(j)10 月；(k)11 月；(l)12 月

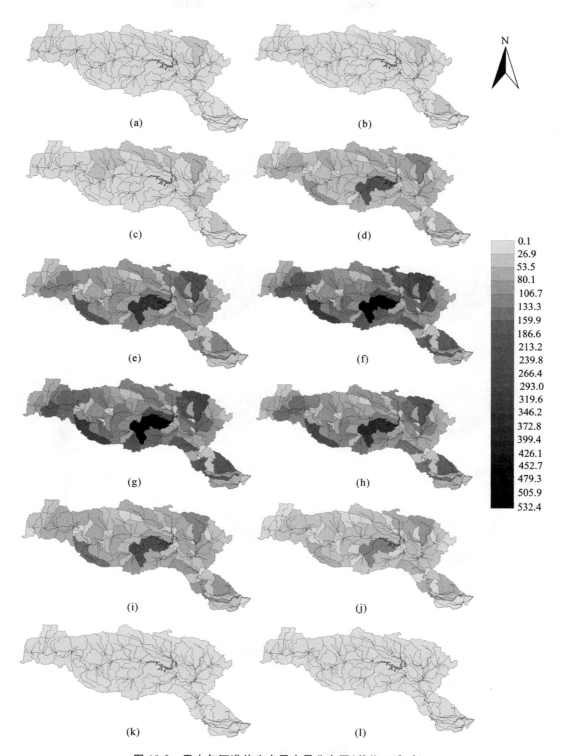

图 10-3　平水年河道外生态需水量分布图(单位：$10^8 m^3$)

(a)1 月；(b)2 月；(c)3 月；(d)4 月；(e)5 月；(f)6 月；(g)7 月；(h)8 月；(i)9 月；(j)10 月；(k)11 月；(l)12 月

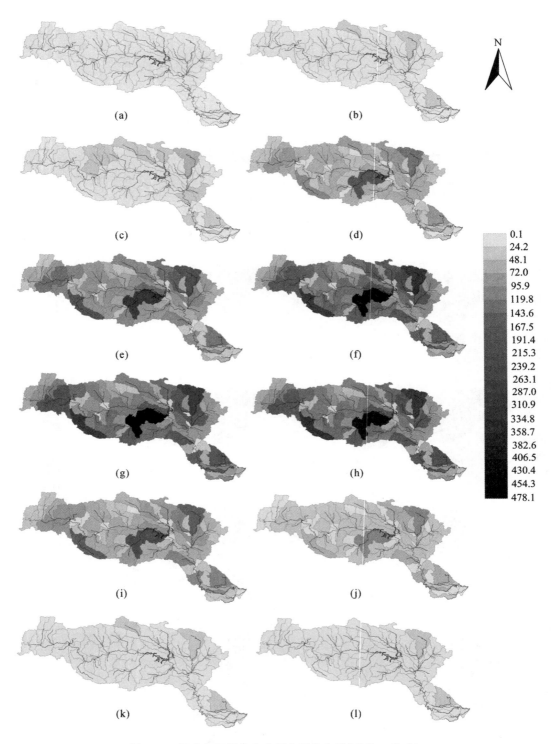

图 10-4　枯水年河道外生态需水量分布图(单位: $10^8\,\mathrm{m^3}$)

(a)1 月; (b)2 月; (c)3 月; (d)4 月; (e)5 月; (f)6 月; (g)7 月; (h)8 月; (i)9 月; (j)10 月; (k)11 月; (l)12 月

10.2 河道内生态需水

10.2.1 河道内生态需水模型

河道内生态需水量是流域生态需水量研究的重要组成部分,一般是指维护河流系统正常的生态功能所需要的水量,具有时间和空间的变化性。汉江是长江最大的支流,为区域提供了丰富的水资源,随着梯级开发及南水北调中线工程的投入运行,汉江流域自然生态环境被人为改变,1990 年爆发了多次大规模"水华",流域水生态现状不容乐观。这里对汉江流域河道内生态需水进行了定量评估,考虑到河道内生态需水量多项内容之间存在着重复的部分,本研究重点关注河流基本生态需水量、自净需水量、输沙需水量和水面蒸发需水量四个部分,用公式表示如下:

$$W_{ew} = (W_r, W_d, W_s)_{max} + W_z \tag{10-4}$$

式中,W_{ew} 为河道外生态需水量;W_r 为河流基本生态需水量;W_d 为河流自净需水量;W_s 为输沙需水量;W_z 为水面蒸发需水量。

这里以汉江流域安康、白河、黄家港、襄阳、皇庄、沙洋、仙桃断面 7 个水文站的水文资料为基础,结合文献及统计年鉴资料,计算汉江流域各断面的生态需水量。

10.2.2 河流基本生态需水量

10.2.2.1 河流基本生态需水量计算方法

汉江流域河流基本生态需水量计算采用 Tennant 法,该方法是建立流量与栖息地之间的经验公式,只需要使用历史流量就可以确定生态需水量,一般是取年天然径流量的百分比作为河流生态需水的推荐值。如用天然年平均流量的 10% 作为保障大部分河流内生物生存栖息地不受影响所需的最小水量;当河道内流量是多年平均流量的 30%~60% 时,河流生态系统的栖息地环境是比较好的;而是多年平均流量的 60%~100% 时,则被认为是能够为水生生物提供良好生存环境的水量。计算公式为:

$$W_r = \sum_{i=1}^{12} M_i \cdot P_i \tag{10-5}$$

式中,W_r 为河流基本生态需水量;M_i 为一年内第 i 个月多年平均流量;P_i 为对应月份的推荐基流百分比。

10.2.2.2 河流基本生态需水量计算

根据 Tennant 法并结合我国河流的实际情况,本研究取多年平均流量的 30% 作为河流基本生态需水量(常福宣 等,2007)。据此可得各断面基本生态需水量如表 10-4 所示。

表 10-4　汉江流域各断面河流基本生态需水量　　　　单位：m³/s

断面	1月	2月	3月	4月	5月	6月	7月	8月	9月	10月	11月	12月	年平均
安康	47.1	41.3	64.2	94.5	128.7	167.2	298.7	240.9	292.0	197.4	143.7	68.9	148.7
白河	72.3	57.9	73.8	114.7	161.1	206.1	384.1	331.3	361.8	235.1	120.9	80.8	183.3
黄家港	178.9	177.8	191.7	221.7	248.4	259.3	364.5	408.6	409.4	259.0	206.8	182.0	259.0
襄阳	239.9	222.0	236.6	275.1	315.9	355.8	486.9	500.3	448.1	307.1	249.1	214.9	321.0
皇庄	258.0	242.7	255.3	276.0	320.2	360.3	602.6	686.1	588.7	364.7	299.0	254.0	375.6
沙洋	268.1	261.0	280.7	285.1	341.5	392.9	667.2	725.3	626.5	385.8	310.8	263.6	400.7
仙桃	242.9	231.9	238.7	251.8	283.4	297.1	491.3	494.7	514.2	329.2	288.3	220.3	323.6

　　从表 10-4 可见，汉江流域基本生态需水量在各断面不相同，沙洋站以上，基本生态需水量沿程增加，至仙桃站有所降低。在年内，12 月或 2 月基本生态需水量最低，7—9 月生态需水量最大，变化趋势一般是 2—7 月逐渐增加，9—12 月逐渐降低。7 个断面从上游到下游的年均基本生态需水量分别为 $4.69\times10^9\,\mathrm{m}^3$、$5.78\times10^9\,\mathrm{m}^3$、$8.17\times10^9\,\mathrm{m}^3$、$1.012\times10^{10}\,\mathrm{m}^3$、$1.185\times10^{10}\,\mathrm{m}^3$、$1.264\times10^{10}\,\mathrm{m}^3$、$1.021\times10^{10}\,\mathrm{m}^3$。

10.2.3　河流自净需水量

　　汉江流域自净需水量计算采用近 10 年最小月平均流量法，根据 7 个水文站近 10 年的逐月流量得到各断面自净需水量，结果如下。

　　从表 10-5 可见，汉江流域自净需水量在沙洋站以上沿程增加，至仙桃站有所降低，其中安康站最低，年均自净需水量为 167.8m³/s，沙洋站最高，为 715.3m³/s。在年内，12 月至翌年 2 月自净需水量最低，7—9 月自净需水量最大，变化趋势一般是 2—5 月逐渐增加，9—12 月逐渐降低。7 个断面从上游到下游的年均自净需水量分别为 $5.29\times10^9\,\mathrm{m}^3$、$6.39\times10^9\,\mathrm{m}^3$、$1.366\times10^{10}\,\mathrm{m}^3$、$1.718\times10^{10}\,\mathrm{m}^3$、$1.764\times10^{10}\,\mathrm{m}^3$、$2.256\times10^{10}\,\mathrm{m}^3$、$1.477\times10^{10}\,\mathrm{m}^3$。

表 10-5　汉江流域各断面河流自净需水量　　　　单位：m³/s

断面	1月	2月	3月	4月	5月	6月	7月	8月	9月	10月	11月	12月	年平均
安康	66.7	35.0	100.7	145.7	226.5	193.0	283.6	171.0	383.5	190.6	131.0	86.7	167.8
白河	191.8	41.4	91.4	196.5	214.2	300.4	319.7	250.7	291.1	200.7	119.3	215.5	202.7
黄家港	460.3	459.9	394.1	350.7	458.2	541.4	453.4	426.4	427.3	457.7	415.1	354.9	433.3
襄阳	363.2	407.6	438.6	497.1	525.3	756.8	730.7	784.3	541.6	496.9	501.2	494.5	544.8
皇庄	570.4	476.6	467.7	531.4	531.3	637.8	422.7	614.9	723.0	611.5	588.9	536.2	559.4
沙洋	553.4	470.7	674.4	608.0	587.1	794.0	930.4	1301.9	791.0	702.9	614.8	554.7	715.3
仙桃	490.9	451.9	402.2	397.9	416.7	410.0	378.3	458.9	632.0	572.0	522.6	486.0	468.3

10.2.4　河流输沙需水量

10.2.4.1　河流输沙需水量计算方法

输沙需水量是指在一定时间和空间内,河流维持泥沙动态平衡时所需的河道流量。对河流生态系统来说,经常是水少沙多,结果大量泥沙进入下游后不能全部输送出境,导致河道淤积、河床升高、洪水泛滥、生物多样性损失等一系列问题。因此,为了保护生态环境,河道内必须留出一部分水量用于输沙,维持河流冲淤的动态平衡。

汉江流域输沙需水量主要是根据多年最大月平均含沙量的平均值来估算,计算公式为:

$$W_S = \frac{S_n}{\dfrac{1}{n}\sum_{i=1}^{n}(C_{ij})\max} \tag{10-6}$$

式中,W_S 为输沙用水量,m^3;S_n 为多年平均输沙量,kg;C_{ij} 为第 i 年 j 月的月平均含沙量,kg/m^3;n 为统计年数。(李丽娟 等,2000)

10.2.4.2　河流输沙需水量计算

对于汉江上游河流输沙需水量,根据《2013 年陕西省水资源公报》,上游梯级水库修建后,2013 年汉江在陕西省内的输沙量为 $7.5×10^6$ t,仅占多年平均值的 20.4%,在基本生态需水量和自净需水量得到保证的前提下,河流系统同时也完成了输沙功能,因此输沙需水量不再单独计算。而在汉江中下游流域,由于丹江口水库的拦截作用,大量泥沙被拦截在了库前,中下游含沙量大大减少,输沙需水量也不再单独考虑。因此汉江流域河流输沙需水量为 0。

10.2.5　河流水面蒸发需水量

10.2.5.1　河流水面蒸发需水量计算方法

水面蒸发需水量是指当水面蒸发高于降水时,由水面蒸发量与降水量的差值所计算的用于蒸发消耗的净水量;而当降水量大于蒸发量时,就认为蒸发生态用水量为 0(严登华 等,2001)。蒸发用水一般根据水量平衡原理,通过河流水面面积、水面蒸发量和降水量计算,公式为:

$$W_e = \begin{cases} A(E-P) \times 10^3 & (E > P) \\ 0 & (E < P) \end{cases} \tag{10-7}$$

式中,W_e 为水面蒸发用水量,m^3;A 为各月平均水面面积,m^2;E 为各月平均蒸发量,mm,由 E601 水面蒸发器测定;P 为各月平均降水量,mm。

10.2.5.2　河流水面蒸发需水量计算

汉江流域多年平均降水量为 859.6mm(陶新娥 等,2015),而根据前文计算结果,汉江流域典型年潜在蒸散发量平均值为 654.8mm,降水量大于蒸发量,因此汉江流域水面蒸发需水量为 0。

10.2.6　河道内生态需水量

根据式(10-4)和以上分析、计算可知,汉江流域河道内生态需水量是河流基本生态需水量和自净需水量两者之中的较大值,汇总结果如下。

从表 10-6 可见,汉江流域河道内生态需水量在各断面差异较大,安康站最低,然后沿程增加,在沙洋站达到最大,在仙桃站又有所下降;整体来看,汉江上游断面河道内生态需水量相对较低,安康站年均值为 177.0m³/s,白河站为 225.1m³/s,中下游断面生态需水量较大,平均值为 550.9m³/s,其中沙洋站最高为 715.3m³/s,其次是皇庄站,年均值为 580.3m³/s。在年内,各月生态需水量差异较大,各断面 12 月至翌年 2 月生态需水量最低,6—9 月生态需水量最大,一般情况下,2—5 月生态需水量逐渐增加,9—12 月逐渐降低。7 个断面从上游到下游的年均生态需水量分别为 $5.58 \times 10^9 \text{m}^3$、$7.1 \times 10^9 \text{m}^3$、$1.366 \times 10^9 \text{m}^3$、$1.718 \times 10^{10} \text{m}^3$、$1.83 \times 10^{10} \text{m}^3$、$2.256 \times 10^{10} \text{m}^3$、$1.516 \times 10^{10} \text{m}^3$。

表 10-6　汉江流域各断面河道内生态需水量　　　　　　　　单位:m³/s

断面	1 月	2 月	3 月	4 月	5 月	6 月	7 月	8 月	9 月	10 月	11 月	12 月	年平均
安康	66.7	41.3	100.7	145.7	226.5	193.0	298.7	240.9	383.5	197.4	143.7	86.7	177.0
白河	191.8	57.9	91.4	196.5	214.2	300.4	384.1	331.3	361.8	235.1	120.9	215.5	225.1
黄家港	460.3	459.9	394.1	350.7	458.2	541.6	453.4	426.4	427.3	457.7	415.1	354.9	433.3
襄阳	363.2	407.6	438.6	497.1	525.3	756.8	730.7	784.3	541.6	496.9	501.2	494.5	544.8
皇庄	570.4	476.6	467.7	531.4	531.3	637.8	602.6	686.1	723.0	611.5	588.9	536.2	580.3
沙洋	553.4	470.7	674.4	608.0	587.1	794.0	930.4	1301.0	791.0	702.9	614.8	554.7	715.3
仙桃	490.9	451.9	402.2	397.9	416.7	410.0	491.3	494.7	632.0	572.0	522.6	486.0	480.7

10.3　生态流量盈亏计算

10.3.1　生态流量盈亏的含义及其表达

根据前面计算的流域生态流量,并针对 SWAT 模型模拟的不同水文年来水条件下的径流过程分析生态流量满足程度,提出生态流量盈亏的含义,即一个流域内生态流量需求与其实际可获得流量之间的差值部分,用公式表示如下:

$$W_k = W_a - W_b \tag{10-8}$$

式中,W_k 为生态流量盈亏值;W_a 为流域实际流量值(由 SWAT 模型模拟得到);W_b 为流域生态需水量。若 $W_k > 0$,表示该区域流量值满足生态流量需求,生态流量处于盈余状态;若 $W_k < 0$,表示该区域流量值不能满足基本生态流量需求,生态流量处于欠缺状态,需要补充区域来水以满足基本的生态环境需求。

10.3.2　汉江流域河道外生态流量盈亏

10.3.2.1　全流域河道外生态流量盈亏

根据式(10-8)计算可得汉江流域河道外生态流量盈亏。

整体来看,丰水年汉江流域产水量为 6.009×10^{10} m³,生态需水量为 4.236×10^{10} m³,全流域丰水年生态流量存在盈余,盈余量为 1.773×10^{10} m³。

在平水年,汉江流域产水量为 5.308×10^{10} m³,生态需水量为 4.076×10^{10} m³,全流域平水年生态流量存在盈余,盈余量为 1.232×10^{10} m³。

在枯水年,汉江流域产水量为 4.276×10^{10} m³,生态需水量为 4.313×10^{10} m³,全流域枯水年生态流量存在亏缺,不完全满足生态需水量的要求,亏缺量为 3.7×10^{8} m³。

10.3.2.2　各子流域河道外生态流量盈亏

对各子流域采取式(10-8)计算典型年内 12 个月的生态流量盈亏,可以得到汉江流域河道外生态流量盈亏的空间分布图及年内变化。

(1)丰水年河道外生态流量盈亏。从图 10-5 可以看出,丰水年流域河道外生态流量盈亏表现出明显的区域化特征,且年内各月份间差异明显。

1 月生态流量盈亏的范围是 $-1.77 \times 10^{7} \sim 9.7 \times 10^{7}$ m³,其中盈亏量大于 0 的子流域面积占 68.3%,主要分布在汉江南岸及中游的大部分区域,上游陕西省境内的汉中市生态流量也存在盈余,十堰市生态盈余量最大,达到 9.68×10^{7} m³,其次是处于南岸边缘的牧马河和任河子流域,其余地区盈余范围均在 $0 \sim 3.2 \times 10^{7}$ m³;而生态流量处于亏缺状态的子流域面积占 31.7%,主要分布在汉江上游北部、河南省的南阳市、湖北省的襄阳市和荆门市东部地区,其中亏缺最大的是位于陕西省的商州区,生态流量亏缺值达到 1.77×10^{7} m³。

2 月生态流量盈亏的范围是 $-1.5 \times 10^{7} \sim 5.73 \times 10^{7}$ m³,其中盈亏量大于 0 的子流域面积占 65.2%,盈余总量与 1 月相比有所减少,但空间分布基本相同;而生态流量处于亏缺状态的子流域面积占 34.8%,分布范围也基本与 1 月相同,只是亏缺值有所下降,最大生态流量亏缺值为 1.5×10^{7} m³,位于商州区。

3 月生态流量盈亏的范围是 $-2.23 \times 10^{7} \sim 1.187 \times 10^{8}$ m³,其中盈亏量大于 0 的子流域面积占 86.6%,生态流量盈余的范围扩大,流域大部分地区均能满足生态需水量的要求,尤其是陕西省的任河子流域,生态盈余量达到 1.187×10^{8} m³,其次是汉江下游的京山县、应城市和天门市地区,盈余量为 1.049×10^{8} m³;生态流量处于亏缺状态的子流域面积仅占 13.4%,主要分布在陕西省商洛市的大部分地区及河南省南阳市的东部地区。

4 月生态流量盈亏的范围是 $-7.27 \times 10^{7} \sim 1.048 \times 10^{8}$ m³,其中盈亏量大于 0 的子流域面积占 54.7%,流域上游大部分地区和下游地区基本能满足生态需水量的要求,其中南阳市的西峡县所在子流域生态盈余量达到 1.048×10^{8} m³,其次是南阳市的南召县和汉江下游的京山县、应城市和天门市地区,盈余量分别为 9.89×10^{7} m³ 和 8.93×10^{7} m³;生态流量处于亏缺状态的子流域面积占 45.3%,主要分布在陕西省的汉中市、商洛市和流域中游地区,其中十堰市的中部地区生态亏缺最大,为 7.27×10^{7} m³,其次是神农架地区、襄阳市和南阳市的邓州、新野县、唐河县和桐柏县等地区。

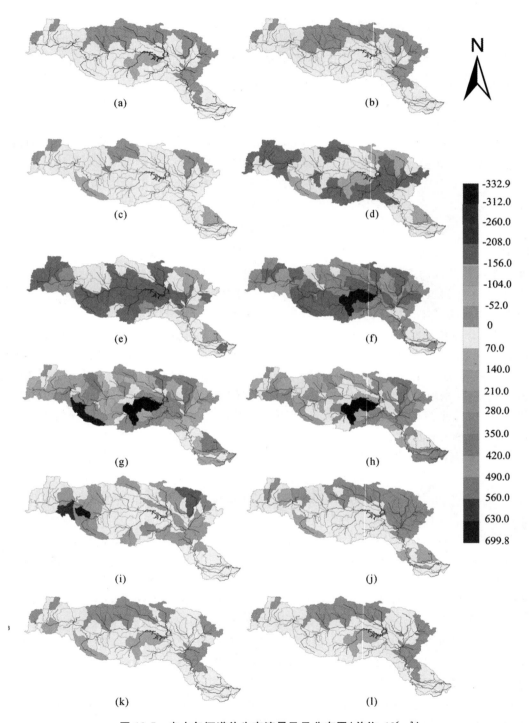

N

图 10-5　丰水年河道外生态流量盈亏分布图(单位:10^6m^3)

(a)1 月;(b)2 月;(c)3 月;(d)4 月;(e)5 月;(f)6 月;(g)7 月;(h)8 月;(i)9 月;(j)10 月;(k)11 月;(l)12 月

　　5 月生态流量盈亏的范围是$-1.917\times10^8 \sim 1.361\times10^8 \text{m}^3$,其中盈亏量大于 0 的子流域面积占 48.1%,流域上游北部和下游地区基本能满足生态需水量的要求,其中南阳市的南召县所在子流域生态盈余量达到 $1.361×10^8$ m³,其次是中游的襄阳市和宜城市所在子流域,盈余量为 $9.09×10^7$ m³;生态流量处于亏缺状态的子流域面积占 51.9%,主要分布在汉江上游南岸及中游的十堰市,其中十堰市的中部地区生态亏缺最大,为 $1.917×10^8$ m³,其余部分亏缺值基本上在 $0～8.8×10^7$ m³。

6 月生态流量盈亏的范围是 $-3.329×10^8～4.88×10^7$ m³,其中盈亏量大于 0 的子流域面积仅占 12.6%,范围缩小至汉江下游的荆门东部、仙桃市、武汉市的西部等地区,镇安县、山阳县和宜城市部分地区生态流域也有盈余;生态流量处于亏缺状态的子流域面积占 87.4%,基本包括流域的上中游地区,平均每个子流域的亏缺量为 $5.1×10^7$ m³,其中十堰市的中部地区生态亏缺最大。

7 月生态流量盈亏的范围是 $-2.328×10^8～6.998×10^8$ m³,其中盈亏量大于 0 的子流域面积占 77.7%,除了中游的部分地区外,其他地方基本都能够满足生态用水需求,其中子流域和西峡县所在的子流域生态盈余量最大,分别为 $6.998×10^8$ 和 $5.511×10^8$ m³;生态流量处于亏缺状态的子流域面积占 22.3%,主要分布在十堰市和襄阳市的西北部地区,其中十堰市的中部地区生态亏缺最大。

8 月生态流量盈亏的范围是 $-2.915×10^8～3.918×10^8$ m³,其中盈亏量大于 0 的子流域面积占 60.8%,汉江上游地区和下游的宜城市、荆门市、京山县和应城市基本能够满足生态用水需求,其中南阳市的南召县所在的子流域生态盈余量最大;生态流量处于亏缺状态的子流域面积占 39.2%,主要分布在汉江中游和下游的大部分地区,包括十堰市、襄阳市、天门市、仙桃市和武汉市的南部,其中十堰市的中部地区生态亏缺最大,其他部分的生态亏缺量基本都在 $0～7.3×10^7$ m³。

9 月生态流量盈亏的范围是 $-3.295×10^8～4.041×10^8$ m³,其中盈亏量大于 0 的子流域面积占 92.4%,流域大部分地区均能满足生态需水量的要求,尤其是南召县所在的白河子流域,生态盈余量最大,其次是陕西省的任河子流域和南阳市的方城县和社旗县所在子流域,盈余量为 $1.738×10^8$ m³;生态流量处于亏缺状态的子流域面积仅占 7.6%,主要分布在陕西省汉中市的西乡、镇巴,安康市的石泉、宁陕、汉阴、紫阳等地区及湖北省十堰市的房县。

10 月生态流量盈亏的范围是 $-4.07×10^7～8.81×10^7$ m³,其中盈亏量大于 0 的子流域面积占 66.4%,流域上游及下游的大部分地区基本能够满足生态流量需求,中游南岸地区流量也较为充足;生态流量处于亏缺状态的子流域面积占 33.6%,主要分布在陕西省商洛市的东部和北部、南阳市的大部分地区和襄阳市的东部,汉中市的北部和安康市西部也有少量分布。

11 月生态流量盈亏的范围是 $-2.1×10^7～1.289×10^8$ m³,其中盈亏量大于 0 的子流域面积占 75.1%,主要分布在汉江上游南岸及中下游的大部分区域,上游陕西省境内的汉中市生态流量也存在盈余,十堰市生态盈余量最大,其次是处于南岸边缘的牧马河、任河子流域和汉江下游段干流所在的子流域,其余地区盈余范围均在 $0～4.3×10^7$ m³;而生态流量处于亏缺状态的子流域面积占 24.9%,主要分布在陕西省的商洛市,河南省的西峡县、方城县、社旗县、泌阳县,湖北省的襄阳市和荆门市东部地区,其中亏缺最大的是位于陕西省的商州区,生态流量亏缺值达到 $2.1×10^7$ m³。

12 月生态流量盈亏的范围是 $-2.93×10^7～1.055×10^8$ m³,其中盈亏量大于 0 的子流域面积占 71.7%,生态流量处于亏缺状态的子流域面积占 28.3%,主要分布范围与 11 月基本相同。

（2）平水年河道外生态流量盈亏。从图 10-6 可以看出，平水年流域河道外生态流量盈亏在各子流域差别明显，并且在年内处于动态变化之中，与丰水年的特征也不尽相同。

1 月生态流量盈亏的范围是 $-2.26 \times 10^7 \sim 8.54 \times 10^7 \mathrm{m}^3$，其中盈亏量大于 0 的子流域面积占 62.5%，主要分布在汉江南岸及中下游的大部分区域，上游陕西省境内的汉中市生态流量也存在盈余，十堰市生态盈余量最大，其次是处于南岸边缘的牧马河和任河子流域、房县、荆门市、京山县和应城市，其余地区盈余范围均在 $0 \sim 2.8 \times 10^7 \mathrm{m}^3$；而生态流量处于亏缺状态的子流域面积占 37.5%，主要分布在汉江北部、河南省的南阳市、湖北省的襄阳市和荆门市东部地区，其中亏缺最大的是位于陕西省的商州区，生态流量亏缺值达到 $2.26 \times 10^7 \mathrm{m}^3$。

2 月生态流量盈亏的范围是 $-2.19 \times 10^7 \sim 1.007 \times 10^8 \mathrm{m}^3$，其中盈亏量大于 0 的子流域面积占 66.5%，盈余空间分布与 1 月份基本相同，另外湖北省的枣阳市、襄阳市和宜城市也能够满足生态需水；而生态流量处于亏缺状态的子流域面积占 33.5%，主要分布在汉江北部、河南省的南阳市、湖北省的钟祥市北部，最大生态流量亏缺值为 $2.19 \times 10^7 \mathrm{m}^3$，位于商州区。

3 月生态流量盈亏的范围是 $-3.49 \times 10^7 \sim 5 \times 10^7 \mathrm{m}^3$，其中盈亏量大于 0 的子流域面积占 65.3%，生态流量盈余的范围与 1 月基本相同，流域大部分地区均能满足生态需水量的要求，尤其是陕西省的任河子流域，生态盈余量最大，其次是十堰市中部地区，盈余量为 $4.67 \times 10^7 \mathrm{m}^3$；生态流量处于亏缺状态的子流域面积占 34.7%，主要分布在陕西省汉中市的北部、商洛市的大部分地区及南阳市的东部地区。

4 月生态流量盈亏的范围是 $-5.64 \times 10^7 \sim 1.282 \times 10^8 \mathrm{m}^3$，其中盈亏量大于 0 的子流域面积缩小，占 48.3%，流域中游大部分地区和下游地区基本能满足生态需水量的要求，上游商洛市的南部和安康市的北部地区也有盈余流量，京山县和应城市所在子流域生态盈余量达到 $1.282 \times 10^8 \mathrm{m}^3$；生态流量处于亏缺状态的子流域面积占 51.7%，主要分布在流域上游南岸和中游的西北部地区，其中十堰市的中部地区和西峡县 2 个子流域生态亏缺最大，分别是 $5.64 \times 10^7 \mathrm{m}^3$ 和 $4.22 \times 10^7 \mathrm{m}^3$。

5 月生态流量盈亏的范围是 $-4.66 \times 10^7 \sim 2.166 \times 10^8 \mathrm{m}^3$，其中盈亏量大于 0 的子流域面积占 81.3%，生态流量处于亏缺状态的子流域面积占 18.7%，除了汉中市的南部、安康市的东部、十堰市和襄阳市的北部地区外，其他地区都能满足生态需水量的要求。

6 月生态流量盈亏的范围是 $-3.738 \times 10^8 \sim 2.005 \times 10^8 \mathrm{m}^3$，其中盈亏量大于 0 的子流域面积仅占 22.7%，范围缩小至南阳市的东北部、襄阳市的东部及汉江下游地区，其余地区生态流量均处于亏缺状态，面积占 77.3%，其中十堰市的中部地区生态亏缺最大。

7 月生态流量盈亏的范围是 $-3.326 \times 10^8 \sim 3.393 \times 10^8 \mathrm{m}^3$，其中盈亏量大于 0 的子流域面积占 47.8%，主要分布在安康市、商洛市、南阳市及汉江下游地区（除钟祥市的西部和下游干流所在的子流域），其中任河所在的子流域生态盈余量最大；其他地区均处于生态流量亏缺状态，面积占 52.2%，包括陕西省的汉中市和湖北省的十堰市和襄阳市，其中十堰市的中部地区生态亏缺最大。

8 月生态流量盈亏的范围是 $-4.52 \times 10^7 \sim 3.101 \times 10^8 \mathrm{m}^3$，其中生态流量处于亏缺状态的子流域面积占 18.9%，包括南郑市、安康市的南部、房县、南阳市南部的小部分地区和汉江下游地区，而汉江上游和中游地区基本上能够满足生态用水需求，生态盈余面积占 81.1%。

9 月生态流量盈亏的范围是 $-5.16 \times 10^7 \sim 3.858 \times 10^8 \mathrm{m}^3$，其中生态流量处于亏缺状态的子流域面积占 38.9%，主要分布在汉江中下游部分地区，包括南阳市、十堰市、神农架林

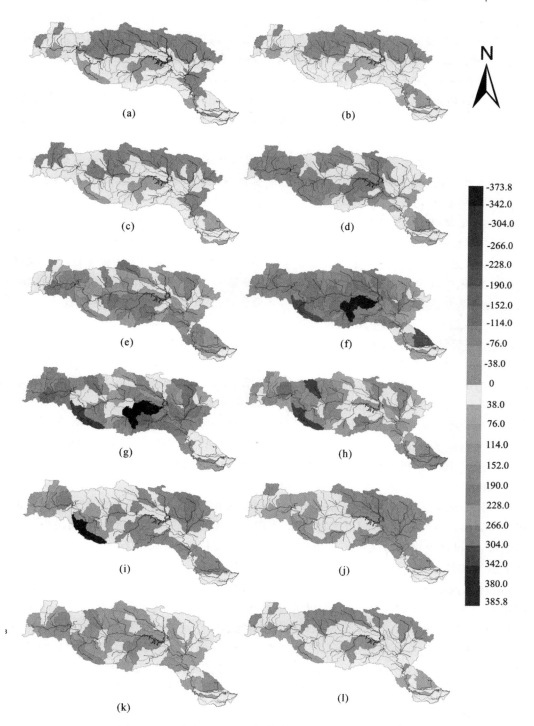

图 10-6　平水年河道外生态流量盈亏分布图(单位:10⁶ m³)

(a)1 月;(b)2 月;(c)3 月;(d)4 月;(e)5 月;(f)6 月;(g)7 月;(h)8 月;(i)9 月;(j)10 月;(k)11 月;(l)12 月

区、襄阳市西部、荆门市东部等地区,其中南召县所在的子流域生态流量亏缺最大;其余地区基本能满足生态需水量的要求,生态盈余面积占 61.1%。

10 月生态流量盈亏的范围是 $-3.84×10^7～1.251×10^8 m^3$，其中盈亏量大于 0 的子流域面积占 51.4%，主要位于流域上游、中游的十堰市及下游的荆门市西南部、天门市和孝感市的南部、仙桃市、武汉市的西部等地，其余地区生态流量处于亏缺状态，面积占 48.6%，主要分布在陕西省商洛市的东部、南阳市、神农架林区、襄阳市和荆门市的东部。

11 月生态流量均处于盈余的状态，范围是 $0～1.475×10^8 m^3$，其中汉中市的东部和南部、任河子流域、十堰市中部及荆门市的东部地区盈余量较大，而流域东北部地区盈余量相对较小。

12 月生态流量盈亏的范围是 $-1.44×10^7～1.196×10^8 m^3$，其中生态流量处于亏缺状态的子流域面积占 22.7%，主要分布在汉江北部地区，包括商洛市、南阳市的西峡县、南召县、方城县和社旗县，其他地区都能满足生态需水量的要求，生态盈余面积占 77.3%。

（3）枯水年河道外生态流量盈亏。从图 10-7 可以看出，枯水年流域河道外生态流量盈亏的变化特征与丰水年和平水年也不尽相同，空间分布上差别明显，并且处于动态变化之中。

1 月生态流量盈亏的范围是 $-1.13×10^7～7.34×10^7 m^3$，其中生态流量处于亏缺状态的子流域面积占 24.0%，主要分布在汉江北部的商洛市，河南省南阳市的方城县和社旗县、泌阳县，湖北省的襄阳市和荆门市东部地区，其余地区生态盈亏量均大于 0，面积占 76.0%，主要分布在汉江南岸及中下游的大部分区域。

2 月生态流量盈亏的范围是 $-1.99×10^7～5.39×10^7 m^3$，其中盈亏量大于 0 的子流域面积占 56.8%，主要分布在汉江上中游的南岸及下游荆门市的西部、天门市的南部、仙桃市及武汉市的西部，南阳市的中南部也能够满足生态需水要求；其他地区生态流量处于亏缺状态，面积占 43.2%，主要分布在汉江北部和中游部分地区。

3 月生态流量盈亏的范围是 $-2.87×10^7～7.24×10^7 m^3$，其中生态流量处于亏缺状态的子流域面积占 32.4%，主要分布在汉中市的西部、商洛市、西峡县、襄阳市及钟祥市；其余地区盈亏量大于 0，面积占 67.6%，包括汉江南岸和中下游的大部分地区，其中南召县所在的子流域生态流量盈余最大。

4 月生态流量盈亏的范围是 $-1.456×10^8～6.01×10^7 m^3$，其中盈亏量大于 0 的子流域面积缩小，仅占 15.6%，仅南阳市的东北部、枣阳市及流域下游大部分地区能满足生态需水量的要求，而汉江上中游地区生态流量基本都处于亏缺状态，面积占 84.4%，十堰市的中部地区生态亏缺量最大。

5 月生态流量盈亏的范围是 $-2.548×10^8～8.8×10^7 m^3$，与 4 月相比，生态流量亏缺的面积缩小至 63.1%，上游汉中市北部、十堰市西南部、安康市和襄阳市东部地区生态流量出现盈余，南阳市东北部地区生态流量出现亏缺，其他地区空间分布无明显变化。

6 月生态流量盈亏的范围是 $-4.476×10^8～2.47×10^7 m^3$，其中盈亏量大于 0 的子流域面积仅占 7.4%，范围缩小至汉江下游部分地区，包括荆门市东部、天门市北部、仙桃市、孝感市西南部和武汉市西部，其余地区生态流量均处于亏缺状态，面积占 92.6%，其中十堰市的中部地区生态亏缺最大。

7 月生态流量盈亏的范围是 $-3.326×10^8～3.393×10^8 m^3$，其中盈亏量大于 0 的子流域面积占 57.3%，主要分布在汉江上游、南阳市的东北部及下游荆门市东部、仙桃市等地区，其中南召县所在子流域生态盈余量最大；其他地区均处于生态流量亏缺状态，面积占 42.7%，主要是汉江的中游地区。

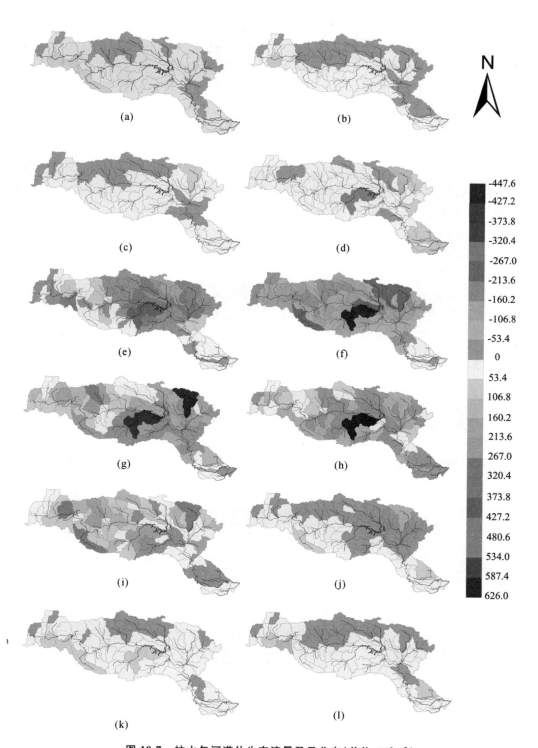

图 10-7　枯水年河道外生态流量盈亏分布(单位:$10^6\,\mathrm{m}^3$)

(a)1 月;(b)2 月;(c)3 月;(d)4 月;(e)5 月;(f)6 月;(g)7 月;(h)8 月;(i)9 月;(j)10 月;(k)11 月;(l)12 月

8月生态流量盈亏的范围是$-2.529\times10^8\sim1.462\times10^8\,\mathrm{m}^3$,其中盈亏量大于0的子流域面积占30.9%,主要分布在汉江上游的汉中市、石泉市和商洛市的北部、泌阳县、枣阳市的中部和东部、荆门市的东部等地区;其他地区生态流量处于亏缺状态,面积占69.1%,包括汉江上游南岸和中下游的大部分地区,其中十堰市中部地区生态亏缺量最大。

9月生态流量盈亏的范围是$1.267\times10^8\sim4.099\times10^8\,\mathrm{m}^3$,其中生态流量处于亏缺状态的子流域面积占21.2%,主要分布在十堰市、神农架林区、襄阳市的西北部及下游的荆门市、天门市和孝感市西部;其余地区基本能满足生态需水量的要求,生态盈余面积占78.8%。

10月生态流量盈亏的范围是$-6.02\times10^7\sim9.78\times10^7\,\mathrm{m}^3$,其中盈亏量大于0的子流域面积占46.8%,主要位于流域上游南岸、中游襄阳市西部及下游地区,其余地区生态流量处于亏缺状态,面积占53.2%,主要分布在流域上游北部和中游地区。

11月生态流量盈亏的范围是$-2.43\times10^7\sim8.88\times10^7\,\mathrm{m}^3$,其中生态流量处于亏缺状态的子流域面积占18.2%,包括汉中市的南部、任河子流域、商州区东部、西峡县、方城县、社旗县、荆门市中部等地,其中商州区生态亏缺量最大;其余地区基本上能满足生态需水量的要求,生态盈余面积占81.8%。

12月生态流量盈亏的范围是$-1.44\times10^7\sim1.196\times10^8\,\mathrm{m}^3$,其中生态流量处于亏缺状态的子流域面积占31.1%,主要分布在汉江北部、南阳市东北部、襄阳市中部和荆门市东部地区,其他地区都能满足生态需水量的要求,生态盈余面积占68.9%。

10.3.3　汉江流域河道内生态流量盈亏

对河道内各断面采取式(10-8)计算典型年内12个月的生态流量盈亏,可以得到汉江流域河道内生态流量盈亏的空间变化。

10.3.3.1　丰水年河道内生态流量盈亏

从表10-7可以看出,丰水年河道内生态流量盈亏值在各断面呈现出明显的差异,且在年内各月份间差异明显。

表 10-7　汉江流域各断面丰水年河道内生态流量盈亏　　　　　单位:m^3/s

断面	1月	2月	3月	4月	5月	6月	7月	8月	9月	10月	11月	12月	年均
安康	112.6	109.5	203.9	329.3	345.3	280.0	2024.3	1347.1	664.5	341.5	88.3	89.4	494.7
白河	44.4	141.6	408.6	566.4	723.7	520.3	3396.9	2263.7	1315.2	559.8	196.2	22.9	846.6
黄家港	−94.6	−154.2	319.4	893.3	1026.8	819.6	4970.6	3237.6	2203.7	670.3	99.2	34.0	1168.8
襄阳	77.4	−37.8	479.2	1132.9	1848.7	1220.2	3683.3	4422.7	3341.4	855.1	162.6	−2.6	1431.9
皇庄	−91.1	−61.0	553.3	1247.6	2044.7	1467.2	4052.4	4667.9	3434.0	904.5	140.2	8.1	1530.6
沙洋	−74.1	−55.1	346.6	1171.0	1988.9	1311.0	4724.6	4052.1	3366.0	813.1	114.3	−10.4	1479.0
仙桃	−480.7	−442.2	−379.4	−375.8	−393.8	−372.0	−407.8	−469.0	−605.5	−538.7	−506.4	−472.4	−453.6

安康断面河道内生态流量盈亏值均大于0,年均盈余流量为494.7m^3/s,年内各月流量均满足生态需水要求,盈余流量在2—5月逐渐增加,7月达到最大,8—11月又逐渐减少,其中11月盈余流量最低,为88.3m^3/s,7月最高,为2024.3m^3/s。

白河断面河道内生态流量盈亏值均大于 0,年均盈余流量为 846.6m³/s,年内各月流量均满足生态需水要求,盈余流量在 1—5 月逐渐增加,7—12 月又逐渐减少,其中 12 月盈余流量最低,为 22.9m³/s,7 月最高,为 3396.9m³/s。

黄家港断面河道内年均生态流量盈亏值大于 0,盈余流量为 1168.8m³/s,年内 1 月和 2 月生态流量处于亏缺状态,亏缺值分别为 44.4 和 141.6m³/s,其余月份流量均满足生态需水要求,盈余流量在 3—5 月逐渐增加,7—11 月又逐渐减少,其中 12 月盈余流量最低,为 34.0m³/s,7 月最高,为 4970.6m³/s。

襄阳断面河道内年均生态流量盈亏值大于 0,盈余流量为 1431.9m³/s,年内 2 月和12月生态流量处于亏缺状态,亏缺值分别为 37.8 和 2.6m³/s,其余月份流量均满足生态需水要求,盈余流量在 3—5 月逐渐增加,8—11 月又逐渐减少,其中 11 月盈余流量最低,为 162.6m³/s,8 月最高,为 4422.7m³/s。

皇庄断面河道内年均生态流量盈亏值大于 0,盈余流量为 1530.6m³/s,年内 1 月和 2 月生态流量处于亏缺状态,亏缺值分别为 91.1 和 61.0m³/s,其余月份流量均满足生态需水要求,盈余流量在 3—5 月逐渐增加,8—12 月又逐渐减少,其中 12 月盈余流量最低,为 8.1m³/s,8 月最高,为 4667.9m³/s。

沙洋断面河道内年均生态流量盈亏值大于 0,盈余流量为 1479.0m³/s,年内 1 月、2 月和12 月生态流量处于亏缺状态,亏缺值分别为 74.1、55.1 和 10.4m³/s,其余月份流量均满足生态需水要求,盈余流量在 3—5 月逐渐增加,7—11 月又逐渐减少,其中 11 月盈余流量最低,为 114.3m³/s,7 月最高,为 4724.6m³/s。

仙桃断面河道内年均生态流量盈亏值小于 0,生态流量亏缺值为 453.6m³/s,年内各月生态流量均处于亏缺状态,不能满足生态需水要求,亏缺流量范围在 372.0～605.5m³/s,其中 6 月亏缺值最少,8 月最多。

整体来看,丰水年汉江流域沙洋断面以上基本能满足河道内生态流量需求,且皇庄断面以上,年均生态盈余流量沿程增加,下游沙洋断面盈余流量有所下降,仙桃断面生态流量处于亏缺状态。

10.3.3.2 平水年河道内生态流量盈亏

从表 10-8 可以看出,平水年河道内各断面生态流量盈亏值的变化趋势与丰水年相似。

表 10-8 汉江流域各断面平水年河道内生态流量盈亏　　　　　　　单位:m³/s

断面	1 月	2 月	3 月	4 月	5 月	6 月	7 月	8 月	9 月	10 月	11 月	12 月	年均
安康	71.0	125.1	77.2	131.4	861.5	159.7	755.3	1611.1	1002.5	469.7	428.2	158.9	487.7
白河	−16.6	142.8	184.5	306.7	1484.8	156.0	1254.9	2646.7	1436.2	736.9	846.3	115.5	774.6
黄家港	−182.6	−156.8	31.5	549.0	2369.8	295.9	2011.6	3739.6	1901.7	778.3	986.3	168.9	1041.2
襄阳	−13.2	0.3	119.4	956.9	3438.7	949.2	2498.3	4534.7	2154.4	924.1	1241.8	166.2	1414.2
皇庄	−173.4	3.4	146.3	1088.6	3851.7	1297.2	2788.4	4944.9	2076.0	875.5	1299.1	193.9	1532.6
沙洋	−156.4	9.3	−60.4	1012.0	3795.9	1141.0	2460.6	4329.1	2008.0	784.1	1273.2	175.4	1397.6
仙桃	−479.8	−430.6	−383.5	−364.4	−377.9	−351.9	−436.9	−474.5	−607.5	−555.6	−504.7	−471.5	−453.2

　　安康断面河道内生态流量盈亏值均大于0,年均盈余流量为487.7m³/s,年内各月流量均满足生态需水要求,盈余流量在3—5月逐渐增加,8—12月又逐渐减少,其中1月盈余流量最低,为71.0m³/s,8月最高,为1611.1m³/s。

　　白河断面河道内年均生态流量盈亏值大于0,盈余流量为774.6m³/s,年内1月生态流量处于亏缺状态,亏缺值为16.6m³/s,其余月份流量均满足生态需水要求,盈余流量在2—5月逐渐增加,8—12月又逐渐减少,其中12月盈余流量最低,为115.5m³/s,8月最高,为2646.7m³/s。

　　黄家港断面河道内年均生态流量盈亏值大于0,盈余流量为1041.2m³/s,年内1月和2月生态流量处于亏缺状态,亏缺值分别为182.6和156.8m³/s,其余月份流量均满足生态需水要求,盈余流量在3—5月逐渐增加,8—10月又逐渐减少,其中3月盈余流量最低,为31.5m³/s,8月最高,为3739.6m³/s。

　　襄阳断面河道内年均生态流量盈亏值大于0,盈余流量为1414.2m³/s,年内1月生态流量处于亏缺状态,亏缺值为13.2m³/s,其余月份流量均满足生态需水要求,盈余流量在2—5月逐渐增加,8—12月又逐渐减少,其中2月盈余流量最低,为0.3m³/s,8月最高,为4534.7m³/s。

　　皇庄断面河道内年均生态流量盈亏值大于0,盈余流量为1532.6m³/s,年内1月生态流量处于亏缺状态,亏缺值为173.4m³/s,其余月份流量均满足生态需水要求,盈余流量在2—5月逐渐增加,8—10月又逐渐减少,其中2月盈余流量最低,为3.4m³/s,8月最高,为4944.9m³/s。

　　沙洋断面河道内年均生态流量盈亏值大于0,盈余流量为1397.6m³/s,年内1月和3月生态流量处于亏缺状态,亏缺值分别为156.4和60.4m³/s,其余月份流量均满足生态需水要求,盈余流量在4—5月增加,8—10月又逐渐减少,其中2月盈余流量最低,为9.3m³/s,8月最高,为4329.1m³/s。

　　仙桃断面河道内年均生态流量盈亏值小于0,生态流量亏缺值为453.2m³/s,年内各月生态流量均处于亏缺状态,不能满足生态需水要求,亏缺流量范围在351.9~607.5m³/s,其中6月亏缺值最少,9月最多。

　　整体来看,平水年汉江流域沙洋断面以上基本能满足河道内生态流量需求,且皇庄断面以上,年均生态盈余流量沿程增加,下游沙洋断面盈余流量有所下降,仙桃断面生态流量处于亏缺状态。

10.3.3.3　枯水年河道内生态流量盈亏

　　从表10-9可以看出,枯水年河道内生态流量盈亏值在各断面差异明显,且在年内波动较大。

表10-9　汉江流域各断面枯水年河道内生态流量盈亏　　　　　　　　单位:m³/s

断面	1月	2月	3月	4月	5月	6月	7月	8月	9月	10月	11月	12月	年均
安康	129.7	113.9	37.5	0.5	627.6	167.5	1628.3	982.1	1017.5	205.1	167.2	118.3	433.0
白河	69.3	147.0	141.0	66.6	1018.8	295.3	2569.9	1427.7	1910.2	355.3	309.1	41.9	696.0
黄家港	−73.0	−170.8	−43.5	8.9	1114.8	189.1	3229.6	1980.6	2646.7	325.0	188.4	−1.1	782.9

续表

断面	1月	2月	3月	4月	5月	6月	7月	8月	9月	10月	11月	12月	年均
襄阳	132.4	−48.7	110.0	183.3	1485.7	200.5	3949.3	2434.7	3687.4	447.3	353.0	−30.1	1075.4
皇庄	−38.5	−96.8	112.4	183.2	1619.7	408.2	4185.4	2686.9	3661.0	437.5	337.7	−17.1	1123.3
沙洋	−21.5	−90.9	−94.3	106.6	1563.9	252.0	3857.6	2071.1	3593.0	346.1	311.8	−35.6	988.3
仙桃	−483.7	−445.5	−387.2	−380.8	−386.2	−370.6	−444.2	−476.2	−609.4	−545.3	−504.8	−471.3	−458.8

安康断面河道内生态流量盈亏值均大于 0，年均盈余流量为 433.0m³/s，年内各月流量均满足生态需水要求，其中 4 月盈余流量最低，为 0.5m³/s，7 月最高，为 1628.3m³/s。

白河断面河道内生态流量盈亏值均大于 0，年均盈余流量为 696.0m³/s，年内各月流量均满足生态需水要求，其中 12 月盈余流量最低，为 41.9m³/s，7 月最高，为 2569.9m³/s。

黄家港断面河道内年均生态流量盈亏值大于 0，盈余流量为 782.9m³/s，年内 1—3 月和 12 月生态流量处于亏缺状态，亏缺值分别为 73.0m³/s、170.8m³/s、43.5m³/s 和 1.1m³/s，其余月份流量均满足生态需水要求，其中 4 月盈余流量最低，为 8.9m³/s，7 月最高，为 3229.6m³/s。

襄阳断面河道内年均生态流量盈亏值大于 0，盈余流量为 1075.4m³/s，年内 2 月和12月生态流量处于亏缺状态，亏缺值分别为 48.7m³/s 和 30.1m³/s，其余月份流量均满足生态需水要求，盈余流量在 3—5 月逐渐增加，9—11 月又逐渐减少，其中 3 月盈余流量最低，为 110.0m³/s，7 月最高，为 3949.3m³/s。

皇庄断面河道内年均生态流量盈亏值大于 0，盈余流量为 1123.3m³/s，年内 1 月、2 月和12 月生态流量处于亏缺状态，亏缺值分别为 38.5m³/s、96.8m³/s 和 17.1m³/s，其余月份流量均满足生态需水要求，盈余流量在 3—5 月逐渐增加，9—11 月又逐渐减少，其中 3 月盈余流量最低，为 112.4m³/s，7 月最高，为 4185.4m³/s。

沙洋断面河道内生态流量盈亏值大于 0，盈余流量为 988.3m³/s，年内 1—3 月和12 月生态流量处于亏缺状态，亏缺值分别为 21.5m³/s、90.9m³/s、94.3m³/s 和 35.6m³/s，其余月份流量均满足生态需水要求，其中 4 月盈余流量最低，为 106.6m³/s，7 月最高，为 3857.6m³/s。

仙桃断面河道内年均生态流量盈亏值小于 0，生态流量亏缺值为 458.8m³/s，年内各月生态流量均处于亏缺状态，不能满足生态需水要求，亏缺流量范围在 370.6～609.4m³/s，其中 6 月亏缺值最少，9 月最多。

整体来看，枯水年汉江流域沙洋断面以上基本能满足河道内生态流量需求，且该断面以上，年均生态盈余流量沿程增加，下游仙桃断面生态流量处于亏缺状态。

10.4　汉江流域生态流量及盈缺时空变化

从上述的研究结果可以看出，汉江流域河道内生态需水在沙洋站以上断面基本能够满足要求，主要是因为汉江干流河段水量比较充足，干流年径流量在皇庄站以上江段沿程增加，皇庄站以下江段则沿程减少，与河道内生态盈余量的变化规律基本一致。在年内，一般发生生态流量亏缺的季节是冬季,其他季节河道内生态流量充足。而在下游的仙桃断面,在丰水年、平水年、枯水年各月生态流量均处于亏缺状态,可能与上游多级梯级水库的层层拦蓄有关,加之仙桃地处江汉平原腹地,人为取用水大量挤占了河道生态水量;此外,仙桃港作为千里汉江第一港,发挥了重要的航运功能,必须保持一定的水位满足通航要求,因此下泄流量进一步减少。

相比之下,河道外生态需水的满足状况更为复杂。从丰水年、平水年、枯水年的变化来看,生态流量盈亏值的空间分布不尽相同,区域差异明显,且在年内处于不断的变化之中。

整体来看,1—3月,流域生态需水亏缺主要分布在流域北部、唐白河平原及襄阳市东部地区,其他区域生态流量都处于盈余状态,主要是由于冬季温度较低,林地和草地生长缓慢,蒸发耗水量低,需水主体是流域内的农田和城镇用水。而这些区域人口密集,且平原区农田密布,生态需水量较大,但降雨相对较少,因此较难满足生态用水需求。

4—6月,生态流量亏缺的范围扩大,枯水年尤其明显,其中6月生态亏缺面积最大,且主要集中在流域的上中游地区,与该区域旱灾发生的时间同步。主要是因为上中游的丘陵地区是农业发达地域,但由于雨量分配的不均匀,5—6月经常发生旱灾,无法满足生态需水的要求。

7—8月,生态缺水向中游和下游移动,上游的缺水状况好转,生态需水基本已经变为盈余状态,7月缺水地区主要在流域中游,8月枯水年缺水面积最大,除了上游的汉中平原外,生态需水基本都处于亏缺状态,丰水年缺水地区主要集中在中游南部及仙桃市和天门市附近,而该月平水年下游地区缺水严重。主要是由于7—8月处于植被快速生长季,生态需水量大,但梯级水库对洪水的拦截作用使中下游下泄流量减少。

9月丰水年除汉中平原南部外,生态流量均处于盈余状态,平水年唐白河平原、十堰市中部、襄阳市西部及天门市东部处于缺水状态。

10月缺水最为严重的是唐白河平原,平水年和枯水年中游右岸襄阳市部分地区也无法满足生态需水量要求。

11—12月,生态缺水的范围又逐渐缩小,主要集中在流域北部及中游枣阳市东部的部分地区,其中在平水年,11月生态流量亏缺消失,全流域生态流量都处于盈余状态。

总之,在对汉江流域进行水文模拟的基础上,实现了汉江流域生态流量盈亏时空动态变化的定量表达。研究结果为针对生态流量亏缺地区制定水资源适应性调控措施提供科学依据。

第十一章

汉江流域水资源调控与生态适应性

适应性调控管理在流域水资源管理中发挥着重要的作用（Sophocleous，2000；Geldof，1995）。流域适应性管理是认识到生态系统和社会系统不是静态的，而是以不可预测的方式在时间和空间上不断发展变化的。除了自然环境的改变之外，人类活动也在不断干扰和调整着流域生态系统的多个方面。

现行的管理策略往往试图减少或消除不确定性，这样的策略可能在开始阶段有一定的效果，但从长远来看，可能会造成误导，无法达到预期的目标。在自然和社会系统中，不确定性是无法简单地削减的，现实中变化的速度往往会超出理解，很多时候我们对现实情况的理解也总是带有缺陷及片面性，特别是对河流这种复杂的生态系统的认识。由于人类活动的干扰，环境变化的速度、尺度及复杂性不断增加，自然生态系统不断受到胁迫，管理者不可能对每个问题都能提出切实可行的解决方法，因此，对于未知或不确定的问题，必须将适应性的内容纳入水资源调控目标中。适应性调控管理的特色就在于能利用信息的更新和科学的进步，不断调整实施策略，满足可持续发展的要求，并且其作为流域可持续发展的管理模式，已经显示出了良好的应用前景（廖文根 等，2004）。

汉江流域作为南水北调中线工程的水源地，其生态环境问题对于我国社会经济发展具有举足轻重的战略地位。要维持流域生态系统的健康稳定，必须要保证流域生态环境用水需求。因此，科学分析其生态流量盈亏非常必要，若河道内、外的实际流量大于生态需水量值，则说明生态需水能够满足要求，表现为"盈"，即该区域不缺水；反之，表现为"缺"，即该地区生态环境较为脆弱，需要引起重视。若该地生态需水量不能得到满足，就会造成生态环境的进一步恶化，影响河流系统健康和正常的社会生产生活。对一条常年性河流来说，具有足够的流动水量是维持河流生态系统功能的最基本条件，若发生河道萎缩或断流，原有的水生环境就会受到严重破坏，进而引起周边生态系统的退化甚至消失（尚小英，2010）。

根据第十章对汉江流域生态流量盈亏的时空分析与评价结果，本研究重点分析了在生态流量亏缺情况的基础上，通过识别亏缺的关键时期和关键区域，为流域水资源适应性调控提供措施。

11.1　汉江流域水资源适应性调控依据和原则

11.1.1　水资源适应性调控措施制定原则

11.1.1.1　因地制宜

不同的河流生态系统，水资源调控因地形地貌、水资源数量和质量及时空分布等因素而有所差别,需要根据区域的实际情况及需水机制制定针对性的调控措施。而在流域系统内部,不同子流域的地形、土地利用方式、距离河网和水库远近等也不尽相同。因此,应依据区域特征,有针对性地制定子区域水资源调控措施。

11.1.1.2　河道内、外统筹考虑

要维持河流生态系统健康,不仅应使河道内维持一定生态环境质量的基础流量,还应该保证河道外植被群落稳定所需要的水量。在进行水资源调控时,不应该简单地将两者割裂开来,而应该综合考虑两者之间的耦合作用。

11.1.1.3　时间、空间协同分析

由于水库调度、植物生长周期、降雨等因素的季节性及下垫面特征的差异性,水资源可获得性及生态需水量存在着时空的差异性和不确定性,因此在制定水资源调控措施时,应找出关键时期和关键区域,按优先级别逐级调控,使效率最大化。

11.1.2　水资源适应性调控措施制定依据

流域水资源适应性调控需要对流域生态系统内各要素的特点、限制性条件及驱动因子等进行深入分析,汉江流域水资源适应性调控措施的主要依据如下。

11.1.2.1　汉江流域特点

汉江流域降水强度大,季节分布不均,水资源量具有很大的年内差异。流域河网密集,梯级水库数量众多,水库建设改变了河流的连续性和完整性,自然水文过程也随着水库调度模式发生改变。流域上、中游地区的丘陵和岗地旱灾严重,尤其是5—6月。由于丹江口水库的拦截作用,汉江中下游泥沙来源发生了变化,水库清水下泄使中下游河床发生严重冲刷,改变了流域下垫面形态。建库后河水冬季变暖,夏季变凉,加之水流变清,对水生动植物的繁殖和生长产生了重要影响,甚至造成动植物种群结构的改变。南水北调中线工程建成后,汉江中下游水环境容量减少,多级梯级水利工程形成的库区内流速降低,导致水体自净能力下降。这些都对河道内、外水资源平衡造成干扰和破坏。

11.1.2.2　子流域特点

SWAT 模型根据地形、土壤类型、土地利用等下垫面特征划分了87个子流域(图10-1)。在各子流域内部,其下垫面特征具有差异性,不同的产、汇流特征及周边水体的空间分布等,都对该区域水资源量及调控政策有很大影响。如子流域68位于安康市南部,子流域内的主要土地覆被类型是农田和林地,且附近有已建成的石泉、喜河和安康水库;子流域37位于南阳盆地,是重要的农业产区,以旱地为主,生态需水量大,附近无大型水库引水;子流域57位于十堰市,区域内林地面积最多,其次是旱地,十堰市过境水量大,地下水缺乏。依据这些子流域特点,可使区域水资源调控更具有针对性。

11.1.2.3　生态流量盈亏时空分布特点

通过对汉江流域河道内和河道外生态需水量的计算及盈亏分析,发现流域河道外生态亏缺存在着年内的动态变化性及空间差异性。满足生态系统的需水量是维持区域可持续性发展的重要前提,因此针对缺水的关键时期与区域,必须采取有针对性的水资源调控措施恢复生态水量。

11.2　汉江流域水资源调控与生态适应性措施

11.2.1　汉江流域生态流量亏缺关键时期识别

11.2.1.1　河道外生态流量亏缺关键时期识别

以丰水年为例,首先得到汉江流域河道外生态流量亏缺分布图,将生态流量盈亏值(W_k,单位:$10^6 m^3$)大于 0 的区域排除在外。为便于进行年内各月之间的横向对比,将 W_k 按照缺水量分为四个等级:① $W_k > 0$;② $-30 \leqslant W_k < 0$;③ $-100 \leqslant W_k < -30$;④ $W_k < -100$。根据第十章节的计算方法,得到汉江流域年内 12 个月的河道外生态流量亏缺分布(图 11-1)。

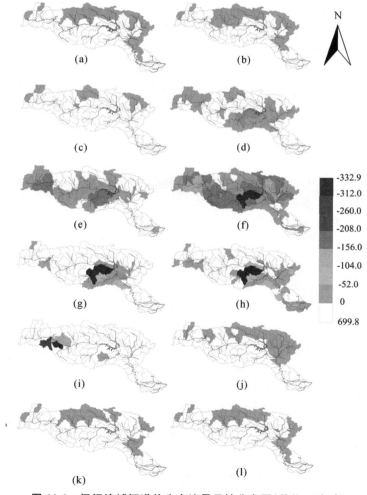

图 11-1　汉江流域河道外生态流量亏缺分布图(单位:$10^6 m^3$)

(a)1 月;(b)2 月;(c)3 月;(d)4 月;(e)5 月;(f)6 月;(g)7 月;(h)8 月;(i)9 月;(j)10 月;(k)11 月;(l)12 月

从图中可以看出,流域生态亏缺表现出明显的时间动态性和空间差异性,秋、冬季节生态流量亏缺基本处于 $0\sim30\times10^7\,\mathrm{m^3}$ 的范围内,且集中于流域北部及中游襄阳市附近地区;春、夏季生态亏缺值增加,出现缺水量大于 $1\times10^8\,\mathrm{m^3}$ 的区域集中在 5—9 月,4 月和 10 月有部分地区生态缺水量介于 $3\times10^7\sim1\times10^8\,\mathrm{m^3}$。

根据单位面积上河道外生态流量亏缺(用 f_d 表示)的最大、最小及平均值(表 11-1),对年内 12 个月的平均缺水情况进行量化,其中 3 月 f_d 最低,每 $1\,\mathrm{km^2}$ 亏缺 3.1mm 的水量;9 月 f_d 最大,为 93.9mm。根据 f_d 的平均值将其分为三级:① $f_\mathrm{d}<6\mathrm{mm}$,包括 11 月至翌年 3 月,$f_\mathrm{d}$ 范围在 $0.1\sim12.5\mathrm{mm}$;② $6\mathrm{mm}\leqslant f_\mathrm{d}<14\mathrm{mm}$,包括 4 月、5 月和 10 月,$f_\mathrm{d}$ 范围为 $0.1\sim28.8\mathrm{mm}$;③ $f_\mathrm{d}\geqslant14\mathrm{mm}$,包括 6—9 月,$f_\mathrm{d}$ 范围在 $0.3\sim198.0\mathrm{mm}$。

表 11-1　汉江流域单位面积上河道外生态流量亏缺值　　　　　　　　单位:mm

生态流量亏缺值	1 月	2 月	3 月	4 月	5 月	6 月	7 月	8 月	9 月	10 月	11 月	12 月
最大亏缺值	8.6	7.9	9.7	16.9	28.8	55.4	40.9	38.2	198.0	20.0	9.8	12.5
最小亏缺值	0.2	0.2	0.3	0.1	0.4	0.6	9.1	0.3	1.1	0.2	0.2	0.1
平均亏缺值	3.9	3.1	2.6	6.2	13.4	26.9	17.0	14.5	93.9	7.7	5.2	5.2

根据图 11-1 和表 11-1 的结果,并考虑到 11 月至翌年 3 月大部分作物生长缓慢,生长季主要集中在 4—10 月(史超 等,2016;龙平沅,2006),本研究确定汉江流域生态流量亏缺关键时期如下。

(1) 11 月至翌年 3 月,为非关键时期,该时期气温较低,冬小麦等农作物处于休眠期,林地和草地生长缓慢,且生态缺水量相对较低,不作为生态流量亏缺调控的关键时期。

(2) 4 月、5 月和 10 月,为次关键时期,该时期植被生长较旺盛,生态需水量增加,缺水量较非关键时期增加,但基本小于 $1\times10^8\,\mathrm{m^3}$。

(3) 6—9 月,为关键时期,该时期处于植被生长季,缺水量较大,应作为生态流量亏缺的优先调控时段。

11.2.1.2　河道内生态流量亏缺关键期识别

河道内生态流量亏缺的情况较为简单,同样以丰水年为例,根据表 10-7 的结果,上游的安康断面和白河断面各月均满足生态流量需求;黄家港、襄阳、皇庄、和沙洋断面,生态流量亏缺值主要集中在冬季 12 月至翌年 2 年,而仙桃断面各月均处于亏缺状态。因此,皇庄断面以上,确定冬季为生态流量亏缺的关键时期,仙桃断面全年均为关键时期,需要作为重点调控对象。

11.2.2　汉江流域生态流量亏缺关键区域识别

关键源区来自于非点源污染关键区的识别和治理,关键区域或污染源对水质问题所构成的威胁与它们的面积不成比例,需要按照优先次序识别和处理对水资源最为不利的污染源。关键源区识别通过治理较少的污染源获得同样的效果,可以加快水资源恢复过程并节约时间和成本,确保可用资源发挥最大效益(Zhuang et al.,2016;庞靖鹏 等,2007)。这里借鉴非点源关键源区的思想,将其应用于水资源领域的研究中,进行生态流量亏缺关键区域的识别,从而针对性地制定最优管理措施。

11.2.2.1　河道外生态流量亏缺关键区识别

首先,根据生态流量亏缺值及各自对应的子流域面积,做出生态流量亏缺量-面积的累计百分比图,具体计算步骤如下:

(1)将流域内生态流量亏缺的绝对值按降序排列(对生态流量处于盈余状态的值,均赋值为0,即生态流量亏缺值为0),其对应的子流域面积也按相应顺序排列。

(2)计算生态流量亏缺值和子流域面积的累计百分比。

(3)筛选出生态流量亏缺大于0的值及其对应子流域的累计百分比,以面积累计百分比为横坐标,生态流量亏缺累计百分比为纵坐标,做出生态流量亏缺量-面积的累计百分比图。

(4)为各图添加趋势线,并计算拟合曲线和 R^2 值(按最优拟合效果得到拟合曲线,即尽量保持 R^2 最大,主要关注曲线变化是线性或非线性)。(图 11-2)

从图 11-2 中可以看出,11 月至翌年 3 月,生态流量亏缺量-面积的累计百分比的最优拟合曲线是线性,说明在该时期,生态亏缺值随缺水子流域面积的增加呈线性增长,表明亏缺区域的分布较为均匀,且生态亏缺值相对较低,在 $0\sim3\times10^7\,\mathrm{m}^3$,因此该时期内对应的区域为非关键时期的非关键区域;4—10 月,生态亏缺量-面积的累计百分比的最优拟合曲线是非线性的对数曲线,说明在该时期,生态亏缺区域的分布较为集中,且该时期生态流量亏缺值相对较大,因此可根据生态亏缺量-面积的累计百分比图斜率计算该时期内生态流量亏缺的关键区域和次关键区域,斜率越大,说明关键区域越集中。

这里主要识别关键时期内生态流量亏缺的关键区域,根据斜率 $k=1$ 和 $k=2$ 将 6—9 月累计百分比图的拟合曲线分为两段,将 $k=2$ 处对应的子流域区域作为关键区域与次关键区域的分界点,将 $k=1$ 处对应的子流域区域作为次键区域与非关键区域的分界点,具体分析结果如下:

(1)6 月生态流量亏缺关键区域识别。如图 11-3 所示,$k=2$ 处,约 20% 的面积累计生态流量亏缺达到约 40%;而 $k=1$ 处,约 40% 的面积累计生态流量亏缺达到约 62%,说明生态流量亏缺分布相对分散,因此将 20% 面积所对应的子流域作为 6 月生态流量亏缺的关键区域,包括子流域编号为 10、20、22、37、43、55、57、65 和 68 共 9 个子流域(图 10-1),生态流量亏缺值在 $9.63\times10^7\sim3.329\times10^8\,\mathrm{m}^3$。其中子流域 10、20 和 22 位于汉中市东部,生态缺水量分别为 $1.257\times10^8\,\mathrm{m}^3$、$1.093\times10^8\,\mathrm{m}^3$ 和 $1.262\times10^8\,\mathrm{m}^3$;子流域 68 位于安康市南部,生态缺水量为 $1.634\times10^8\,\mathrm{m}^3$;子流域 43、57、65 位于十堰市,生态缺水量分别为 $9.69\times10^7\,\mathrm{m}^3$、$3.329\times10^8\,\mathrm{m}^3$ 和 $9.63\times10^7\,\mathrm{m}^3$;子流域 37 和 55 位于南阳市西南部,生态缺水量分别为 $1.122\times10^8\,\mathrm{m}^3$ 和 $1.09\times10^8\,\mathrm{m}^3$。

(2)7 月生态流量亏缺关键区域识别。如图 11-4 所示,$k=2$ 处,20.5% 的面积累计生态流量亏缺达到约 93%,说明生态流量亏缺范围非常集中,因此将该 20.5% 面积所对应的子流域作为 7 月生态流量亏缺的关键区域,包括子流域编号为 22、43、53、55、57、61、65、67、69、70 和 72 共 11 个子流域(图 10-1),生态流量亏缺值在 $1.92\times10^7\sim2.328\times10^8\,\mathrm{m}^3$。其中子流域 22 位于汉中市东南部,生态缺水量为 $2.63\times10^7\,\mathrm{m}^3$;子流域 43、57、65 和 69 位于十堰市,生态缺水量分别为 $3.31\times10^7\,\mathrm{m}^3$、$2.328\times10^8\,\mathrm{m}^3$、$9.42\times10^7\,\mathrm{m}^3$ 和 $3.71\times10^7\,\mathrm{m}^3$;子流域 70 位于神农架林区,生态缺水量为 $1.92\times10^7\,\mathrm{m}^3$;子流域 53、61、67 和 72 位于襄阳市西部,生态缺水量分别为 $2.3\times10^7\,\mathrm{m}^3$、$2.41\times10^7\,\mathrm{m}^3$、$2.96\times10^7\,\mathrm{m}^3$ 和 $5.46\times10^7\,\mathrm{m}^3$;子流域 55 位于

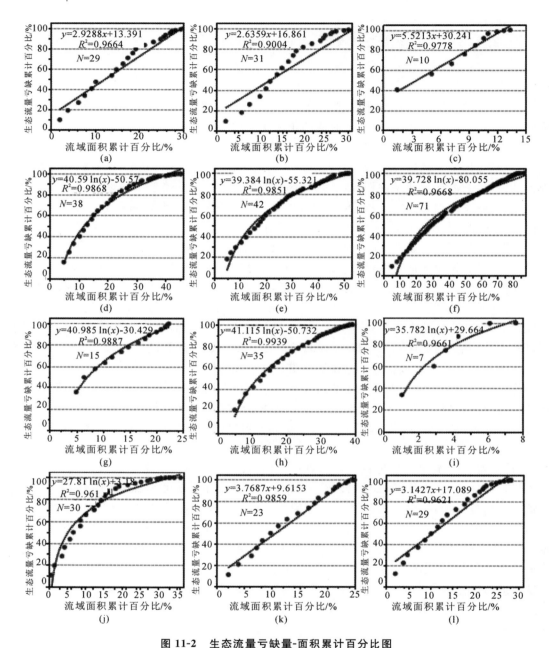

图 11-2　生态流量亏缺量-面积累计百分比图

(a)—(l)表示 1—12 月的生态流量亏缺量-面积累计百分比

南阳市南部,生态缺水量为 $3.41 \times 10^7 \mathrm{m}^3$。

(3)8 月生态流量亏缺关键区域识别。如图 11-5 所示,$k=2$ 处,20.6% 的面积累计生态流量亏缺达到约 73%,说明生态流量亏缺范围较集中,因此将该 20.6% 面积所对应的子流域作为 8 月生态流量亏缺的关键区域,包括子流域编号为 5、42、43、55、56、57、63、65、66、72 和 82 共 11 个子流(图 10-1)域,生态流量亏缺值在 $3.42 \times 10^7 \sim 2.195 \times 10^8 \mathrm{m}^3$。其中子流域 5 位于商洛市镇安县东部,生态缺水量为 $3.72 \times 10^7 \mathrm{m}^3$;子流域 43、57、65 位于十堰市,生态

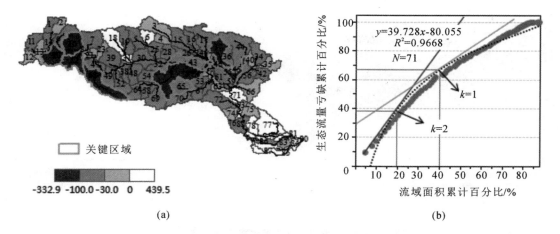

图 11-3 汉江流域 6 月生态流量亏缺关键区识别

(a)6 月河道外生态流量亏缺关键区分布；(b)6 月生态亏缺量-面积累计百分比

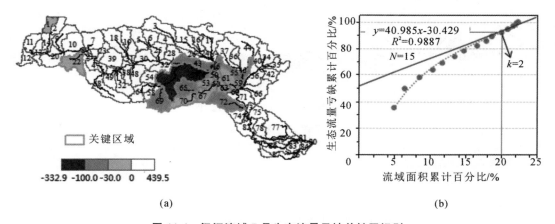

图 11-4 汉江流域 7 月生态流量亏缺关键区识别

(a)7 月河道外生态流量亏缺关键区分布；(b)7 月生态亏缺量-面积累计百分比

缺水量分别为 $7.69\times10^7\text{m}^3$、$2.195\times10^8\text{m}^3$ 和 $7.72\times10^7\text{m}^3$；子流域 42、55、56 位于南阳市东南部，生态缺水量分别为 $5.51\times10^7\text{m}^3$、$3.42\times10^7\text{m}^3$ 和 $3.71\times10^7\text{m}^3$；子流域 63、66 和 72 位于襄阳市，生态缺水量分别为 $3.97\times10^7\text{m}^3$、$4.52\times10^7\text{m}^3$ 和 $6.47\times10^7\text{m}^3$；子流域 82 位于荆门市西部和天门市南部，生态缺水量为 $6.55\times10^7\text{m}^3$。

(4)9 月生态流量亏缺关键区域识别。如图 11-6 所示，9 月生态流量亏缺的子流域个数仅为 7 个，$k=1$ 和 $k=2$ 处，斜率较小，无法表达生态亏缺量-面积累计百分比图的变化趋势，因此该月取 $k=5$ 的斜率处对应的子流域面积为生态流量亏缺关键区，7.1% 的面积累计生态流量亏缺达到 99%，说明生态流量亏缺范围非常集中，因此将该 7.1% 面积所对应的子流域作为 9 月生态流量亏缺的关键区，包括子流域编号为 8、21、22、23、39、47 和 65 共 7 个子流域(图 10-1)，生态流量亏缺值在 $1.4\times10^6\sim3.295\times10^8\text{m}^3$。其中子流域 8、21、22、23、39、47 位于汉中市东南部和安康市西部，生态缺水量分别为 $1.4\times10^6\text{m}^3$、$1.257\times10^8\text{m}^3$、$2.634\times10^8\text{m}^3$、$1.412\times10^8\text{m}^3$、$1.17\times10^8\text{m}^3$ 和 $3.295\times10^7\text{m}^3$；子流域 65 位于十堰市房县，生态缺水量为 $2.5\times10^6\text{m}^3$。

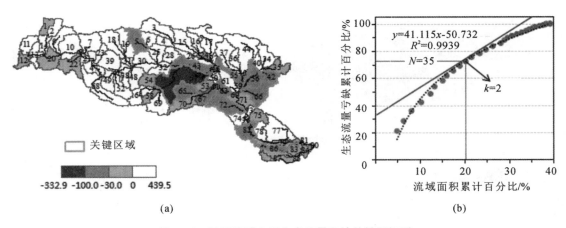

图 11-5　汉江流域 8 月生态流量亏缺关键区识别

(a)8 月河道外生态流量亏缺关键区分布；(b)8 月生态亏缺量-面积累计百分比

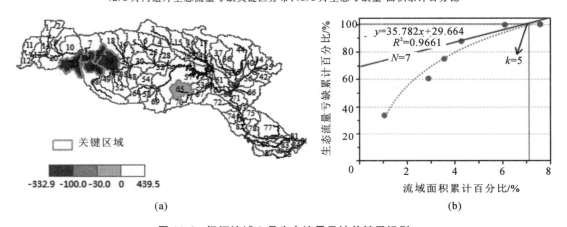

图 11-6　汉江流域 9 月生态流量亏缺关键区识别

(a)9 月河道外生态流量亏缺关键区分布；(b)9 月生态亏缺量-面积累计百分比

11.2.2.2　河道内生态流量亏缺关键区识别

对河道内生态流量亏缺来说,沙洋断面及以上的河道内流量除冬季外都较为充足,该断面以上的地区均为非关键区域,而最下游的仙桃断面年内各月生态流量均处于亏缺状态,该断面是河道内生态流量亏缺的关键区,需要加强调控措施保障河流基本生态需水量。

11.2.3　基于关键时期-关键区域的水资源调控与生态适应性措施

基于生态流量亏缺关键时期-关键区域协同识别方法,上文识别出了河道内、外生态流量亏缺的关键时期及关键区域,在流域水资源调控中,可以根据优先级别逐级进行生态亏缺水量的修复,保证流域生态系统健康。

11.2.3.1　河道外水资源调控措施

对河道外生态流量亏缺的修复主要是恢复河道外植被群落稳定所需的水量。根据确定的流域缺水关键区域和关键时期,在对生态亏缺值进行修复时,应该按照优先级别,分步骤因地制宜地实施水资源调控措施。这里确定的修复优先级别依次为:①关键时期内的关键区域。②关键时期内的次关键区域;③次关键时期内的关键区域;④次关键期时内的次关键区域;⑤非关键期时内的非关键区域。优先级别从①—⑤依次降低。

在区域水资源调控下,首先需要修复的是关键时期内的关键区域生态流量亏缺。通过分析关键区域所处位置及周边的河流、水库分布及河道内流量盈余情况,确定生态流量亏缺的调控措施顺序为:①用主河道内的盈余水量调控。②从附近水库调水。③潜在调控措施,如地下水量、退耕还林还草、节水灌溉等。

对生态流量亏缺的修复需要将河道内和河道外可用水资源相结合,若该子流域所处断面附近有河流,且已知该河道内生态流量处于盈余状态,则优先将该盈余水量全部用来补充亏缺量;若补充后仍不能满足需水要求,则选择从附近水库进行调水;若该子流域附近没有充足的水资源进行调控,则需要利用潜在资源如地下水或采取节水灌溉、发展生态农业、退耕还林还草等措施,缓解该区域缺水现状。

(1)以 6 月为例,采取的措施。缺水子流域 10、20 和 22 处于汉中平原,子流域 68 位于安康市南部,该子流域内的主要土地覆被类型是农田和林地。根据表 10-7 可知,汉江干流安康断面 6 月河道内盈余流量为 280.0 m³/s,且附近有已建成的石泉、喜河和安康水库,正常蓄水位下库容分别为 3.24×10^8 m³、1.67×10^8 m³ 和 2.585×10^9 m³。对于该区域的水资源调控,首先将安康断面河道内盈余流量全部用来补充亏缺水量,则可提供 2.4×10^8 m³ 水量,按就近原则,将其全部补充给子流域 68(生态缺水量为 1.6×10^8 m³),则子流域 68 将变为不亏缺状态;同时剩余的 8×10^7 m³ 水量可就近补充给子流域 22(生态缺水量为 1.3×10^8 m³),然后再从喜河水库调取 5×10^7 m³ 水量,则子流域 22 也将变为不亏缺状态;子流域 10 和 20 生态缺水量分别为 1.1×10^8 m³ 和 1.3×10^8 m³,可通过从石泉和喜河两个水库分别调水 1.7×10^8 m³ 和 7×10^7 m³,满足这两个子流域的需水要求。子流域 43、57 和 65 位于十堰市房县和丹江口市,区域内林地面积最多,其次是旱地,十堰市过境水量大,但地下水缺乏,分别调取丹江口库区 1×10^8 m³、3.3×10^8 m³ 和 1×10^8 m³ 的水量对生态缺水进行补充,则 3 个子流域生态需水可满足要求。而子流域 37 和 55 位于南阳盆地,是重要的农业产区,以旱地为主,生态需水量大,唐白河周边人口密集,取用水量大;根据表 10-7,汉江干流襄阳断面 6 月河道内盈余流量 1.05×10^9 m³,可从该段干流中各调水 1.1×10^8 m³ 来使生态需水量满足要求,同时应大力推行节水灌溉,提高用水效率。

理想情况下,通过以上措施对水资源的调控,效果如图 11-7 所示。

(2)以 8 月为例,采取的措施。缺水子流域 43、57 和 65 位于十堰市房县和丹江口市,区域以林地为主,其次是旱地,通过分别调取丹江口库区 7.7×10^7 m³、2.2×10^8 m³ 和 7.7×10^7 m³ 的水量对生态缺水进行补充,则 3 个子流域生态需水可满足要求。子流域 42、55 和 56 位于南阳盆地,是重要的农业产区,以旱地为主,生态需水量大;根据表 10-7,汉江干流襄阳断面 8 月河道内盈余流量 3.82×10^9 m³,可从该段干流中分别引水 5.5×10^7 m³、3.4×10^7 m³ 和 3.7×10^7 m³,使生态需水量满足要求,同时该地区应大力推行节水灌溉,提高用水效率。子流域 63、66、72 位于襄阳市,此处不仅襄阳断面河道内流量盈余,附近还有王甫洲和崔家营两个梯级水库,仅从干流分别引水 4×10^7 m³、4.5×10^7 m³ 和 6.5×10^7 m³,即可补充生态亏缺水量。子流域 82 以水田和旱地为主,位于汉江干流皇庄断面和沙洋断面之间,河道内盈余流量约 3×10^9 m³(表 10-7),从干流引水 6.6×10^7 m³ 即可补充生态亏缺量。而子流域 5 位于商洛市镇安县东部,距离汉江干流较远,但附近有蜀河水库,正常蓄水位下库容为

图 11-7　水资源调控前后 6 月生态流量亏缺分布

$1.9 \times 10^8 \, \mathrm{m}^3$,可从水库调取 $3.7 \times 10^7 \, \mathrm{m}^3$ 水量,使该子流域生态流量变为不亏缺状态。

理想情况下,通过以上措施对水资源的调控,效果如图 11-8 所示。

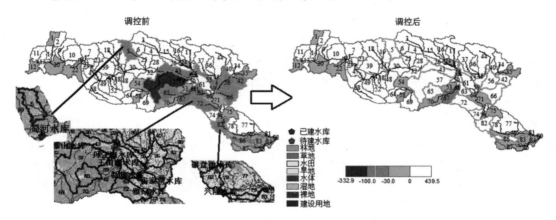

图 11-8　水资源调控前后 8 月生态流量亏缺分布图

11.2.3.2　河道内水资源调控措施

河道内水资源关键时期在冬季,关键区域在仙桃断面,主要是由于上游梯级水库的联合调度对水文情势的改变,因此针对河道内生态流量亏缺,主要采取以下措施。

(1)加强流域规划,合理配置水资源。未来汉江流域还有 7 级水库建成,加上南水北调中线远期调水工程的实施,汉江中下游流域水资源分配会进一步发生改变。从研究结果看,下游水文情势的改变程度与梯级水库数量呈正相关,梯级水库数量越多,其对下游河道的耦合作用越大。因此,在各梯级水库建设前,要做好影响评价,从生态、经济、社会和谐发展的角度,合理规划水库数量及调度模式,保证流域水资源的优化配置。在应对未来气候变化的情景下,要重点关注降水对区域水资源变化的影响,实现流域水资源的有效利用。

(2)加强河流水体保护,促进河流生态修复。考虑到未来汉江流域总水量的减少及沿江社会经济的发展,河流水质的变化必须引起高度重视,要对沿江城镇制定严格的污水治理规划,进行总量控制。同时,要加强流域自然生态系统的建设,提高河流自我恢复力。在汉江流域干支流各明渠段,修复河岸植被,尽可能恢复和重建退化的河岸带生态系统,充分发挥沿岸植被的缓冲功能和护坡效应。针对梯级水库建设造成的水流缓慢及洪峰流量的缺失，通过"人造洪峰"等方式，重新营造出接近自然的水文过程，修复河流浅滩和深塘，促进水的紊流形成，造就水体流动多样性。通过改造水泥和混凝土硬化河床，修复河床断面，建设生态河堤，修建生态型护岸，为水生生物重建栖息地环境。

（3）实施考虑生态流量的梯级水库群适应性调度。水库调度管理是流域水资源管理的重要内容。在汉江流域梯级水库的调度方案中，首先要明确流域需要保护的生态目标，从而根据保护目标对生态环境的要求，确定维持流域基本生态功能的下泄水量，即河道内的生态需水量。对流域内已建成的多级水库来说，需要在综合满足生态需水的前提下，综合考虑发电、航运等效益。从本质上说，水库调度过程是在一段时间内对水库放水的控制，实际上是个动态过程的问题，调度环境通常具有动态性和不确定性等特点。尤其对于多级水库来说，调度决策会更加复杂。因此，传统的静态调度方式已经不能适应新时期水库调度的要求。动态性产生适应性，适应性的调度模式才能应对环境、需求、条件等的动态变化（张刚，2013）。因此要开展对梯级水库群适应性调度技术的研究，建立考虑生态流量的调度策略。

（4）建立综合监测与评估手段。流域的适应性管理必须要建立一套全面的环境监测系统，比如对汉江干流、重要支流及丹江口库区的水质监测、对沿江城市污染排放的监测、对水库下泄流量及调度模式的监测、对区域自然条件及重要生态系统动态变化的监测、对区域地质灾害的监测等，定期评估与预测流域生态系统的现状和发展趋势，从而不断调整区域生态保护与治理对策，确保流域生态系统健康可持续发展。

参考文献

白军红,欧阳华,杨志锋,等,2005. 湿地景观格局变化研究进展[J]. 地理科学进展,24(4):36-45.

柏慕琛,2017. 基于分布式水文模型的生态需水研究[D]. 武汉:武汉大学.

班璇,姜刘志,曾小辉,等,2014. 三峡水库蓄水后长江中游水沙时空变化的定量评估[J]. 水科学进展,25(5):650-657.

蔡述明,陈国阶,杜耘,等,2000. 汉江流域可持续发展的思考[J]. 长江流域资源与环境,9(4):411-418.

蔡述明,殷鸿福,杜耘,等,2005. 南水北调中线工程与汉江中下游地区可持续发展[J]. 长江流域资源与环境,14(4):409-412.

蔡文君,殷峻暹,王浩,2012. 三峡水库运行对长江中下游水文情势的影响[J]. 人民长江,43(5):22-25.

曹庭珠,杨朝兴,2007. 丹江口库区产业发展条件下的生态安全研究:以河南省淅川县辖丹江口水库库区为例[J]. 地域研究与开发,26(6):75-78.

常福宣,陈进,张洲英,2007. 汉江上游生态环境需水量研究[J]. 长江科学院院报,24(6):18-21.

车骞,王根绪,孔福广,等,2007. 气候波动和土地覆盖变化下的黄河源区水资源预测[J]. 水文,27(2):11-15.

陈华,郭生练,柴晓玲,等,2005. 汉江丹江口以上流域降水特征及变化趋势分析[J]. 人民长江,36(11):29-31.

陈华,郭生练,郭海晋,等,2006. 汉江流域 1951—2003 年降水气温时空变化趋势分析[J]. 长江流域资源与环境,15(3):340-345.

陈军锋,李秀彬,2004. 土地覆被变化的水文响应模拟研究[J]. 应用生态学报,15(5):833-836.

陈立华,赖河涛,叶明,2017. 龙滩水库工程对红水河天峨站水文情势的影响分析[J]. 广西大学学报(自然科学版),42(1):394-402.

陈启慧,郝振纯,夏自强,等,2006. 葛洲坝对长江径流过程的影响[J]. 长江流域资源与环境,15(4):522-526.

陈求稳,欧阳志云,2005. 生态水力学耦合模型及其应用[J]. 水利学报,36(11):1273-1279.

陈仁升,吕世华,康尔泗,等,2006. 内陆河高寒山区流域分布式水热耦合模型(I):模型原理[J]. 地球科学进展,21(8):806-818.

陈伟东,包为民,2016. 改进 IHA 法的应用研究[J]. 中国农村水利水电,(12):79-83,87.

陈玺,郭卫,2016. 基于 RVA 法的黄河中游建库后河道水文变异分析[J]. 水电能源科学,34(11):5-8.

陈燕飞,张翔,2012. 汉江流域降水、蒸发及径流长期变化趋势及持续性分析[J]. 水电能源科学,30(6):6-8.

崔保山,杨志峰,2003. 湿地生态环境需水量等级划分与实例分析[J]. 资源科学,25(1):21-28.

崔起,于颖,2008. 河道生态需水量计算方法综述[J]. 东北水利水电,26(282):44-47.

崔瑛,张强,陈晓宏,等,2010. 生态需水理论与方法研究进展[J]. 湖泊科学,22(4):465-480.

崔宗培,2001. 中国水利百科全书(第二卷)[M]. 北京:中国水利水电出版社.

代俊峰,陈家宙,崔远来,等,2006. 不同林草系统对集水区水量平衡的影响研究[J]. 水科学进展,17(4):435-443.

邓兆仁,1981. 汉江流域水文地理[J]. 华中师院学报,(4):110-118.

董哲仁,2003. 河流形态多样性与生物群落多样性[J]. 水利学报,34(11):1-6.

董哲仁,2008. 河流生态系统结构功能模型研究[J]. 水生态学杂志,1(1):1-7.

董哲仁,孙东亚,赵进勇,等,2010. 河流生态系统结构功能整体性概念模型[J]. 水科学进展,21(4):550-559.

杜河清,王月华,高龙华,等,2011. 水库对东江若干河段水文情势的影响[J]. 武汉大学学报(工学版),44(4):466-470.

范北林,万建蓉,黄悦,2002. 南水北调中线工程调水后对汉江中下游河势的影响[J]. 长江科学院院报,19(增刊):21-24.

冯灿,王学雷,王增学,等,1989. 长湖水生维管束植物群落研究. 武汉植物学研究[J]. 7(2):123-130.

冯瑞萍,2009. 筑坝河流水文过程变化及生态流量研究[D]. 武汉:中国科学院水生生物研究所.

冯夏清,章光新,尹雄锐,2010. 基于SWAT模型的乌裕尔河流域气候变化的水文响应[J]. 地理科学进展,29(7):827-832.

付晓花,董增川,山成菊,等,2015. 人类活动干扰下的滦河河流生态径流变化分析[J]. 南水北调与水利科技,13(2):263-267.

高宝林,程胜高,2009. 丹江口库区坡耕地水土流失治理模式探讨[J]. 中国水土保持,(12):21-22.

葛怀凤,2013. 基于生态-水文响应机制的大坝下游生态保护适应性管理研究[D]. 北京:中国水利水电科学研究院.

宫兆宁,张翼然,宫辉力,等,2011. 北京湿地景观格局演变特征与驱动机制分析[J]. 地理学报,66(1):77-88.

郭军庭,张志强,王盛萍,等,2014. 应用SWAT模型研究潮河流域土地利用和气候变化对径流的影响[J]. 生态学报,34(6):1559-1567.

郭生练,熊立华,杨井,等,2000. 基于DEM的分布式流域水文物理模型[J]. 武汉水利电力大学学报,33(6):1-5.

郭文献,夏自强,王乾,2008. 丹江口水库对汉江中下游水文情势的影响[J]. 河海大学学报(自然科学版),36(6):733-737.

郝芳华,陈利群,刘昌明,等,2004. 土地利用变化对产流和产沙的影响分析[J]. 水土保持通报,18(3):5-8.

郝鹏,2014. 引汉济渭工程对渭河水文情势的影响研究[D]. 西安:西安理工大学.

何永涛,闵庆文,李文华,2005. 植被生态需水研究进展及展望[J]. 资源科学,27(4):8-13.

侯保灯,高而坤,吴永祥,等,2014. 水资源需求层次理论和初步实践[J]. 水科学进展,25(6):897-906.

胡安焱,郭海晋,2006. 汉江中下游河流生态需水量探讨[J]. 中国水利,(23):14-16.

胡安焱,张自英,王菊翠,2010. 水利工程对汉江中下游水文生态的影响[J]. 水资源保护,26(2):5-9.

胡实,莫兴国,林忠辉,2017. 冬小麦种植区域的可能变化对黄淮海地区农业水资源盈亏的影响[J]. 地理研究,36(5):861-871.

胡巍巍,王根绪,2007. 湿地景观格局与生态过程研究进展[J]. 地球科学进展,22(9):969-975.

胡砚霞,黄进良,王立辉,2013.丹江口库区1990—2010年土地利用时空动态变化研究[J]. 地域研究与开发,32(3):133-137.

黄平,赵吉国,1997. 流域分布型水文数学模型的研究及应用前景展望[J]. 水文,(5):5-9.

黄清华,张万昌,2004. SWAT分布式水文模型在黑河干流山区流域的改进及应用[J]. 南京林业大学学报(自然科学版),28(2):22-26.

贾宝全,慈龙骏,2000. 新疆生态用水量的初步估算[J]. 生态学报,20(2):243-250.

贾坤,姚云军,魏香琴,等,2013. 植被覆盖度遥感估算研究进展[J].地球科学进展,28(7):774-782.

贾仰文,王浩,王建华,等,2005. 黄河流域分布式水文模型开发和验证[J]. 自然资源学报,20(2):300-308.

姜刘志,2014. 三峡蓄水后长江中下游水文情势变化特征及其对鱼类的影响研究[D]. 北京:中国科学院大学.

黎云云,畅建霞,雷江群,2015. 改进RVA法在河流水文情势评价中的应用[J]. 西北农林科技大学学报(自然科学版),43(10):211-218,228.

李柏山,2013. 水资源开发利用对汉江流域水生态环境影响及生态系统健康评价研究[D]. 武汉:武汉大学.

李道峰,田英,刘昌明,2004. 黄河河源区变化环境下分布式水文模拟[J]. 地理学报,59(4):565-573.

李宏宏,2014. 基于GCM的统计降尺度法预测汉江流域未来降水和气温变化[D]. 武汉:华中科技大学.

李京忠,曹明明,邱海军,等,2016.汶川地震区灾后植被恢复时空过程及特征:以都江堰龙溪河流域为例[J].应用生态学报,27(11):3479-3486.

李丽娟,郑红星,2000. 海滦河流域河流系统生态环境需水量计算[J]. 地理学报,55(4):495-500.

李胜男,王根绪,邓伟,2008. 湿地景观格局与水文过程研究进展[J]. 生态学杂志,27(6):1012-1020.

李蔚,陈晓宏,何艳虎,等,2018. 改进 SWAT 模型水库模块及其在水库控制流域径流模拟中的应用[J]. 热带地理,38(2):226-235.

李兴拼,黄国如,江涛,2009. RVA 法评估枫树坝水库对径流的影响[J]. 水电能源科学,27(3):18-21.

李颖,张养贞,张树文,2002. 三江平原沼泽湿地景观格局变化及其生态效应[J]. 地理科学,22(6):677-682.

李雨,王雪,张国学,2015. 1956—2013 年汉江流域降雨和气温变化特性分析[J]. 水资源研究,(4):345-352.

廖文根,石秋池,彭静,2004. 水生态与水环境学科的主要前沿研究及发展趋势[J]. 中国水利,(22):34-36.

林启才,杨晨曦,李怀恩,2013. 渭河林家村河段生态基流盈亏分析[J]. 人民黄河,35(5):44-45.

刘昌明,1999. 中国 21 世纪水供需分析:生态水利研究[J]. 中国水利,(10):18-20.

刘昌明,郑红星,王中根,等,2010. 基于 HIMS 的水文过程多尺度综合模拟[J]. 北京师范大学学报(自然科学版),46(3):268-273.

刘贵花,2013. 三江平原挠力河流域水文要素变化特征及其影响研究[D]. 北京:中国科学院大学.

刘贵花,朱婧瑄,熊梦雅,等,2016. 基于变动范围法(RVA)的信江水文改变及生态流量研究[J]. 水文,36(1):51-57.

刘红玉,吕宪国,张世奎,2003. 湿地景观变化过程与累积环境效应研究进展[J]. 地理科学进展,22(1):60-70.

刘吉峰,霍世青,李世杰,等,2007. SWAT 模型在青海湖布哈河流域径流变化成因分析中的应用[J]. 河海大学学报(自然科学版),35(2):159-163.

刘建康,1999. 高级水生生物学[M]. 北京:科学出版社.

刘宁,2013. 中国水文水资源常态与应急统合管理探析[J]. 水科学进展,24(2):280-286.

龙平沅,2006. 汉江上游流域生态环境需水量研究[D]. 西安:西安理工大学.

栾兆擎,邓伟,朱宝光,2004. 洪河国家级自然保护区湿地生态环境需水初探[J]. 干旱区资源与环境,18(1):59-63.

罗静伟,郑博福,钱万友,等,2010. 鄱阳湖流域生态系统管理框架[J]. 南昌大学学报(工科版),32(3):233-237,264.

马明国,王建,王雪梅,2006. 基于遥感的植被年际变化及其与气候关系研究进展[J]. 遥感学报,10(3):421-431.

马晓超,粟晓玲,2013. 渭河环境流变化研究[J],水力发电学报,32(5):90-97.

马赞杰,黄薇,霍军军,2011. 我国环境流量适应性管理框架构建初探[J]. 长江科学院院报,28(12):88-92.

毛豆,陆宝宏,崔冬梅,等,2015. RVA 法评估蒙江流域水电站对河流水文情势的影响[J]. 水力发电,41(6):23-27.

苗鸿,魏彦昌,姜立军,等,2003. 生态用水及其核算方法[J]. 生态学报,23(6):1156-1164.

莫兴国,刘苏峡,林忠辉,等,2004. 无定河流域水量平衡变化的模拟[J]. 地理学报,59(3):

341-348.

倪晋仁,崔树彬,李天宏,等,2002. 论河流生态环境需水[J]. 水利学报,33(9):14-19.

倪深海,崔广柏,2002. 河道生态环境需水量的计算[J]. 人民黄河,24(9):37-38.

宁龙梅,王学雷,吴后建,2005. 武汉市湿地景观格局变化研究[J]. 长江流域资源与环境,14
(1):44-49.

庞靖鹏,徐宗学,刘昌明,等,2007. 基于 GIS 和 USLE 的非点源污染关键区识别[J]. 水土保
持学报,21(2):170-174.

彭建,王仰麟,张源,等,2006. 土地利用分类对景观格局指数的影响[J]. 地理学报,61(2):
157-168.

彭涛,严浩,郭家力,等,2016. 丹江口水库运用对下游水文情势影响研究[J]. 人民长江,47
(6):22-26.

秦大河,2002. 中国西部环境演变评估[M]. 北京:科学出版社.

邱国玉,尹婧,熊育久,等,2008. 北方干旱化和土地利用变化对泾河流域径流的影响[J]. 自
然资源学报,23(2):211-218.

尚小英,2010. 渭河宝鸡市区段生态基流调控研究[D]. 西安:西安理工大学.

沈崇刚,1999. 中国大坝建设现状及发展[J]. 中国电力,32(12):12-19.

沈晓东,王腊春,谢顺平,1995. 基于栅格数据的流域降雨径流模型[J]. 地理学报,50(3):
264-271.

盛杰,郭学仲,陈晓霞,2012. 基于 RVA 法的水库生态调度研究[J]. 中国农村水利水电,
(6):14-16.

史超,夏军,佘敦先,等,2016. 气候变化下汉江上游林地植被生态需水量的时空演变[J]. 长
江流域资源与环境,25(4):580-589.

史晓亮,2013. 基于 SWAT 模型的滦河流域分布式水文模拟与干旱评价方法研究[D]. 北
京:中国科学院大学.

水利部长江水利委员会,2003. 南水北调中线工程规划(2001 年修订)简介[J]. 中国水利,
(1):48-50,55.

孙东亚,董哲仁,赵进勇,2007. 河流生态修复的适应性管理方法[J]. 水利水电技术,38(2):
57-59.

孙新国,彭勇,周惠成,2016. 基于 SWAT 分布式流域水文模型的下垫面变化和水利工程对
径流影响分析[J]. 水资源与水工程学报,27(1):33-39.

孙照东,高传德,徐志修,等,2006. 黄河刘家峡大坝运行对兰州河段水流情势的影响评价
[C]. 昆明:水电·2006 国际研讨会:1113-1121.

汤奇成,1990. 塔里木盆地水资源与绿洲建设[J]. 干旱区资源与环境,11(3):110-116.

陶新娥,陈华,许崇育,2015. 基于 SPI/SPEI 指数的汉江流域 1961—2014 年干旱变化特征
分析[J]. 水资源研究,4(5):404-415.

田彦杰,汪志荣,张晓晓,2012. SWAT 模型发展与应用研究进展[J]. 安徽农业科学,40
(6):3480-3483,3486.

佟金萍,王慧敏,2006. 流域水资源适应性管理研究[J]. 软科学,20(2):59-61.

王冬,尹正杰,方娟娟,等,2016. 丹江口水库调水对汉江中下游四大家鱼繁育的影响研究

[J]. 水资源研究,5(6):553-563.

王芳,王浩,陈敏建,等,2002. 中国西北地区生态需水研究(2):基于遥感和地理信息系统技术的区域生态需水计算及分析[J]. 自然资源学报,17(2):129-137.

王浩,陈敏建,秦大庸,2003. 西北地区水资源合理配置和承载能力研究[M]. 郑州:黄河水利出版社.

王浩,严登华,贾仰文,等,2010. 现代水文水资源学科体系及研究前沿和热点问题[J]. 水科学进展,21(4):479-489.

王思远,张增祥,赵晓丽,等,2002. 遥感与GIS技术支持下的湖北省生态环境综合分析[J]. 地球科学进展,17(3):426-431.

王文杰,潘英姿,王明翠,等,2007. 区域生态系统适应性管理概念、理论框架及其应用研究[J]. 中国环境监测,23(2):1-8.

王西琴,刘昌明,杨志峰,2002. 生态及环境需水量研究进展与前瞻[J]. 水科学进展,13(4):507-514.

王宪礼,肖笃宁,布仁仓,等,1997. 辽河三角洲湿地的景观格局分析[J]. 生态学报,17(3):317-323.

王霄,2014. 基于不同土地利用情景下的汉江流域生态需水量研究[D]. 武汉:华中师范大学.

王鹰,孙秀瑛,冯青秀,等,1995. 延安地区自然降水特征及水资源盈亏的分析[J]. 陕西气象,(6):6-7.

王中根,刘昌明,黄友波,2003. SWAT模型的原理、结构及应用研究[J]. 地理科学进展,22(1):79-86.

文威,李涛,韩璐,2016. 汉江中下游干流水电梯级开发的水环境影响分析[J]. 环境工程技术学报,6(3):259-265.

吴振斌,2017. 水生植物与水体生态修复[M]. 北京:科学出版社.

吴中华,于丹,涂芒辉,2002. 汉江水生植物多样性研究[J]. 水生生物学报,26(4):348-356.

夏军,王纲胜,吕爱锋,等,2003. 分布式时变增益流域水循环模拟[J]. 地理学报,58(5):789-796.

夏军,郑冬燕,刘青娥,2002. 西北地区生态环境需水估算的几个问题研讨[J]. 水文,22(5):12-17.

夏智宏,周月华,许红梅,2009. 基于SWAT模型的汉江流域径流模拟[J]. 气象,35(9):59-67.

夏智宏,周月华,许红梅,2010. 基于SWAT模型的汉江流域水资源对气候变化的响应[J]. 长江流域资源与环境,19(2):158-163.

肖笃宁,赵羿,孙中伟,等,1990. 沈阳西郊景观格局变化的研究[J]. 应用生态学报,1(1):75-84.

谢春花,王克林,陈洪松,等,2006. 土地利用变化对洞庭湖区生态系统服务价值的影响[J]. 长江流域资源与环境,15(2):191-195.

徐新伟,吴中华,于丹,等,2002. 汉江中下游水生植物多样性及南水北调工程对其影响[J]. 生态学报,22(11):1933-1938.

徐志侠,陈敏建,董增川,2004. 河流生态需水计算方法评述[J]. 河海大学学报(自然科学版),32(1):5-9.

徐志侠,王浩,董增川,等,2006. 南四湖湖区最小生态需水研究[J]. 水利学报,37(7):784-788.

徐宗学,程磊,2010. 分布式水文模型研究与应用进展[J]. 水利学报,41(9):1009-1017.

徐宗学,武玮,于松延,2016. 生态基流研究:进展与挑战[J]. 水力发电学报,35(4):1-11.

许新宜,杨志峰,2003. 试论生态环境需水量[J]. 水利规划与设计,(1):21-26.

严登华,何岩,邓伟,等,2001. 东辽河流域河流系统生态需水研究[J]. 水土保持学报,15(1):46-49.

杨大文,李翀,倪广恒,等,2004. 分布式水文模型在黄河流域的应用[J]. 地理学报,59(1):143-154.

杨娜,梅亚东,尹志伟,2010. 建坝对下游河道水文情势影响RVA评价方法的改进[J]. 长江流域资源与环境,19(5):560-565.

杨荣金,傅伯杰,刘国华,等,2004. 生态系统可持续管理的原理和方法[J]. 生态学杂志,23(3):103-108.

杨志峰,张远,2003. 河道生态环境需水研究方法比较[J]. 水动力学研究与进展,18(3):294-301.

姚允龙,王蕾,2008. 基于SWAT的典型沼泽性河流径流演变的气候变化响应研究:以三江平原挠力河为例[J]. 湿地科学,(2):198-203.

尹魁浩,袁弘任,廖奇志,等,2001. 南水北调中线工程对汉江中下游"水华"影响[J]. 人民长江,32(7):31-36.

于国荣,夏自强,蔡玉鹏,等,2006. 河道大型水库水力过渡区及其生态影响研究[J]. 河海大学学报(自然科学版),34(6):618-621.

于磊,顾鎏,李建新,等,2008. 基于SWAT模型的中尺度流域气候变化水文响应研究[J]. 水土保持通报,28(4):152-154.

于龙娟,夏自强,杜晓舜,2004. 最小生态径流的内涵及计算方法研究[J]. 河海大学学报(自然科学版),32(1):18-22.

俞鑫颖,刘新仁,2002. 分布式冰雪融水雨水混合水文模型[J]. 河海大学学报(自然科学版),30(5):23-27.

袁超,陈永柏,2011. 三峡水库生态调度的适应性管理研究[J]. 长江流域资源与环境,20(3):269-275.

岳俊涛,雷晓辉,甘治国,2016. 二滩水电站运行后对雅砻江下游河流水文情势的影响分析[J]. 水电能源科学,34(3):61-63.

张爱静,2013. 水文过程对黄河口湿地景观格局演变的驱动机制研究[D]. 北京:中国水利水电科学研究院.

张刚,2013. 水库适应性调度研究及实现[D]. 西安:西安理工大学.

张恒,李杰友,黄领梅,2007. 枫树坝水库坝址流域内雨量站站网优化[J]. 水资源与水工程学报,18(6):73-75.

张洪波,王义民,黄强,等,2008. 基于RVA的水库工程对河流水文条件的影响评价[J]. 西安理工大学学报,24(3):262-267.

张家玉,罗莉,李春生,等,2000. 南水北调中线工程对汉江中下游生态环境影响研究[J]. 环境科学与技术,(90):1-32.

张凯强,2011. 铅山河生态基流确定及生态调度模型初步研究[D]. 南昌:南昌大学.

张丽,李丽娟,梁丽乔,等,2008. 流域生态需水的理论及计算研究进展[J]. 农业工程学报,24(7):307-312.

张利华,梁俊,蒋金龙,等,2006. 基于 RS-GIS 的湖北丹江库区土壤水力侵蚀定量分析[J]. 生态环境,15(6):1319-1323.

张林艳,夏既胜,叶万辉,2008. 景观格局分析指数选取刍论[J]. 云南地理环境研究,20(5):38-43.

张琳,刘琼,白颖,等,2009. 关于河道外生态需水的讨论[J]. 北京师范大学学报(自然科学版),45(5/6):543-546.

张鑫,2004. 区域生态环境需水量与水资源合理配置[D]. 咸阳:西北农林科技大学.

张银辉,2005. SWAT 模型及其应用研究进展[J]. 地理科学进展,24(5):121-130.

张永勇,夏军,陈军锋,等,2010. 基于 SWAT 模型的闸坝水量水质优化调度模式研究[J]. 水力发电学报,29(5):159-164.

张元波,梅亚东,2005. 武汉市生态环境需水初步研究[C]. 湖北省科学技术协会:第三届湖北科技论坛论文集:152-155.

张长春,王光谦,魏加华,2005. 基于遥感方法的黄河三角洲生态需水量研究[J]. 水土保持学报,19(1):149-152.

赵国松,杜耘,凌峰,等,2012. ASTER GDEM 与 SRTM3 高程差异影响因素分析[J]. 测绘科学,37(4):167-170.

中国湿地植被编辑委员会,1999. 中国湿地植被[M]. 北京:科学出版社.

中国植被编辑委员会,1980. 中国植被[M]. 北京:科学出版社.

中华人民共和国水利部,2008. 土壤侵蚀分类分级标准:SL 190—2007[S]. 北京:中国水利水电出版社.

中华人民共和国水利部,2016. 中国水利统计年鉴 2016[M]. 北京:中国水利水电出版社.

周林飞,王辉,孙佳竹,2010. 大凌河河道生态环境需水量研究[J]. 沈阳农业大学学报,41(2):241-243.

朱记伟,解建仓,杨柳,等,2013. 西安市灞河下游水文情势变化及生态影响分析[J]. 西北农林科技大学学报(自然科学版),41(4):227-234.

朱利,张万昌,2005. 基于径流模拟的汉江上游区水资源对气候变化响应的研究[J]. 资源科学,27(2):16-22.

ABBOTT M B,BATHURST J C,CUNGE J A,et al.,1986. An introduction to the European hydrological system-systeme hydrologique European,"SHE",2:structure of a physically-based,distributed modelling system[J]. Journal of Hydrology,87:61-77.

ALAHUHTA J,2015. Geographic patterns of lake macrophyte communities and species richness at regional scale[J]. Journal of Vegetation Science,26(3):564-575.

ALLEN R G,PEREIRA L S,SMITH M,et al.,2005. FAO-56 dual crop coefficient method for estimating evaporation from soil and application extensions[J]. Journal of irrigation and drainage engineering,131(1):2-13.

ALRAJOULA M T,ZAYED I S A,ELAGIB N A,et al.,2016. Hydrological, socio-economic and reservoir alterations of Er Roseires Dam in Sudan[J]. Science of the total environment,566-567:938-948.

ANDERSON J L,HILBORN R W,LACKEY R T,et al.,2003. Watershed restoration-adaptive decision making in the face of uncertainty[C]// WISSMAR R C,BISSON P A. Strategies for restoring river ecosystems:sources of variability and uncertainty in natural and managed systems. Bethesda,Maryland:American Fisheries Society:203-232.

ARMBRUSTER J T,1976. An infiltration index useful in estimating low-flow characteristics of drainage basins[J]. Journal of Research of the U. S. geological survey,4(5):533-538.

ARNOLD J G,ALLEN P M,1996. Estimating hydrologic budgets for three Illinois watersheds[J]. Journal of Hydrology,176(1/4):57-77.

ARNOLD J G,SRINIVASAN R,MUTTIAH R S,et al.,1998. Large area hydrologic modeling and assessment part I:model development[J]. Journal of the American Water Resources Association,34(1):73-89.

ARNOLD J G,SRINIVASAN R,MUTTIAH R S,et al.,1999. Continental scale simulation of the hydrologic balance[J]. Journal of the American Water Resources Association,35(5):1037-1051.

BEVEN K J,KIRKBY M J,1979. A physically based,variable contributing area model of basin hydrology[J]. Hydrological Sciences Bulletin,24(1):43-69.

BIEMANS H,HADDELAND I,KABAT P,et al.,2011. Impact of reservoirs on river discharge and irrigation water supply during the 20th century[J]. Water Resources Research,47(3):77-79.

BINGNER R L,1996. Runoff simulated from Goodwin Creek watershed using SWAT[J]. Transactions of the ASAE,39(1):85-90.

BORAH D K,BERA M,2004. Watershed-scale hydrologic and nonpoint-source pollution models:review of applications[J]. Transactions of the ASAE,47(3):789-803.

BOURAOUI F,BENABDALLAH S,JRAD A,et al.,2005. Application of the SWAT model on the Medjerda river basin(Tunisia)[J]. Physics and Chemistry of the Earth,30:497-507.

BOVEE K D,1982. A guide to stream habitat analysis using the instream flow incremental methodology:Instream Flow Information Paper 12:FWS/OBS-82/26[R]. Washington, D. C. :USDI Fish and Wildlife Services,Office of Biology Services.

BRAGG O M,BLACK A R,DUCK R W,et al.,2005. Approaching the physical-biological interface in rivers:a review of methods for ecological evaluation of flow regimes[J]. Progress in Physical Geography,29(4):506-531.

CAPERS R S,SELSKY R,BUGBEE G J,2009. The relative importance of local conditions and regional processes in structuring aquatic plant communities[J]. Freshwater Biology. 55(5):952-966.

CHANASYK D S, MAPFUMO E, WILLMS W, 2003. Quantification and simulation of surface runoff from fescue grassland watersheds[J]. Agricultural Water Management, 59 (2):137-153.

CHAPLOT V, 2007. Water and soil resources response to rising levels of atmospheric CO_2 concentration and to changes in precipitation and air temperature[J]. Journal of Hydrology, 337(1-2):159-171.

CHEN J, FINLAYSON B L, WEI T, et al., 2016. Changes in monthly flows in the Yangtze River, China -With special reference to the Three Gorges Dam[J]. Journal of Hydrology, 536:293-301.

CONAN C, DE MARSILY G, BOURAOUI F, et al., 2003. A long-term hydrological modelling of the Upper Guadiana River Basin (Spain)[J]. Physics and Chemistry of the Earth, 28(4):193-200.

COOK C D K, 1990. Aquatic Plant Book[M]. Hagne:SPB Academic publishing.

COVICH A, 1993. Water in crisis:a guide to the world's fresh water resources[M] //GLE-ICK P, WHITE F. Water and ecosystem. New York:Oxford University Press:40-55.

DAKOVA S, UZUNOV Y, MANDADJIEV D, et al., 2000. Low flow-the river's ecosystem limiting factor[J]. Ecological Engineering, 16(1):167-174.

DOCAMPO L, DE BEGOÑA B G, 1995. The basque method for determining instream flows in Northern Spain[J]. Rivers, 6(4):292-311.

DUNBAR M J, GUSTARD A, ACREMAN M C, et al., 1998. Overseas approaches to setting river flow objectives:R&D Technical Report W6-161[R]. Wallingford:Environment Agency and Institute of Hydrology.

DUNN S M, MCALISTER E, FERRIER R C, 1998. Development and application of a distributed catchment-scale hydrological model for the River Ythan, NE Scotland[J]. Hydrological Processes, 12:401-416.

ESTES C C, ORSBORN J F, 1986. Review and analysis of methods for quantifying instream flow requirements[J]. Journal of the American Water Resources Association, 22 (3):389-398.

FALKENMARK M, 1995. Coping with water scarcity under rapid population growth[C]. Pretoria:Conference of SADC Ministers:23-24.

FICKLIN D L, LUO Y Z, LUEDELING E, et al., 2009. Climate change sensitivity assessment of a highly agricultural watershed using SWAT[J]. Journal of Hydrology, 374:16-29.

FOHRER N, MOLLER D, STEINER N, 2002. An interdisciplinary modelling approach to evaluate the effects of land use change[J]. Physics and Chemistry of the Earth, 27:655-662.

FONTAINE T A, CRUICKSHANK T S, ARNOLD J G, et al., 2002. Development of a snowfall-snowmelt routine for mountainous terrain for the soil water assessment tool (SWAT)[J]. Journal of Hydrology,262:209-223.

FONTAINE T A,KLASSEN J F,CRUICKSHANK T S,et al.,2001. Hydrological response to climate change in the Black Hills of South Dakota,USA[J]. Hydrological sciences-journal-des sciences hydrologiques,46(1):27-40.

FREEZE R A,HARLAN R L,1969. Blueprint for a physically based digitally simulated hydrological response model[J]. Journal of Hydrology,9(3):237-258.

GELDOF G D,1995. Adaptive water management:integrated water management on the edge of chaos[J]. Water Science and Technology,32(1):7-13.

GIESECKE J,JORDE K,1997. Ansatze zur optimierung von mindestabflubregelungen in Ausleitungsstrecken[J]. Wasserwirtschaft,87:232-237.

GITELSON A A,KAUFMAN Y J,STARK R,et al.,2002. Novel algorithms for remote estimation of vegetation fraction[J]. Remote Sensing of Environment,80(1):76-87.

GITHUI F,MUTUA F,BAUWENS W,2009. Estimating the impacts of land-cover change on runoff using the soil and water assessment tool(SWAT):case study of Nzoia catchment,Kenya[J]. Hydrological Sciences Journal,54(5):899-908.

GLEICK P H,1998. Water in crisis:paths to sustainable water use[J]. Ecological Applications,8(3):571-579.

GLEICK P H,2000. The changing water paradigm-a look at twenty-first century water resources development[J]. Water International,25(1):127-138.

GORDON N D,MCMAHON T A,FINLAYSON B L,1992. Stream hydrology:an introduction for ecologists[M]. West Sussex:John Wiley and Sons.

GROWNS J,MARSH N,2000. Characterisation of flow in regulated and unregulated streams in eastern Australia[R]. Springfield:Department of Commerce National Information Service.

HADDELAND I,HEINKE J,BIEMANS H,et al.,2014. Global water resources affected by human interventions and climate change[J]. Proceedings of the National Academy of Sciences of the United States of America,111(9):3251-3256.

HENRY C P,AMOROS C,1995a. Restoration ecology of riverine wetlands:I. A scientific base[J]. Environmental Management,19(6):891-902.

HENRY C P,AMOROS C,GIULIANI Y,1995b. Restoration ecology of riverine wetlands:II. An example in a former channel of the Rhône River[J]. Environmental Management,19(6):903-913.

HERNANDEZ M,MILLER S N,GOODRICH D C,et al.,2000. Modeling runoff response to land cover and rainfall spatial variability in semi-arid watersheds[J]. Environmental Monitoring and Assessment,64(1):285-298.

HOLLING C S,1978. Adaptive environmental assessment and management[M]. Laxenburg,Austria:International Institute for Applied Systems Analysis.

HU W W,WANG G X,DENG W,et al.,2008. The influence of dams on ecohydrological conditions in the Huaihe River basin, China [J]. Ecological Engineering, 33 (3-4): 233-241.

HUGHES D A, 2001. Providing hydrological information and data analysis tools for the determination of ecological instream flow requirements for South African rivers [J]. Journal of Hydrology, 241(1):140-151.

ISAAK D J, WOLLRAB S, HORAN D, et al., 2012. Climate change effects on stream and river temperatures across the northwest U. S. from 1980-2009 and implications for salmonid fishes[J]. Climatic Change, 113:499-524.

JANAUER G A, 2000. Ecohydrology: fusing concepts and scales[J]. Ecological Engineering, 16(1):9-16.

JAYAKRISHNAN R, SRINIVASAN R, SANTHI C, et al., 2005. Advances in the application of the SWAT model for water resources management[J]. Hydrological Processes, 19(3):749-762.

KENDALL M G, 1948. Rank correlation methods[M]. London: Griffin.

LESSARD G, 1998. An adaptive approach to planning and decision-making[J]. Landscape and Urban Planning, 40:81-87.

LI S, GU S, LIU W Z, et al., 2008. Water quality in relation to land use and land cover in the upper Han River Basin, China[J]. Catena, 75:216-222.

LI Y Y, CHANG J X, TU H, et al., 2016. Impact of the Sanmenxia and Xiaolangdi reservoirs operation on the hydrologic regime of the Lower Yellow River [J]. Journal of Hydrologic Engineering, 21(3):06015015-(06015011-06015016).

LIANG X, LETTENMAIER D P, WOOD E F, et al., 1994. A simple hydrologically based model of land surface water and energy fluxes for general circulation models[J]. Journal of Geophysical Research Atmospheres, 99:14415-14428.

MA Z H, PENG C H, ZHU Q A, et al., 2012. Regional drought-induced reduction in the biomass carbon sink of Canada's boreal forests[J]. Proceedings of the National Academy of Sciences of the United States of America, 109(7):2423-2427.

MAGILLIGAN F J, NISLOW K H, 2005. Changes in hydrologic regime by dams[J]. Geomorphology, 71(1-2):61-78.

MAGILLIGAN F J, NISLOW K H, KYNARD B E, et al., 2016. Immediate changes in stream channel geomorphology, aquatic habitat, and fish assemblages following dam removal in a small upland catchment[J]. Geomorphology, 252:158-170.

MALE J W, OGAWA M A-H, 1984. Tradeoffs in water quality management[J]. Journal of Water Resources Planning and Management, 110:434-444.

MANGUERRA H B, ENGEL B A, 1998. Hydrologic parameterization of watersheds for runoff prediction using SWAT[J]. Journal of the American Water Resources Association, 34(5):1149-1162.

MANN H B. Non-parametric test against trend[J]. Econometrica, 1945, 13(3):245-259.

MATHEWS JR R C, BAO Y X, 1991. The texas method of preliminary instream flow assessment[J]. Rivers,2(4):295-310.

MOSELY M P,1982. The effect of changing discharge on channel morphology and in-stream uses and in a braide river,Ohau River,New Zealand[J]. Water Resources Re-search,18:800-812.

NATHAN R,MORDEN R,LOWE L,et al.,2005. Development and application of a flow stressed ranking procedure[R]. Sydney:Sinclair Knight Merz.

NEMANI R R,KEELING C D,HASHIMOTO H,et al.,2003. Climate-driven increases in global terrestrial net primary production from 1982 to 1999[J]. Science,300(5625): 1560-1563.

NESTLER J M,SCHNEIDER L T,LATKA D C,et al.,1995. Physical habitat analysis using the riverine community habitat assessment and restoration concept:Missouri River case history[J]. Serials Librarian,23:273-276.

NEW T,XIE Z Q,2008. Impacts of large dams on riparian vegetation:applying global ex-perience to the case of China's Three Gorges Dam[J]. Biodiversity and Conservation,17 (13):3149-3163.

OLDEN J D,POFF N L,2003. Redundancy and the choice of hydrologic indices for charac-terizing streamflow regimes[J]. River Research and Applications,19(2):101-121.

PALAU A,ALCAZAR J,1996. The basic flow:an alternative approach to calculate mini-mum environmental instream flows[C] //LECLERC M et al.,Ecohydraulics 2000,2nd international symposium on habitat hydraulics,Quebec City.

PAYAN J-L,PERRIN C,ANDREASSIAN V,et al.,2008. How can man-made water res-ervoirs be accounted for in a lumped rainfall-runoff model? [J]. Water Resources Re-search,44(3):265-275.

PETTS G E,1984. Impounded rivers:perspectives for ecological management[M]. Chich-ester: John Wiley.

PETTS G E,2015. Water allocation to protect river ecosystems[J]. River Research and Applications,12(4-5):353-365.

POFFN L,ALLAN J D,BAIN M B,et al.,1997. The natural flow regime:a paradigm for river conservation and restoration[J]. Bioscience,47(11):769-784.

POFF N L,HART D D,2002. How dams vary and why it matters for the emerging science of dam removal:an ecological classification of dams is needed to characterize how the tre-mendous variation in the size,operational mode,age,and number of dams in a river basin influences the potential for restoring regulated rivers via dam removal[J]. Bioscience,52 (8):659-668.

POFFN L,MATTHEWS J H,2013. Environmental flows in the Anthropocence:past pro-gress and future prospects[J]. Current Opinion in Environmental Sustainability,5(6): 667-675.

POFFN L,WARD J V,1990. Physical habitat template of lotic systems:recovery in the context of historical pattern of spatiotemporal heterogeneity[J]. Environmental Management,14:629-645.

PUSCH M, HOFFMANN A, 2000. Conservation concept for a river ecosystem (River Spree,Germany)impacted by flow abstraction in a large post-mining area[J]. Landscape and Urban Planning,51(2-4):165-176.

RICHTER B D,BAUMGARTNER J V,BRAUN D P,et al.,1998. A spatial assessment of hydrologic alteration within a river network[J]. River Research and Applications, 14 (4):329-340.

RICHTER B D,BAUMGARTNER J V,POWELL J,et al.,1996. A method for assessing hydrologic alteration within ecosystems[J]. Conservation Biology,10(4):1163-1174.

RICHTER B D,BAUMGARTNER J V,WIGINGTON R,et al.,1997. How much water does a river need? [J]. Freshwater Biology,37(1):231-249.

SCHUOL J,ABBASPOUR K C,SRINIVASAN R,et al.,2008. Estimation of freshwater availability in the West African sub-continent using the SWAT hydrologic model[J]. Journal of Hydrology,352(1-2):30-49.

SEN P K,1968. Estimates of the Regression Coefficient Based on Kendall's Tau[J]. Journal of the American Statistical Association,63(324):1379-1389.

SENEVIRATNE S I,CORTI T,DAVIN E L,et al.,2010. Investigating soil moisture-climate interactions in a changing climate: A review[J]. Earth-Science Reviews,99(3-4): 125-161.

SHIAU J T,WU F C,2007. Pareto-optimal solutions for environmental flow schemes incorporating the intra-annual and interannual variability of the natural flow regime[J]. Water Resources Research,43(6):813-816.

SMITH N D,MOROZOVA G S,PéREZ-ARLUCEA M,et al.,2016. Dam-induced and natural channel changes in the Saskatchewan River below the E. B. Campbell Dam,Canada [J]. Geomorphology,269:186-202.

SOHRABI M M,BENJANKAR R,TONINA D,et al.,2017. Estimation of daily stream water temperatures with a Bayesian regression approach[J]. Hydrological Processes,31 (9):1719-1733.

SOPHOCLEOUS M,2000. From safe yield to sustainable development of water resources-the Kansas experience[J]. Journal of Hydrology,235:27-43.

SRINIVASAN R S,ARNOLD J G,JONES C A,1998. Hydrologic unit modeling of the United States with the soil and water assessment Tool[J]. International Journal of Water Resources Development,14(3):315-325.

STONEFELT M D,FONTAINE T A,HOTCHKISS R H,2000. Impacts of climate change on water yield in the Upper Wind River Basin[J]. Journal of the American Water Resources Association,36(2):321-336.

SULEIMAN A, HOOGENBOOM G. Comparison of Priestley-Taylor and FAO-56 Penman-Monthith for daily reference evapotranspiration estimation in Georgia[J]. Journal of Irrigation and Drainage Engineering, 2007, 133(2):175-182.

SUN T,FENG M L,2013. Assessment of hydrologic alterations associated with water projects in Shaying River,China[J]. River Research and Applications,29:991-1003.

TENNANT D L,1976. Instream flow regimens for fish,wildlife,recreation and related environmental resources[J]. Fisheries,1(4):6-10.

The Nature Conservancy,2009. Indicators of hydrologic alteration version 7. 1 user's manual [EB/OL]. (2016-7-3)[2020-01-01]. http://www. nature. org/initiatives/freshwater/conservationtools/art17004. html.

TITUS J E,1992. Submersed macrophyte growth at low pH II. $CO_2 \times$ sediment interactions[J]. Oecologia,92:391 – 398.

UBERTINI L,MANCIOLA P,CASADEI S,1996. Evaluation of the minimum instream flow of the Tiber river basin[J]. Environmental Monitoring and Assessment,41: 125-136.

VANNOTE R L,MINSHALL G W,CUMMINS K W,et al.,1980. The river continuum concept[J]. Canadian Journal of Fisheries and Aquatic sciences,37(1):130-137.

VOGT K A,GORDON J C,WARGO J P,et al.,1997. Ecosystems:balancing science with management [M]. New York:Springer.

WALTERS C J,1986. Adaptive management of renewable resources[M]. New York:Mac-Millan Publishing Company.

WANG G S,XIA J,2010. Improvement of SWAT 2000 modelling to assess the impact of dams and sluices on streamflow in the Huai River basin of China[J]. Hydrological Processes,24(11):1455-1471.

WANG P,DONG S K,LASSOIE J,2014. The large dam dilemma:an exploration of the impacts of hydro projects on people and the environment in China[M]. Berlin:Springer Netherlands.

WANG Y K,RHOADS B L,WANG D,2016. Assessment of the flow regime alterations in the middle reach of the Yangtze River associated with dam construction:potential ecological implications[J]. Hydrological Processes,30(21):3949-3966.

WANG Y K,WANG D,WU J C,2015. Assessing the impact of Danjiangkou reservoir on ecohydrological conditions in Hanjiang river,China[J]. Ecological Engineering,81: 41-52.

WARD J V,STANFORD J A,1979. The ecology of regulated streams[M]. NewYork:Plenum Press.

WARD J V,STANFORD J A,1983. The serial discontinuity concept of lotic ecosystems [M] //FONTAINE T D,BARTELL S M. Dynamics of Lotic Ecosystems. Ann Arbor: Ann Arbor Science:29-42.

WARD J V,STANFORD J A,1995. Ecological connectivity in alluvial river ecosystems and its disruption by flow regulation[J]. River Research and Applications,11(1): 105-119.

WEBER A,FOHRER N,MöLLER D,2001. Long-term land use changes in a mesoscale watershed due to socio-economic factors—effects on landscape structures and functions [J]. Ecological Modelling,140(1-2):125-140.

WHIPPLE JR W,DUFLOIS D,GRIGG N,et al.,1999. A proposed approach to coordination of water resource development and environmental regulations[J]. Journal of the American Water Resources Association,35(4):713-716.

WIERINGA M J,MORTON A G,1996. Hydropower,adaptive management,and biodiversity[J]. Environmental Management,20:831-840.

WIGMOSTA M S,VAIL L W,LETTENMAIER D P,1994. A distributed hydrology-vegetation model for complex terrain[J]. Water Resources Research,30(6):1665-1679.

WILLIAMS J R,RENARD K G,DYKE P T,1983. EPIC:a new method for assessing erosion's effect on soil productivity [J]. Journal of Soil and Water Conservation,38(5):381-383.

YANG T,ZHANG Q,CHEN Y D,et al.,2008. A spatial assessment of hydrologic alteration caused by dam construction in the middle and lower Yellow River,China[J]. Hydrological Processes,22(18):3829-3843.

YATES D,PURKEY D,SIEBER J,et al.,2005. WEAP21-a demand-,priority-,and preference-driven water planning model,part 2:aiding freshwater ecosystem service evaluation [J]. Water International,30(4):501-512.

ZHANG L,DAWES W R,WALKER G R,2001. Response of mean annual evapotranspiration to vegetation changes at catchment scale[J]. Water Resources Research,37(3):701-708.

ZHANG Y Y,XIA J,SHAO Q X,et al.,2013. Water quantity and quality simulation by improved SWAT in highly regulated Huai River Basin of China[J]. Stochastic Environmental Research and Risk Assessment,27(1):11-27.

ZHAO G,GAO H,NAZ B S,et al.,2016. Integrating a reservoir regulation scheme into a spatially distributed hydrological model [J]. Advances in Water Resources,98:16-31.

ZHUANG Y H,ZHANG L,DU Y,et al.,2016. Identification of critical source areas for nonpoint source pollution in the Danjiangkou Reservoir Basin,China[J]. Lake and Reservoir Management,32(4):341-352.